普通高等教育"十二五"规划教材（高职高专教育）

PUTONG GAODENG JIAOYU SHIERWU GUIHUA JIAOCAI GAOZHI GAOZHUAN JIAOYU

建筑设备安装与识图

主　　编	常　蕾
副主编	董　霞　焦盈盈
编　　写	孟繁晋　富宇莹　宋克农
	秦治平　张　慧　李美玲
主　　审	张正磊

U0352794

扫码加入读者圈，
获取课件、题库等资源

中国电力出版社
CHINA ELECTRIC POWER PRESS

内 容 提 要

本书为普通高等教育"十二五"规划教材(高职高专教育)。全书结合工程实际,采用"任务驱动、项目导向"的编写模式,从建筑设备安装的角度介绍了建筑给水系统、建筑排水系统、建筑供暖系统、建筑燃气系统、通风与空调系统、建筑供配电与照明系统、建筑智能化系统、建筑消防系统的安装与质量验收,以及建筑设备施工图的识读方法等。书中融入企业要求和岗位标准,采用2013年国家最新的技术规范和图集,引用建筑设备专业技术领域的新技术、新工艺,突出新材料、新方法的应用,力求使该书内容最新、最全、最实用,真正贴近工程实际。

本书将建筑设备安装知识与建筑设备施工图的识读内容结合在一起,缩减了学时,扩充了知识领域,体现了职业技术教育教学改革的特点。

本书主要作为高职高专建筑工程技术、工程造价等专业的教学用书,也可作为其他专业或相关工程技术人员和管理人员的参考用书。

图书在版编目 (CIP) 数据

建筑设备安装与识图/常蕾主编. —北京:中国电力出版社,
2013.8 (2019.2 重印)

普通高等教育"十二五"规划教材. 高职高专教育

ISBN 978-7-5123-4612-3

Ⅰ.①建… Ⅱ.①常… Ⅲ.①房屋建筑设备—建筑安装—高等职业教育—教材②房屋建筑设备—建筑安装—工程施工—建筑制图—识别—高等职业教育—教材 Ⅳ.①TU8

中国版本图书馆 CIP 数据核字 (2013) 第 134996 号

中国电力出版社出版、发行

(北京市东城区北京站西街 19 号　100005　http://www.cepp.sgcc.com.cn)

北京雁林吉兆印刷有限公司印刷

各地新华书店经售

*

2013 年 8 月第一版　2019 年 2 月北京第七次印刷

787 毫米×1092 毫米　16 开本　18.75 印张　457 千字

定价 **32.00** 元

前　言

在教育部《关于以就业为导向深化高等职业教育改革的若干意见》和《高等职业学校专业教学标准（试行）》的指导下，本教材的编写力求体现职业技术教育的特点，以培养生产、管理、服务一线的高素质高技能应用型专门人才为目标；在教材编写过程中，考虑到学生认知规律并结合工程实际，构建了"以工作过程为导向"的课程体系，采用"任务驱动、项目导向"的教材编写模式，以满足"工学结合"人才培养模式的需求。教材内容以理论知识够用为度，注重理论联系实际；教学安排体现与职业岗位对接，以培养学生的动手能力和操作技能为目标，突出对学生实践能力的培养。

本书主要包括建筑给水系统安装、建筑排水系统安装、建筑供暖系统安装、建筑燃气系统安装、通风与空调系统安装、建筑供配电与照明系统安装、建筑智能化系统安装、建筑消防系统安装、建筑设备施工图的识读九个项目。教材内容融入企业要求和岗位标准，采用国家最新的技术规范和图集，努力反映专业技术领域内的新技术、新工艺，突出新材料、新方法的应用，可作为高职高专建筑工程技术、工程造价等专业的教学用书，也可作为其他专业或相关工程技术人员和管理人员的参考用书。

绪论及项目一由山东城市建设职业学院常蕾编写，项目二由山东城市建设职业学院焦盈盈编写，项目三由山东城市建设职业学院孟繁晋编写，项目四由山东城市建设职业学院宋克农编写，项目五由山东城市建设职业学院富宇莹编写，项目六、项目七由山东城市建设职业学院董霞编写，项目八由济南海信置业有限公司秦治平编写，项目九由山东城市建设职业学院张慧及烟台职业学院李美玲共同编写。全书由常蕾主编，董霞、焦盈盈副主编，山东城市建设职业学院张正磊主审。

本书在编写过程中得到了山东城市建设职业学院、烟台职业学院以及济南海信置业有限公司的领导和同志们的大力支持，在此谨向他们表示衷心的感谢！

限于编者水平，书中难免存在疏漏和不妥之处，敬请广大读者批评指正！

编　者

2013 年 4 月

目　　录

扫码加入读者圈，获取课件、题库等资源

绪 论

城市高层建筑的增多及建筑功能的不断完善，使得现代建筑中的建筑设备系统日趋庞大和复杂。因此，从事建筑类各专业的技术人员均需对建筑设备工程各系统的工作原理、设备功能，以及在建筑物中设置和使用情况有所了解，以便于各专业在建筑工程设计、施工、管理过程中相互协调与配合，从而确保建筑工程的安全、美观、经济、适用。

建筑工程的建设分为建筑主体工程施工和设备安装两大部分。其中，建筑设备是体现建筑功用的重要组成部分，是指安装在建筑物内为人们居住、生活、工作提供便利、舒适，并保障安全、卫生等的各种设备、设施的总称。建筑设备工程主要包括建筑给水排水工程、供暖工程、通风空调工程、燃气工程、建筑电气与智能化工程、建筑消防工程等。

在整个工程建设中，建筑主体工程与设备安装工程是一个不可分割的整体，需要双方相互配合，才能保障工程的质量与进度，其中建筑设备安装工程一般由专业的安装技术人员完成。

一、学习建筑设备安装与识图课程的目的

建筑设备是建筑工程技术、工程造价、建筑工程管理、工程监理及其他相关专业的单项职业能力学习领域的课程之一，是一门实践性很强的课程。其重在了解建筑内各设备系统的分类、组成、工作原理、设备功能、布置敷设原则及安装方法及要求；学习各种设备系统的施工图的组成、内容和识读方法，从而为各工种与建筑设备、施工和管理之间的协调配合奠定基础，确保建筑工程的整体质量；培养现场工程技术人员、管理人员综合解决各种技术问题的能力。

二、建筑设备安装与识图课程的主要内容

建筑设备安装与识图课程主要包括建筑设备安装和设备施工图的识读两大部分内容。建筑设备安装部分主要介绍建筑给水、建筑排水、建筑供暖、建筑燃气、通风与空调系统、建筑供配电与照明、建筑智能化以及建筑消防系统的基本知识、系统安装、质量检验及验收程序等；设备施工图的识读部分主要介绍各个设备系统的施工图的组成、识读要点以及识读方法等。

三、建筑设备的发展现状

近几年，随着国民经济的快速发展和科学技术的不断进步，我国建筑设备领域发展迅速，美观、适用、功能齐全的新型设备不断涌现。例如：节水型卫生洁具的开发和推广使用；高效节能新型换热设备的创新；变频调速泵的应用；各种通风空调设备的普及以及其他新材料、新技术、新工艺的推广使用等。随着种类繁多、功能多样的家用电器和电子信息技术的发展以及建筑智能化技术水平的日益提高，建筑设备也正向着低能耗、高效率、低噪声、多功能的方向发展。这些产品、设备和技术正在不断地改善着建筑物的功能，迅速提高人们的生活质量。

四、建筑设备与识图课程的学习要求

本课程范围广、内容多，它涉及给排水、供暖、锅炉、通风与空气调节、制冷、燃气、

建筑供电与照明和建筑智能化设备等多个专业。其中包括各种系统的材料及安装方式，这些设备及装置中有些为工厂化产品，可以直接选用，有些则为非标准设备或部件，需要设计或加工。一个完整的系统一般由管线、设备及附属装置组合而成，它们可以自成体系，有一定独立性，同时相互之间又有密切的联系，有一定区别，也有相同之处。例如，锅炉不仅是供暖系统的热源，也可作为热水供应、通风与空调及生产的热源；给排水管路同时也用于供暖、锅炉、空调及制冷系统中，如给水、补水、冷却水、泄水等管道；对于空气、冷水、热水、蒸汽、凝结水等来说，虽然都是流体，但其温度各不相同，特别是蒸汽和凝结水在输送过程中还可能产生相变，并且流体的密度相差很大。所以，在学习中找出其一般性和特殊性规律，有利于更好地学习本课程，有利于理解专业内容。

学习建筑设备安装与识图课程时，应注意学好相关的基础知识，但更应该注意现行的标准、规范，并结合当地建筑工程的实际情况来学习。充分利用参观和日常生活中所见到的各种建筑设备来增加感性认识，注重理论与实际的结合，注重工程施工过程中的相互协调与各工种之间的配合。

项目一　建筑给水系统安装

【引例】

1. 随着建筑高度的增加，建筑给水的水压要求也随之提高，如何保证用户的用水要求成为建筑给水系统的首要问题。我国的建筑给水增压系统大致经历了四个阶段：第一阶段是采用"储水池＋水泵＋高位水箱"的方法，市政自来水进入储水池，然后由水泵加压后送至高位水箱，由高位水箱向用户供水，储水池高峰用水时起到调节作用；第二阶段是采用"储水池＋水泵＋压力罐"的方法，市政自来水进入储水池，然后由水泵加压后送至压力罐，由压力罐向用户供水；第三阶段采用"储水池＋恒压变频供水系统"的方法，设定了系统的供水压力后，在控制器的作用下，水泵的转速和投入运行的水泵数量随供水量的变化而改变，因为输出压力的恒定，在一定程度上节省了电耗；第四阶段是管网叠压（无负压）供水时代，设备直接连接在市政自来水管网上，不需要修储水池，充分利用了市政自来水管网的压力，设备具有高效节能、环保无二次污染、自动化程度高、易维修等特性，逐步成为现代建筑的理想的供水方式。那么建筑给水系统的给水方式有哪些类型？如何选择适用、经济、节能的给水方式？

2. 为保障用水的安全性，2000年6月1日起我国在城镇新建住宅生活给水系统中禁止使用镀锌钢管，并逐步禁止使用热镀锌管；2006年3月18日建设部发布《建设部推广应用和限制禁止使用技术》中规定普通塑料管在高层建筑给水系统中仅适用于横管。近年来随着管材业的迅速发展，新型管材层出不穷，这为建筑给排水管材的选用带来了机遇和挑战，那么常用的建筑给水管材有哪些？我们应该如何选用呢？

【工作任务】

1. 检验管材的质量并填写质量检验记录；
2. 建筑内给水管道系统及设备的安装；
3. 熟悉建筑给水系统的验收标准和程序，完成建筑给水管道系统的质量检验与验收，并填写验收记录。

【学习参考资料】

《生活饮用水卫生标准》（GB 5794—2006）

《建筑给排水设计规范（2009版）》（GB 50015—2003）

《建筑中水设计规范》（GB 50336—2002）

《建筑给水排水及采暖工程施工质量验收规范》（GB 50242—2002）

《建筑给水硬聚氯乙烯管管道工程技术规程》（CECS 41—2004）

《建筑给水聚丙烯管道工程技术规范》（GB/T 50394—2005）

《给水排水标准图集》给水设备安装（S1）

《给水排水标准图集》室内给水排水管道及附件安装（S4）

任务一　建筑给水系统认知

建筑给水系统是指为了满足建筑物和用户对水质、水量、水压、水温的要求，而在建筑内部设立的管道系统及辅助设备，以满足用户的生产、生活和消防需要，把水安全可靠地输送到用户各用水点的系统。

一、建筑给水系统的分类与组成

1. 建筑给水系统分类

建筑给水系统根据用途一般可分为三类：

（1）生活给水系统，指供给人们饮用、盥洗、洗涤、沐浴、烹饪等生活用水的系统，其水质必须符合国家规定的《生活饮用水卫生标准》（GB 5794—2006）。

（2）生产给水系统，指供给工业企业中生产车间用水的系统，主要包括生产设备冷却、原料和产品的洗涤，以及各类产品制造过程所需的生产用水。由于各种生产工艺的不同，生产用水对水质、水量、水压的要求有很大的差异。

（3）消防给水系统，指供给各类消防设备灭火的用水系统。消防用水对水质要求不高，但必须满足建筑设计防火规范，保证有足够的水压和水量。

在一栋建筑物内，上述三种给水系统可单独设置，也可以根据实际条件和需要设置共用给水系统，如生活、生产共用给水系统，生活、消防共用给水系统，生产、消防共用给水系统，生活、生产、消防共用给水系统。至于选择何种系统，应根据生活、生产、消防等各项用水对水质、水量、水压、水温的要求，结合室外给水系统的实际情况，经技术经济比较后决定。

2. 建筑给水系统的组成

建筑内部的给水系统如图 1-1 所示，主要由引入管、计量设备、室内给水管网、给水附件、升压储水设备等组成。

（1）引入管，又称进户管，是将水自室外管道通过建筑物外墙引入室内的水平管段。

（2）计量设备，用来计量整栋建筑或某个用水区域的用水量的设备，建筑给水通常采用水表计量。

必须单独计量水量的建筑物，应在引入管上装设水表；建筑物的某部分和个别设备需计量水量时，应在其配水支管上装设水表；对于民用住宅，还应安装分户水表。

（3）室内给水管网，室内给水管网由水平干管、立管和水平支管组成。

水平干管又称横干管，是自引入管至各立管间的水平管段。立管又称竖管，是自水平干管沿垂直方向将水送至各楼层支管的管段。水平支管又称配水管，是自立管至配水龙头或用水设备之间的短管。

（4）给水附件，是指用来控制水量和关闭水流的各种阀门及配水龙头的总称。

（5）升压储水设备，当室外给水管网的水压、水量不能满足建筑用水要求，或要求供水压力稳定，确保供水安全可靠时，应根据需要，在给水系统中设置水泵、气压给水设备、无负压给水设备，以及水池、水箱等升压储水设备。

二、常用给水方式

建筑内给水方式是指建筑物内部给水系统的供水方案。建筑内给水方式的选择必须依据

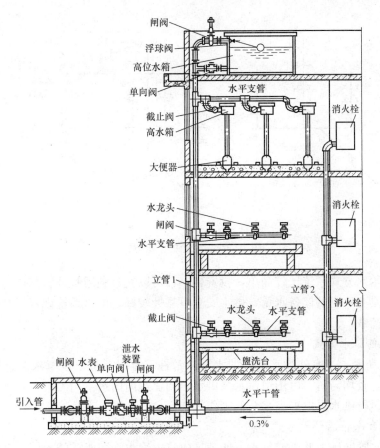

图1-1 建筑给水系统的组成

用户对水质、水压和水量的要求，室外管网所能提供的水质、水量和水压情况，卫生器具及消防设备在建筑物内的分布，用户对供水安全可靠性以及经济因素等条件确定。给水方式的基本形式主要有以下几种：

1. 直接给水方式

如图1-2所示，室内给水管道系统与市政供水管网直接相连，利用室外管网压力直接向室内给水系统供水。给水干管一般设在底层地面以下，直接埋地敷设在地沟中或地下室内。直接给水方式可以充分利用城市管网的水压，系统最简单，投资小，便于管理维护，适用于室外给水管网的水压、水量均能满足用户用水要求的建筑。

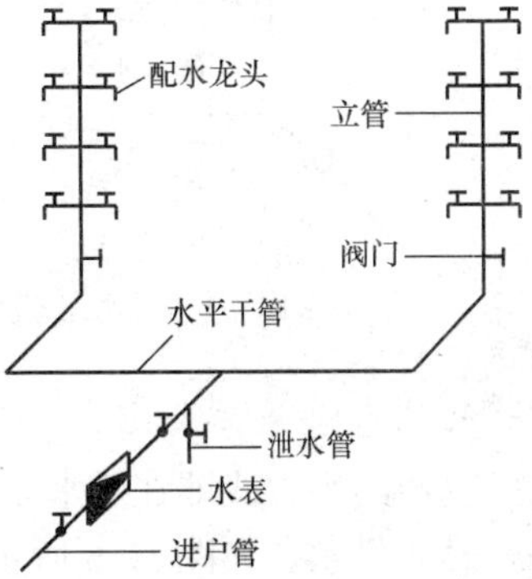

2. 设水箱的给水方式

当室外给水管网的供水压力周期性不足时，可在屋顶设高位水箱。如图1-3（a）所示，当水压高时，可利用室外给水管网水压直接供水并向水箱进水，此时，水箱储备水量；当用水量较大，水压不足时，则由水箱向建筑内给水系统供水。也可采用室外管网直接将水输入水箱，由水箱向建筑内给水系统供水，如图1-3（b）所示。

图1-2 直接给水方式

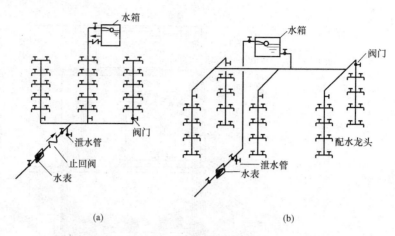

图 1-3　设水箱的给水方式

　　设水箱的给水方式系统比较简单，投资较小，可以充分利用室外管网压力供水，节省电耗，而且系统具有一定的储备水量，供水安全可靠性较好。但是系统设置了高位水箱，增加了建筑物结构荷载。

　　3. 设水泵的给水方式

　　如图 1-4 所示，当室外给水管网的水压经常性不足时，可以设置水泵进行加压。当建筑内用水量大且较均匀时，可用恒速水泵供水；当建筑内用水不均匀时，宜采用一台或多台水泵变频调速运行供水，以提高水泵的工作效率。

　　4. 设水泵和水箱的给水方式

　　当室外给水管网压力低于或经常不能满足建筑内给水管网所需的水压，且室内用水不均匀时可采用水泵水箱结合的给水方式，如图 1-5 所示。此种方式因为水泵能及时向水箱供水，可缩小水箱的容积，又因为水箱的调节作用，水泵出水量稳定，能保持在高效区运行。

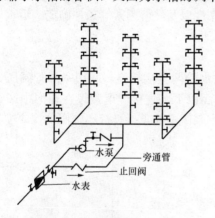

图 1-4　设水泵的给水方式

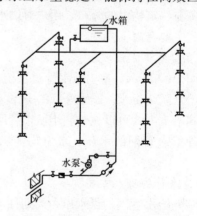

图 1-5　设水泵和水箱的给水方式

　　5. 气压给水方式

　　气压给水方式即在给水系统中设置气压给水设备，利用该设备的气压水罐内气体的可压缩性升压供水，如图 1-6 所示。气压罐的作用相当于高位水箱，但其位置的选择具有灵活性，可根据需要设置在高处或低处。该方式宜在室外给水管网压力低于或经常不能满足建筑内给水管网所需水压，室内用水又不均匀且不宜设置高位水箱时采用。

6. 分区给水方式

当室外给水管网的压力只能满足建筑物低层供水要求时，可采用分区分压给水方式，如图 1-7 所示。此时，室外给水管网能够满足室内用水要求的区域为低区，由室外管网直接供水，以上楼层为高区，由水箱供水。此种方式可充分利用市政管网的水压，经济性较好。

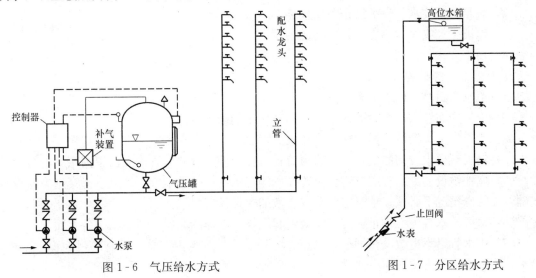

图 1-6　气压给水方式　　　　　　　　　图 1-7　分区给水方式

7. 竖向分区给水方式

在高层建筑中，由于给水立管内静水压力过大，会使下层管网中管道接头及附件因受到过高压力而损坏，而且水龙头会产生喷溅、水锤和噪声，不利于供水。为了保证高层建筑中给水管网的水压均匀，可采用竖向分区的给水方式，如图 1-8 所示。竖向分区的给水方式主要有减压给水方式、串联给水方式、并联给水方式三种，可根据建筑高度、经济因素、运行管理等要求进行选择。其中减压给水方式可采用减压水箱减压，也可采用减压阀进行减压。

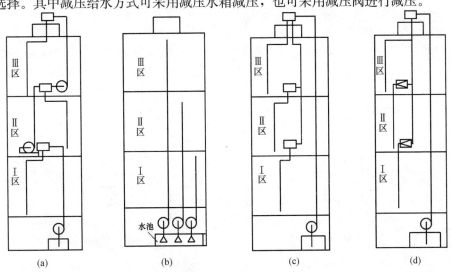

图 1-8　竖向分区给水方式

（a）分区串联给水方式；（b）分区并联给水方式；（c）分区水箱减压给水方式；（d）分区减压阀减压给水方式

三、建筑给水管道系统的布置

1. 建筑给水管道的布置原则

建筑给水管道应根据用户的要求，以有关规范、规程为准则，结合工程的实际情况，科学合理地进行布置，应遵循以下原则：

（1）确保供水安全，力求经济合理。

（2）满足美观要求，保护管道不受损坏。

（3）保证生产安全，不影响建筑物的使用。

（4）便于安装与维修。

2. 建筑给水管道的布置要求

（1）给水管道布置应力求短而直。

（2）干管应布置在用水量大或不允许间断供水的配水点附近。

（3）管道应尽量沿墙、梁、柱直线布置。

（4）对美观要求较高的建筑物，给水管道可在管槽、管井、管沟及吊顶内暗设。

（5）埋地敷设的给水管道应避免布置在可能受重物压坏的地方。管道不得穿越生产设备基础，在特殊情况下必须穿越时，应采取有效的保护措施。

（6）室内给水管道不得布置在遇水会引起燃烧、爆炸的原料、产品和设备上面。

（7）给水管道不得敷设在烟道、风道、电梯井、排水沟内。管道不宜穿过橱窗、壁柜。给水管道不得穿过大便槽和小便槽，且给水立管距大、小便槽端部不得小于 0.5m。

（8）敷设在有可能结冻的房间、地下室及管井、管沟等地方的给水管道应有防冻措施。

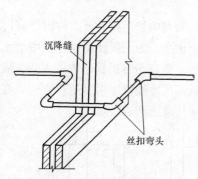

图 1-9 螺纹弯头法

（9）给水管不宜穿越伸缩缝、沉降缝和抗震缝，如必须穿越时，应设置补偿管道伸缩和剪切变形的装置。常用措施有：

①螺纹弯头法，又称丝扣弯头法。建筑物的沉降可由螺纹弯头的旋转补偿，适用于小管径的管道，如图 1-9 所示。

②软性接头法。用橡胶软管或金属波纹管连接沉降缝、伸缩缝两边的管道，如图 1-10 所示。

③活动支架法。将沉降缝两侧的支架做成使管道能垂直位移而不能水平横向位移的形式，以适应沉降伸缩应力，如图 1-11 所示。

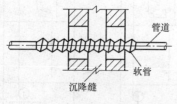

图 1-10 软性接头法

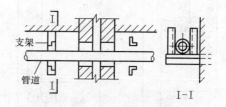

图 1-11 活动支架法

（10）室内给水管道不应穿越变配电房、电梯机房、通信机房、大中型计算机房、计算机网络中心、音像库房等遇水会损坏设备和引发事故的房间，并应避免在生产设备上方通过；其位置不得妨碍生产操作、交通运输和建筑物的使用。

（11）为便于检修，管道井应每层设检修设施，每两层应有横向隔断，检修门宜开向走廊；暗设在顶棚或管槽内的管道，在阀门处应留有检修门。

（12）室内管道安装位置应有足够的空间以利拆换附件。

（13）给水引入管应有不小于 0.003 的坡度坡向室外给水管网或坡向阀门井、水表井，以便检修时排放存水。

（14）给水引入管与室内排出管管外壁的水平距离不宜小于 1.0m；建筑物内埋地敷设的生活给水管与排水管之间的最小净距，平行埋设时应为 0.5m，交叉埋设时应为 0.15m，且给水管宜在排水管的上面。

（15）给水管道横管应有 0.002～0.005 的坡度，并设坡向泄水装置，以利放空和排气。

（16）塑料给水管道不得布置在灶台上边缘；明设的塑料给水立管距灶台边缘不得小于 0.4m，距燃气热水器边缘不宜小于 0.2m，达不到此要求时，应有保护措施；塑料给水管道不得与水加热器或热水炉直接连接，应有不小于 0.4m 的金属管段过渡。

（17）给水管道穿楼板时宜预留孔洞，避免在施工安装时凿打楼板面，孔洞尺寸一般宜比通过的管径大 50～100mm；管道通过楼板段应设套管。

（18）给水管道穿越地下室或地下构筑物的外墙处，穿越屋面处，穿越钢筋混凝土水池（箱）的壁板或底板连接管道时，应设置防水套管。

3. 布置形式

一般建筑内的给水管网多采用支状布置，按其水平干管的敷设位置可以分为上行下给式、下行上给式和环状式三种，其特征、使用范围和优缺点见表 1-1。

表 1-1　　　　　　　　给水管路布置形式

名称	特征形式	优缺点	使用范围
上行下给式	水平配水干管敷设在顶层天花板下或吊顶之内，对于非冰冻地区，也有敷设在屋顶上的，对于高层建筑也可设在设备层内	美观；但安装在吊顶内的配水干管可能因漏水或结露损坏吊顶及墙面；对外网水压要求稍高；管材消耗也比较多些	设有高位水箱的居住、公共建筑，机械设备或地下管线较多的工业厂房多采用
下行上给式	水平配水干管敷设在底层（明装、埋设或沟敷）或地下室天花板下	形式简单，明装时便于安装维修；但埋地管道检修不便	居住建筑、公共建筑和工业建筑，在利用外网水压直接供水时多采用
环状式	水平配水干管或配水立管互相连接成环，组成水平干管环状或立管环状，在有两个引入管时，也可将两个引入管通过配水立管和水平配水干管相连通，组成贯穿环状	供水安全可靠性较高；任何管段发生事故时，可用阀门关闭事故管段而不中断供水；水流通畅，水质不易因滞流而变质；但管网造价较高	高层建筑、大型公共建筑和工艺要求不间断供水的工业建筑常采用，消防管网均可采用

四、建筑给水管道系统的敷设形式

给水管道的敷设有明装和暗装两种形式。

（1）明装。管道外露于建筑内，其优点是安装维修方便，造价低，但外露的管道表面易结露、积灰，影响美观。一般用于对卫生、美观没有特殊要求的民用建筑和大部分生产车间。

（2）暗装。管道隐蔽敷设于管道井、设备层、管沟、墙槽、顶棚中，或直接埋地或埋在楼板的垫层里，其优点是管道不影响室内的美观，但施工复杂，维修困难，造价高。在宾馆等标准较高的民用建筑和要求无尘、洁净的车间、实验室等均可采用。

给水管道暗装时，不得直接敷设在建筑物结构层内；干管和立管应敷设在吊顶、管井、管窿内，支管宜敷设在楼（地）面的找平层内或沿墙敷设在管槽内；敷设在找平层或管槽内的给水管管材宜采用塑料、金属与塑料复合管材或耐腐蚀的金属管材。

任务二　建筑给水管材、附件的选择与质量检验

建筑给水系统是由管道和各种管件、附件连接而成的。因此，掌握其性能，合理选用，对保证工程质量，降低工程造价及系统的正常运行都是很重要的。

一、常见的给水管材

建筑给水管材按材料的不同可分为金属管材、非金属管材和复合管材三大类。

1. 金属管材

金属管材主要有铸铁管和钢管。

（1）给水铸铁管。给水铸铁管采用铸造生铁以离心法或砂型法铸造而成。我国生产的给水铸铁管有低压管（工作压力不大于 0.45MPa）、普压管（工作压力不大于 0.75MPa）和高压管（压力不大于 1MPa）三种，其常用管件如图 1-12 所示。

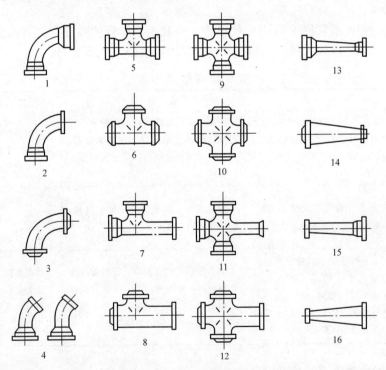

图 1-12　常用铸铁管管件

1—90°双成弯头；2—90°承插弯头；3—90°双盘弯头；4—45°和 22.5°承插弯头；5—三承三通；6—三盘三通；7—双承三通；8—双盘三通；9—四承四通；10—四盘四通；11—三承四通；12—三盘四通；13—双承异径管；14—双盘异径管；15、16—承插异径管

铸铁管具有耐腐性强、使用寿命长、价格低等优点。其缺点是脆性大、重量大、长度小。

（2）钢管。建筑给水常用的钢管有无缝钢管和焊接钢管等。无缝钢管可分为热轧和冷轧两大类；而焊接钢管根据壁厚，可分为普通焊接钢管和加厚焊接钢管两类。普通焊接钢管出厂试验水压力为 2.0MPa，用于工作压力小于 1.0MPa 的管路；加厚焊接钢管出厂试验水压力为 3.0MPa，用于工作压力小于 1.6MPa 的管路；其常用管件如图 1-13 所示。

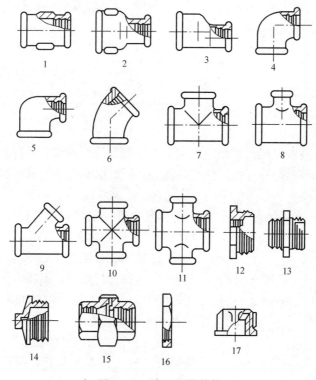

图 1-13 常用钢管管件

1—管箍；2—同心异径管箍；3—偏心异径管箍；4—90°弯头；5—异径弯头；6—45°弯头；

7—等径三通；8—异径三通；9—异径斜三通；10—等径四通；11—异径四通；12—补芯；

13—对丝；14—丝堵；15—活接头；16—根母；17—管帽

钢管具有强度高，耐压和抗振性能好，重量比铸铁管轻、光滑，容易加工和安装等优点，但抗腐蚀性能差，造价较高。

2. 非金属管材

建筑给水非金属管材常采用塑料管，塑料管具有密度小、化学稳定性好、耐腐蚀、内壁光滑、水力条件好、重量轻、安装方便、容易切割，在热状态下可以焊接和粘合等特点。但是，塑料管线性膨胀系数较大，其施工方法与传统管材的施工方法有较大的区别，需要在工程实际中正确处理。其缺点是强度低、耐热性差。塑料管与管件的材质种类很多，主要有硬聚氯乙烯（UPVC）、高密度聚乙烯（HDPE）、交联聚乙烯（PEX）、聚丁烯（PB）、丙烯腈—丁二烯—苯乙烯（ABS）、改性聚丙烯（PP-R，PP-C）等。各种塑料管的性能见表 1-2。

表 1 - 2　　　　　　　　　　　　　**塑料管的性能表**

品种	优　　点	缺　　点
UPVC	抗腐蚀力强，易于粘合，价廉，质地坚硬	有 UPVC 单体和添加剂渗出，不适用于热水输送；接头粘合技术要求高，固化时间较长
HDPE	韧性好，有较好的抗疲劳强度，耐温度性能好；质轻，可挠性和抗冲性能好	熔接需要电力；机械连接，连接件大
PEX	耐温性能好，抗蠕变性能好	只能用金属件连接，不能回收重复利用
PB	耐温性能好，有良好的抗拉、抗压强度，耐冲击，有低蠕变，高柔韧性	原材料价格高
PP-R	耐温性能好	同等压力和介质温度条件下，管壁最厚
ABS	强度大，耐冲击	耐紫外线差，粘接固化时间较长

3. 复合管材

随着建筑材料行业的发展，近些年出现了铝塑复合管、钢塑复合管等一系列新型复合管材，它们既具有金属管材耐压、抗震性好的优点，同时又具有非金属管材耐腐蚀、水力条件好的优点。

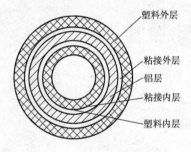

图 1 - 14　铝塑管结构

（1）铝塑复合管。铝塑复合管是 20 世纪 90 年代前后出现的新型管材，它的内外各有一层聚乙烯（PE），中间是铝合金及胶接 PE 与铝之间的胶合层组成，其结构如图 1-14 所示。这种管材质轻，耐压，耐冲击，具有较好的塑性和变形能力，卫生无毒，内壁光滑，不结垢，可以广泛应用于自来水输送管道中。

（2）钢塑复合管。钢塑复合管主要有涂塑和衬塑两种，它以无缝钢管、焊接钢管为基管，内壁涂装高附着力、防腐、食品级卫生型的聚乙烯粉末涂层或环氧树脂涂料，继承了钢管和塑料管各自的优点，是传统镀锌管的升级型产品，在现代给水工程中应用广泛。

4. 表示方法

建筑给水管材的种类不同，表示方法也不同，但是均采用 mm 为单位。

镀锌钢管、铸铁管的管径通常采用公称通径 DN 表示（公称直径是管子和附件的标准直径，其值介于内径和外径之间）；焊接钢管、无缝钢管的管径以外径 $D\times$壁厚 δ 表示；塑料管的管径则以外径 $De\times$壁厚 δ 表示。

5. 管材的选择

给水管管材应根据给水要求，按下列规定采用：

（1）给水系统采用的管材和管件，应符合现行产品标准的要求。管道和管件的工作压力不得大于产品标准标称的允许工作压力。

（2）生活给水系统所涉及的材料必须达到饮用水卫生标准，必须是无毒的。由于水质的二次污染问题，生活给水系统中，已经禁止使用镀锌钢管，并逐步禁止使用热镀锌钢管，取而代之的是无毒无污染的 PP-R 管、衬塑钢管等。

（3）埋地给水管道采用的管材，应具有耐腐蚀和承受相应地面荷载的能力。可采用塑料给水管、有衬里的铸铁给水管、经可靠防腐处理的钢管。

（4）室内的给水管道，应选用耐腐蚀和安装连接方便可靠的管材，可采用塑料给水管，塑料和金属复合管、不锈钢管及经可靠防腐处理的钢管。

（5）消火栓系统消防给水管一般采用镀锌钢管或给水铸铁管；自动喷水灭火系统消防给水管应采用镀锌钢管或镀锌无缝钢管；消防、生活共用给水管网中，消防给水管管材应与生活给水管的材料相同。

二、常用的管道连接方式

1. 螺纹连接

螺纹连接，也称丝扣连接，主要用于公称直径不超过150mm、公称压力不超过1.0MPa的给水管道，或用于公称直径不超过50mm、公称压力不超过0.2MPa的饱和蒸汽管道。连接时在管子和管件之间需要敷上麻、铅油、石棉线及聚四氟乙烯生料带等填料，以保证密封性。

镀锌钢管可采用螺纹连接。

2. 焊接

金属管主要采用电焊和气焊，而塑料管则采用热熔焊接。

（1）电焊。在管道工程中常用的是电焊条手工电弧焊。焊接时要求焊缝的焊肉波纹粗细、厚薄均匀，加强面符合强度要求，无裂缝、气孔及夹渣，外表面无残渣、弧坑及明显的焊瘤。焊接完毕后应进行严密性检查和强度抽检。焊接的优点是接头紧密、不漏水、施工迅速、不需配件，缺点是不能拆卸。焊接只能用于非镀锌钢管。

（2）气焊。气焊就是借助于气体燃烧产生的热能，将被焊接的两部分金属连接处熔化，使它们连接成为一个整体的过程。当钢管的壁厚小于3.5mm时，适用气焊。

（3）热熔焊接。热熔焊接主要用于塑料焊接，其焊口形式有插口、套管和对接三种，适用于各种塑料管的连接。

3. 法兰连接

法兰连接（见图1-15）通常在管径较大（50mm以上）的管道上使用，一般将法兰盘焊接在管子端部，再以螺栓固定。法兰连接的特点是拆卸方便、严密性好、强度高，但是耗材多、造价高，主要适用于钢管、铸铁管等管材。

4. 承插连接

铸铁管、塑料管常采用承插连接方式，如图1-16所示。铸铁管承插连接分为刚性接口和柔性接口两种。用油麻、水泥、石棉水泥混合料、膨胀水泥、青铅等材料为填充物做承口连接的接口，称为刚性接口；以橡胶圈、胀圈、浸油麻绳、封口胶等为填充物做承口连接的接口，称为柔性接口。

图1-15 法兰连接

图1-16 承插连接

5. 粘接

粘接是指通过胶粘剂在胶粘的两个物件表面产生粘接力的作用，将两个相同或不同材料的物件牢固地粘接在一起的连接方法。其与法兰连接、焊接方式相比剪切强度大，应力分布均匀，可以粘接任意不同的材料，施工简便，价格低廉。这种方式多用于塑料管的连接。

三、常见的给水附件

给水管道附件分为配水附件和控制附件两大类。

1. 配水附件

配水附件用以调节和分配水量，如装在卫生器具及用水点的各式水龙头、实验室鹅颈水龙头、感应水龙头、角阀等，如图 1-17 所示。

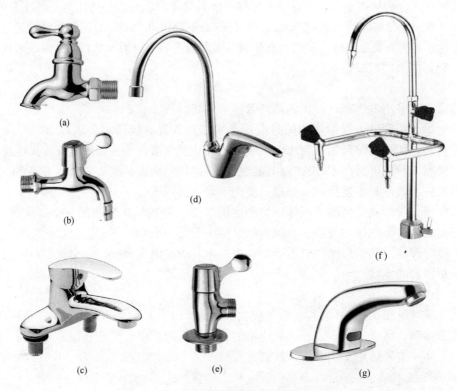

图 1-17　几种常见的水龙头

(a) 普通快开式水龙头；(b) 洗衣机水龙头；(c) 混合式水龙头；
(d) 长颈水龙头；(e) 角阀；(f) 实验室鹅颈水龙头；(g) 感应水龙头

2. 控制附件

控制附件是调节控制水流及水压的设备，给水系统中主要指阀门。选用时，应主要考虑装设的目的、口径、水温及水质情况、工作压力、阻力、造价及维修保养等问题。

给水管道上使用的各类阀门的材质，应耐压、耐腐蚀。根据管径大小和所承受压力的等级及使用温度，可采用全铜、全不锈钢、铁壳铜芯和全塑阀门等。

下面简要介绍几类常用阀门：

（1）闸阀，也叫闸板阀，它具有阻力小，开启、关闭力小，介质可以从任一方向流动的特点，可安装在管道或设备的任意位置，如图 1-18（a）所示。

（2）截止阀，是给排水系统中采用最广泛的一种阀门，它是靠一个类似塞子作用的结构来控制水的流动，如图1-18（b）所示。截止阀具有结构简单，造价较低，密封性好，维修方便，开启阻力稍大的特点，一般只用于100mm以下的管线上。安装时，有严格的方向限制，应按阀体上箭头的指示方向安装，一般为低进高出。

（3）旋塞阀，是一种结构简单，开启及关闭迅速，阻力较小的阀门，如图1-18（c）所示。

（4）蝶阀，体积小，结构简单，开启方便，旋转90°就可以全开或全关，如图1-18（d）所示。蝶阀宽度比一般阀门小，操作较简便且占地较小，使用时阀体不易漏水，但是密闭性较差，不易关严。

（5）球阀，其启闭件为金属球状物，球体中部有一圆形孔道，使手柄绕垂直于管路的轴线旋转90°即可全开或全闭，如图1-18（e）所示。球阀具有流体阻力小、结构简单、体积小、质量轻、开闭迅速等优点，但容易产生水击。

（6）浮球阀，依靠水的浮力自动启闭水流通路，是用来自动控制水流的补水阀门，常安装于需控制水流的水箱或水池内，如图1-18（f）所示。

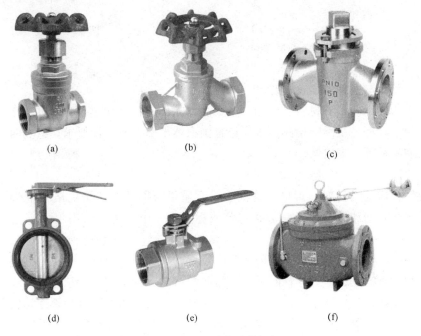

图1-18　几种常见的阀门
（a）闸阀；（b）截止阀；（c）旋塞阀；（d）蝶阀；（e）球阀；（f）浮球阀

3. 止回阀

止回阀又称逆止阀、单向阀，是限制压力管道中的水流朝一个方向流动的阀门，具有严格的方向性，不允许装反，主要作用是防止管道内的介质倒流。在锅炉给水管道、水泵出水管上均应设置止回阀，防止由于锅炉压力升高或停泵造成出口压力降低，而使炉内的水倒流回来损坏水泵设备。止回阀的形式有很多种，常用的有升降式和旋启式两类，如图1-19所示。升降式止回阀装于水平管道上，水头损失较大，只适用于小管径；旋启式止回阀直径较大，水平、垂直管道上均可使用。

4. 减压阀

减压阀的原理是使介质通过收缩的过流断面而产生节流，节流损失会使介质的压力减低，从而使通过的介质压力降低成为所需的低压介质，如图 1-20 所示。在高层建筑的给水系统中，通常采用减压阀调整水压以满足用户的用水要求。安装时需注意，减压阀均应安装在水平管道上，并且有严格的方向性，应保证阀体上的箭头方向与介质流向一致，不得装反。

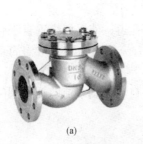

(a)　　　　　　　　(b)

图 1-19　止回阀　　　　　　　　　　图 1-20　减压阀
(a) 升降式；(b) 旋启式

四、给水管材与附件的质量检验

建筑给水所使用的主要材料、成品、半成品、配件、器具和设备必须具有中文质量合格证明文件，规格、型号及性能检测报告应符合国家技术标准或设计要求。进场时应做检查验收，并经监理工程师核查确认。

1. 给水管材、管件的质量检验

(1) 质量合格证明材料。管材和管件应具有质量合格证、产品规格和生产厂名称。批号、数量、生产日期和检验代号应标在包装或标签上。用于生活饮用水的产品必须是无毒材料。

(2) 外观质量检验。管材和管件内外壁应光滑、平整，无裂纹、脱皮、气泡，无明显的痕纹、凹陷和严重的冷斑；管材轴向不得有扭曲性弯曲，其直线偏差应小于 1%；管材端口必须垂直于轴线，并且平整；管件应完整，无缺损、变形；塑料管材和管件无色泽不均及分解变色线，颜色应一致；管材和管件的承、插、粘接面，表面应平整，尺寸准确，以保证接口的密封性能。

(3) 管材、管件的储运。管件应按不同品种、规格分别装箱；管材运输前应按不同规格分别捆扎，每捆长度应一致；管材和管件不得露天存放，不得离热源过近，与热源的距离不得小于 1m，应存放在通风良好、温度不超过 40℃ 的库房或能遮阳避雨的棚内；管材应水平堆放在平整的支垫物上；搬运、装卸管材和管件时严禁撞击、抛扔，应小心轻放，在天气寒冷时，尤需特别注意；运输和存放时，都要避免油类污染；管材和管件的存取应遵守先进先出的原则。

2. 阀门的质量检验

(1) 安装使用说明书完整，包装完好，表面无划痕及外力冲击破损。

（2）阀门安装前，应做强度和严密性试验。强度试验是指阀门在开启状态下试验，检查阀门外表面的渗漏情况；严密性试验是指阀门在关闭状态下试验，检查阀门密封面是否渗漏。

试验要求：在每批（同牌号、同型号、同规格）数量中抽查10%，且不少于1个。对于安装在主干管上起切断作用的闭路阀门，应逐个做强度和严密性试验。

试验方法：阀门的强度试验压力为公称压力的1.5倍；严密性试验压力为公称压力的1.1倍；试验压力在试验持续时间内应保持不变，且壳体填料及阀瓣密封面无渗漏为合格。阀门试压的试验持续时间应不少于表1-3的规定。

表1-3　　　　　　　　　　　　阀门试验持续时间

公称通径 DN (mm)	最短试验持续时间（s）		
	严密性试验		强度试验
	金属密封	非金属密封	
≤50	15	15	15
65～200	30	15	60
250～450	60	30	180

3. 阀门的安装要求

（1）阀门与管道或设备的连接有螺纹和法兰连接两种。安装螺纹阀门时，为便于拆卸，一般一个阀门应配活接头一只，活接头设置位置应考虑便于检修；安装法兰阀门时，两法兰应相互平行且同心，不得使用双垫片。

（2）同一房间内、同一设备、同一用途的阀门应排列对称，整齐美观，阀门安装高度应便于操作。

（3）水平管道上阀门、阀杆、手轮不可朝下安装，宜向上安装。

（4）并排立管上的阀门，高度应一致整齐，手轮之间便于操作，净距不应小于100mm。

（5）安装有方向要求的止回阀、截止阀，一定要使其安装方向与介质的流动方向一致。

（6）换热器、水泵等设备安装体积和重量较大的阀门时，应单设阀门支架；操作频繁、安装高度超过1.8m的阀门，应设固定的操作平台。安装于地下管道上的阀门应设在阀门井内或检查井内。

任务三　建筑给水管道系统的安装

一、施工前的准备

建筑设备施工准备的目的是给以后的施工创造良好条件，主要包括材料准备、技术准备和施工机具准备。材料准备是指根据施工进度计划，提出材料计划，组织材料采购和主要设备的订购，材料进场后，要进行检验；技术准备包括准备和熟悉图纸资料、会审施工图、技术交底和编制施工组织设计；施工机具准备指开工前应先检查与维修现有施工机械，不足的应给以添置。

1. 施工条件

（1）施工现场"五通一平"，满足施工要求。

（2）施工图纸及其他技术文件应齐全。

（3）在熟悉图纸的基础上，核对各种管道的坐标、标高是否有交叉，管道排列所用空间是否合理，有问题应及时与设计和有关人员研究解决，做好变更洽商；根据施工方案确定的施工方法和技术交底的具体措施做好施工准备工作。

（4）施工前，施工人员应了解该建筑物的结构和构造形式，应按设计要求配合土建检查管道穿越墙体、楼板的预留孔洞和预埋套管位置是否正确，尺寸是否合适。

（5）对安装所需要管材、配件和阀门等应核对产品合格证书、质量保证书、规格型号、品种和数量，并进行外观检查。

（6）施工机具已到场，并安装固定或定位；管材、管件已运抵现场，并已经放置一段时间。

（7）施工人员分工明确，并经过技术培训，持证上岗。

2. 主要机具

（1）机械：套丝机、砂轮锯、弯管机、台钻、调速电锤、手电钻、电焊机、电动或手动试压泵等。

（2）工具：套丝板、管钳、压力钳、手锯、手锤、活扳手、捻凿、煨弯器、手压泵、断管器等。

（3）其他：水平尺、线坠、钢卷尺、线、压力表等。

3. 施工工艺流程

引入管安装→管道支架安装→干管安装→立管安装→支管安装→系统水压试验→清洗消毒→管道防腐和保温→质量检验及验收

二、管道支架的安装

管道的支承结构称为支架，是管道系统的重要组成部分。支架的作用是支撑管道，并限制管道位移和变形，承受从管道传来的内压力、外荷载及温度变形的弹性力，并通过支吊架将这些力传递到支承结构或地基上。

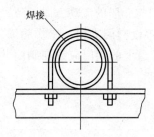

图 1-21　固定支架

1. 支架的分类

管道支架有固定支架（见图 1-21）和活动支架（见图 1-22）两种类型；活动支架又可分为滑动支架、导向支架、滚动支架和吊架四种。

2. 管道支架的制作

管道支架的制作应按照图样要求进行施工；支吊架的受力部件，如横梁、吊杆及螺栓等的规格应符合设计及有关技术标准的规定；管道支吊架、支座及零件的焊接应遵守结构件焊接工艺。焊缝高度不应小于焊件最小厚度，并不得有漏焊、夹渣或焊缝裂纹等缺陷，制作合格的支吊架，应进行防腐处理和妥善保管。

3. 管道支架的放线定位

首先根据设计要求定出固定支架和补偿器的位置；根据管道设计标高，把同一水平面直管段的两端支架位置画在墙上或柱上。根据两点间的距离和坡度大小，算出两点间的高度差，标在末端支架位置上；在两高差点拉一条直线，按照支架的间距在墙上或柱上标出每个支架位置。如果土建施工时，在墙上预留有支架孔洞或在钢筋混凝土构件上预埋了焊接支架

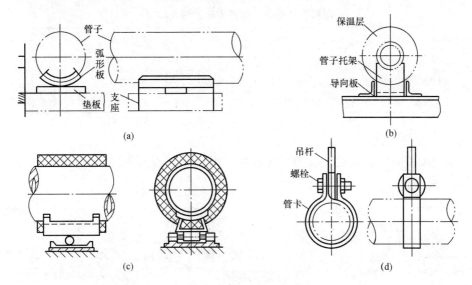

图 1-22　活动支架

（a）滑动支架；（b）导向支架；（c）滚动支架；（d）吊架

的钢板，应采用上述方法进行拉线校正，然后标出支架实际安装位置。

4. 支吊架安装

（1）支架横梁应牢固地固定在墙、柱或其他结构物上，横梁长度方向应水平。

（2）支架顶面应与管中心线平行；固定支架必须严格地安装在设计规定位置，并使管道牢固地固定在支架上。

（3）活动支架不应妨碍管道由于热膨胀所引起的移动，其安装位置应从支承面中心向位移反方向偏移；无热位移的管道吊架的吊杆应垂直安装，吊杆的长度应能调节；有热位移的管道吊杆应沿斜向位移相反的方向倾斜安装。

（4）管道支架上管道离墙、柱及管道与管道中间的距离应按设计图纸要求敷设。

（5）在墙上预留孔洞埋设支架时，埋设前应检查校正孔洞标高位置是否正确，深度是否符合设计和有关标准图的规定要求。校正无误后，清除孔洞内的杂物及灰尘，并用水将洞周围浇湿，将支架埋入填实，用 1：3 水泥砂浆填充饱满。

（6）在钢筋混凝土构件预埋钢板上焊接支架时，先校正支架焊接的标高位置，消除预埋钢板上的杂物，校正后施焊。焊缝必须满焊，焊缝高度不少于焊接件最小厚度。

（7）钢管水平安装的支、吊架间距不应大于表 1-4 的规定。

表 1-4　　　　　　　　　　钢管管道支架的最大间距

公称直径（mm）		15	20	25	32	40	50	70	80	100	125	150	200	250	300
支架的最大间距（m）	保温管	2	2.5	2.5	2.5	3	3	4	4	4.5	6	7	7	8	8.5
	不保温管	2.5	3	3.5	4	4.5	5	6	6	6.5	7	8	9.5	11	12

（8）采暖、给水及热水供应系统的塑料管及复合管垂直或水平安装的支架间距应符合表 1-5 的规定。采用金属制作的管道支架，应在管道与支架间加衬非金属垫或套管。

表 1 - 5		塑料管及复合管管道支架的最大间距												
管径（mm）		12	14	16	18	20	25	32	40	50	63	75	90	110
支架的最大间距（m）	立管	0.5	0.6	0.7	0.8	0.9	1.0	1.1	1.3	1.6	1.8	2.0	2.2	2.4
	水平管 冷水管	0.4	0.4	0.5	0.5	0.6	0.7	0.8	0.9	1.0	1.1	1.2	1.35	1.55
	热水管	0.2	0.2	0.25	0.3	0.3	0.35	0.4	0.5	0.6	0.7	0.8		

5. 管道支架安装方法

支吊架的安装方法有栽埋法、膨胀螺栓法、射钉法、预埋焊接法、抱柱法五种安装方法，如图 1 - 23 所示。

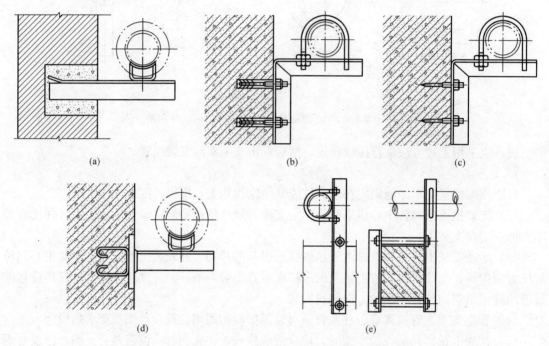

图 1 - 23　管道支架的安装方法
(a) 栽埋法；(b) 膨胀螺栓；(c) 射钉法；(d) 预埋焊接法；(e) 抱柱法

三、给水管道系统安装

建筑内给水管道的安装宜按照先地下后地上、先大管径后小管径、先主管后支管的顺序进行；若管道交叉发生矛盾时，应小管让大管、给水管让排水管、支管让主管。具体安装方法如下：

1. 引入管安装

（1）引入管穿过建筑物外墙进入室内有两种情况，一种是从建筑物的基础下通过，另一种是穿过承重墙或基础。在地下水位高的地区，引入管穿地下室外墙或基础时，应采取防水措施，根据情况采用柔性防水套管或刚性防水套管。

①引入管由基础下通过。如图 1 - 24 (a) 所示，引入管应尽量与建筑物外墙的轴线垂直。安装时，引入管下部及转弯处应设置支座，支座用 C 5.5 混凝土浇筑，支座高度比引入管直径大 200mm，其间隙用土回填并压实。

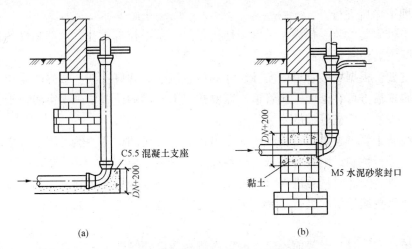

图 1-24　引入管穿过建筑物基础
（a）浅基础；（b）深基础

②引入管穿墙基础敷设。如图 1-24（b）所示，敷设时应尽量与建筑物外墙的轴线垂直。在穿越建筑物基础时，为了防止建筑物下沉而破坏管道，应配合土建施工预留孔洞或预埋套管，其直径应比引入管直径大 100～200mm。引入管敷设在预留孔内时，其管顶距孔壁的距离不小于 100mm，预留孔与管道间隙用黏土填实，两端用 M5 的水泥砂浆封口。

（2）室内埋地引入管应在底层土建地坪施工前安装。

（3）安装方法：室外引入管安装时经量尺或比量法下料，在地面预制成整体后一次性地穿入基础孔洞进行安装。必要时，引入管预制并经试压合格后再穿入基础孔洞，以确保引入管螺纹连接的严密性；应安装至外墙外 1m 以上，管口应及时封堵。

（4）安装要求：室外埋地引入管要考虑地面荷载和土壤冰冻的影响，管顶覆土厚度不宜小于 0.7m，并应敷设在冰冻线以下 200mm 处；若给水引入管与排水管平行敷设时，其水平净距不得小于 1.0m；交叉敷设时，给水管在上，垂直净距为 150mm；引入管应有不小于 0.003 的坡度，坡向室外给水管网。

2. 干管安装

建筑给水干管的安装有埋地式安装和架空式安装两种形式。给水干管的安装应按照先装支架后装管道的原则进行。

（1）敷设埋地干管。埋地干管一般置于管沟内或直接埋设在地面下，应在回填土夯实后再次开挖管沟至管底标高，并且管道穿墙处已预留孔洞或安装套管时进行。

①安装时，首先按照设计图样确定干管的位置、标高，并开挖土方至适宜的深度；检查预留洞口的尺寸和套管规格、坐标、标高是否正确。

②埋地管道应有 0.002～0.005 的坡度坡向给水入口处，以便于检查维修时泄空管内的水。

③管沟内的管道应尽量单层敷设，以便于安装和检修；若为双层或多层敷设时，一般将管径较小、阀门较多的管道安放在上层。

④对于直接埋地的管道，应进行防腐处理后再行安装；试压合格后方可隐蔽。

（2）安装架空干管。架空干管安装必须在安装层的结构顶板完成，沿管线安装位置的模板及杂物清理干净后进行。

①确定干管安装位置、标高、坡度。使用卷尺、水平仪等工具，按照图样的设计要求确定干管的实际安装位置、标高、坡度等。

②安装支架。根据安装管道的实际尺寸和位置制作并埋好支架。栽好的支架待埋固砂浆的强度达到要求后方可在上面安装管道。需要在墙上打洞的位置要画十字线，十字线的长度要大于孔径，以便于校核管道的安装位置。

③预制组装干管。在主干管中心线上定出各立管分支的位置，然后测量各主管间的管段长度并在地面进行预制、组装和编号，组装长度以吊装方便为宜。

④安装干管。安装时从总进入口开始操作，将预制好的管道运到安装部位按编号依次排开，清扫管腔后按编号依次进行吊装。吊装上的管道应先用支架上的卡环固定，然后再进行紧固连接。

若干管是铸铁管时，安装前还应将承口内侧和插口外侧端头的沥青除掉，并将承口朝来水方向顺序排列，连接的对口间隙应不小于 3mm。

⑤拨正调直。干管安装好以后还应进行拨正调直，使得从管道一端看过去在一条直线上。同时复核甩口的位置、方向及变径，检查无误后，所留管口均要加临时丝堵堵严，以防杂物进入管腔内。

⑥安装要求。给水干管应在支架安装时保证使管道具有 0.002～0.005 的坡度，以利于冲洗和排空；与其他管道同沟或共架敷设时，给水管道应在热水管、蒸汽管的下面，在冷水管或排水管的上面。

3. 立管安装

立管的安装、试压应在主体结构完成后墙壁抹灰前进行。

(1) 确定立管中心线位置。复核预留孔洞的尺寸、位置是否正确，管中心线是否垂直，并在墙上画线。

立管穿过现浇楼板应预留孔洞，避免在施工安装时凿打楼板面。孔洞为正方形时，其边长与管径的关系为：DN32 以下为 80mm，DN32～DN50 为 100mm，DN70～DN80 为 160mm，DN100～DN125 为 250mm；孔洞为圆孔时，孔洞尺寸一般比管径大 50～100mm。

(2) 埋设立管卡。根据墙上的画线和立管与墙面的尺寸埋好立管卡，建筑物层高不大于 5m 时，每层必须安装 1 个；层高大于 5m 时，每层不得少于 2 个；管卡安装高度为 1.5～1.8m，2 个以上管卡应均匀安装，同一房间内管卡应安装在同一高度上。

(3) 预制组装立管。立管的预制应以楼层管段长度为单元进行。先按照设计标高，实测两楼层间横支管位置间的距离，确定各楼层预制立管的实际尺寸（其中包括阀门、活接头管件的尺寸）。按照尺寸对管子下料，在地面按照管道连接顺序预制、组装、检查调直后编号并运到现场进行安装。

(4) 安装立管。安装前先清除立管上横支管处的封堵物和泥砂等，然后按立管上的编号从一层干管甩头处往上逐层进行安装。操作时，应两人配合，一个人在下端托管，另一个人在上端上管。注意支管的接入方向。安装好后进行检查，保证立管的垂直度和管道距墙的距离符合设计要求，使其正面和侧面都在同一垂直线上，最后收紧管卡。

(5) 楼板封堵。立管周围楼板的孔隙，用不小于楼板混凝土强度等级的细石混凝土填实，支管的甩口均要做好临时封堵。

（6）安装要求。立管一般沿房间的墙角或墙、梁、柱敷设，当管径不大于 32mm 时，立管离墙的净距为 25～35mm，管径大于 32mm 时，净距为 30～50mm；暗装管道时，应配合土建施工预留管槽，阀门及管道活接件不得埋入墙内。立管上在距地面 150mm 处应装设阀门及可拆卸的连接件；立管穿楼板时应加设套管，套管底面与楼板底齐平，套管上沿一般高出楼板 20mm；安装在厨房和卫生间地面的套管，套管上沿应高出地面 50mm；给水立管与排水立管并行时，应置于排水立管外侧；与热水立管并行时，应置于热水立管的右侧；与热水支管竖向交叉时，给水立管上应设半圆弯；多层及高层建筑每隔一层在立管上安装一个活接头。

4. 支管安装

支管安装应在墙体砌筑完毕，墙面未装修前进行。

（1）画线与打孔。首先在墙上弹出水平支管的安装位置横线，并在横线上画出各分支支管或给水配件位置的中心线。同时找准穿墙孔洞的中心位置，用十字线标记在墙面上，然后用电钻打孔，使孔洞中心与管道中心相吻合，孔洞直径大于管道外径 20～30mm。支管暗装时，应在管道安装位置的墙上开槽，管槽宽度应为管道外径加 30mm，且管槽的坡度应与管道坡度一致。

（2）预制管材和预组装。测出各支管的实际尺寸，根据尺寸进行预制组装并编号，检查调直后进行安装。

（3）安装支管。将预制好的支管按位置和编号进行安装，找平找正后，用钩钉或管卡进行固定，管卡或钩钉设在管件之间的中间位置。接卫生器具的冷、热水预留口应设在明处并加丝堵。支管口在同一方向开出的配水点管头，应在同一轴线上，保证美观。支管安装完后，应检查并清除所有管头内残留的污物，然后用管堵或管帽进行封闭，以防污物进入并为充水试压做好准备。

（4）暗装管道隐蔽。直埋敷设管道隐蔽后，宜在墙上或地面标明管道的位置和走向，严禁在管道周围用电钻、电锤钻孔、打眼或钉金属钉。

（5）安装要求。给水支管应有不小于 0.002 的坡度坡向立管；给水管道与各种管道之间的净距，应满足安装操作的需要，且不宜小于 0.3m；室内冷、热水管上、下平行敷设时，冷水管应在热水管下方；垂直平行敷设时，冷水管应在热水管右侧；卫生器具上的冷热水龙头，热水在左侧，冷水在右侧；支管的始端应安装阀门，阀门还应安装可拆卸件。

5. 给水管道的水压试验

建筑给水管道安装完毕后需进行水压试验，其目的是检查管道及接口的强度和严密性。

（1）准备工作。管道系统水压试验前，应将不能参与试验的设备、仪表及管道附件等加以隔离；安全阀应拆卸；系统最高点设置排气阀。室内引入管外侧用盲板封堵，其部位应有明显的标记和记录；水压试验应用清洁水进行。系统注水时应将空气排净；试验宜在环境温度 5℃以上进行，否则须有防冻措施；暗装管道的水压试验，应在隐蔽前进行，保温管道的水压试验应在保温前进行。

（2）试验要求与方法。用升压泵向系统中加压，升压过程不能太快，一般以 2～3 次升至试验压力为宜。给水管道的水压试验必须符合设计要求。当设计未注明时，各种材质的给水管道系统试验压力均为工作压力的 1.5 倍，但不得小于 0.6MPa。

试验方法：金属及复合管给水管道系统在试验压力下观测 10min，压力下降不大于 0.02MPa，然后降到工作压力进行检查，系统不渗不漏为合格；塑料管给水系统应在试验压力下稳压 1h，压力下降不得超过 0.05MPa，然后在工作压力的 1.15 倍状态下稳压 2h，压力下降不得超过 0.03MPa，同时检查各连接处，不得渗漏。

（3）试压过程中如遇渗漏，不得带压修理。缺陷消除后，应重新试验，无问题后通知有关人员验收，办理交接手续。

6. 给水系统通水试验、冲洗与消毒

给水管道系统施工完毕后与交付使用前，必须进行冲洗及消毒，以确保给水管道的使用功能。

（1）系统冲洗。给水管道系统试压合格后，应分段用水对管道进行清洗，冲洗用水应为清洁水；冲洗时，以系统内最大设计流量或不小于 1.5m/s 的流速进行；冲洗应连续进行，当无设计规定时，则以出口水色和透明度与入口目测的水色和透明度一致为合格；管道冲洗合格后，应填写《管道系统冲洗记录》，冲洗完毕后应将水放尽。

（2）通水试验。给水系统交付使用前必须进行通水试验做好记录。

试验方法：观察和开启阀门、水嘴等放水。

（3）消毒。生活饮用水管道在交付使用前应用每升水中含有 20～30mg 游离氯的水灌满管道进行消毒。含氯水在管道中应留置 24h 以上。消毒完毕后，再用饮用水冲洗，并经卫生部门取样检验，符合国家《生活饮用水质量标准》后方可使用。

检验方法：冲洗消毒报告、检查相关部门提供的检测报告。

四、管道防护

1. 防腐

金属给水管材无论明装或暗装，除镀锌钢管外，均应按规范规定做防腐处理，以延长管道的使用寿命。通常的防腐做法是管道除锈后，在外壁涂刷防腐涂料。具体做法是：明装的焊接钢管和铸铁管表面除锈后，刷防锈漆 2 道，面漆 1～2 道；暗装和埋地管道刷冷底子油 2 道，再刷沥青胶 2 道。对防腐要求高的管道，应采用有足够的耐压强度，并与金属有良好的黏结性以及防水性、绝缘性和化学稳定性能好的材料做管道防腐层，管外壁所做的防腐层数，可根据防腐要求确定。

2. 保温、防结露

设在温度低于 0 ℃以下位置的管道和设备，为保证冬季安全使用，均应采取保温措施。在湿热的气候条件下，或在空气湿度较高的房间内，敷设的给水管道应采取防结露措施。否则管道出现结露现象，不但会加速管道的腐蚀，还会影响建筑的使用，如使墙面受潮、粉刷层脱落，影响墙体质量和建筑美观。

管道保温和防结露的做法基本相同，具体做法见表 1-6。

表 1-6　　　　　　　　　　给水管道的保温及防结露做法

序号	类　别	保温材料	保温做法
1	防结露的给水管做绝缘保温	自熄聚氨酯软管套 $DN \leqslant 100$，$\delta = 10mm$ $DN \geqslant 125$，$\delta = 15mm$	外缠玻璃丝布带，再刷 2 道防火漆

序号	类　　别	保温材料	保温做法
2	环境温度<4 ℃的场所给水管、中水管等做防冻保温	LMGF 复合管壳 内层硅酸铝、外层憎水岩棉管壳 $DN \leqslant 200, \delta = 70\text{mm}$ $DN \geqslant 250, \delta = 90\text{mm}$	外缠玻璃丝布带，再刷乳胶漆 2 道
3	管道井及吊顶内的生活热水管及热水循环管做隔热保温	自熄聚氨酯软管套 $DN \leqslant 40, \delta = 20\text{mm}$ $DN \geqslant 50, \delta = 30\text{mm}$	外缠玻璃丝布带，再刷 2 道防火漆

五、质量检验与验收

1. 建筑给水系统的质量检验

（1）水压试验，必须符合设计要求和本任务的有关规定。

检验方法：检查分段和系统试验记录。

（2）给水系统交付使用前必须进行通水试验并做好记录。

检验方法：观察和开启阀门、水嘴等放水。

（3）生活给水管道系统在交付使用前必须冲洗和消毒，并经有关部门取样检验，符合国家《生活饮用水标准》方可使用。

检验方法：检查清洗、消毒记录，有关部门提供的检测报告。

（4）室内直埋给水管道（塑料管和复合管道除外）应做防腐处理。埋地管道防腐层材质和结构应符合设计要求。

检验方法：观察和局部解剖检查。

（5）给水引入管与排水排出管的水平净距不小于 1m。室内给水与排水管道平行敷设时，两管间的最小水平净距不小于 0.5m；交叉铺设时，垂直净距不小于 0.15m。给水管应铺在排水管上面，若给水管必须铺在排水管的下面时，给水管应加套管，其长度不小于排水管管径的 3 倍。

检验方法：尺量检查。

（6）焊缝表面不得有裂纹、烧穿、结瘤和严重的夹渣、气孔等缺陷。有特殊要求的焊口必须符合有关规定。

检验方法：用放大镜观察检查。有特殊要求的焊口，检查试验记录。按系统抽查 10%，但不少于 5 个。

（7）给水水平管道应有 2‰～5‰ 的坡度坡向泄水装置。

检验方法：水平尺，尺量检查。按系统每 50m 直线管抽查 2 段，不足 50m 时抽查 1 段。

（8）给水管道和阀门安装的允许偏差应符合表 1-7 的要求。

（9）支、吊、托架的安装位置正确，平整、牢固，支架与铜管之间应用石棉橡胶垫、软金属垫或木垫隔开，且接触紧密。活动支架的活动面与支承面接触良好，移动灵活。吊架的吊杆应垂直，丝扣完整，防腐良好。

检验方法：用手拉动和观察检查。按系统抽查 10%，但不少于 3 件。

表 1 - 7　　　　　　　　**管道和阀门安装的允许偏差和检验方法**

项次	项　目			允许偏差（mm）	检验方法
1	水平管道纵横方向弯曲	钢管	每米 全长 25m 以上	1 25	用水平尺、直尺、拉线和尺量检查
		塑料管 复合管	每米 全长 25m 以上	1.5 25	
		铸铁管	每米 全长 25m 以上	2 25	
2	立管垂直度	钢管	每米 全长 5m 以上	3 8	吊线和尺量检查
		塑料管 复合管	每米 全长 5m 以上	2 8	
		铸铁管	每米 全长 5m 以上	3 10	
3	成排管道和成排阀门		在同一平面上间距	3	尺量检查

2. 建筑给水系统验收

（1）检验和检测的主要内容：

①承压管道系统的水压试验；

②阀门水压试验；

③给水管道通水试验及冲洗、消毒检测。

（2）验收资料。建筑给水工程验收时，需提供以下资料：

①图纸会审记录、设计变更及洽商记录；

②施工组织设计或施工方案；

③主要材料、成品、半成品、配件、器具和设备出厂合格证及进场验收记录；

④隐蔽工程验收及中间试验记录；

⑤设备试运转记录；

⑥安全、卫生和使用功能检验和检测记录；

⑦检验批、分项、子分部、分部工程质量验收记录；

⑧竣工图。

任务四　热水系统安装

一、建筑热水系统认知

1. 热水供应系统的分类

建筑内热水供应系统依据供应范围大小可分为局部热水供应系统、集中热水供应系统和区域热水供应系统。

（1）局部热水供应系统。供水范围较小，是在用水点处采用小型加热器（太阳能热水器、炉灶等）就地加热冷水的方式。该系统中热水输送管道较短，系统简单，造价低，维护方便。适用于热水用量小且分散的建筑，如理发店、饮食店等。

（2）集中热水供应系统。供水范围较大，常利用锅炉或换热器将冷水集中加热向一幢或几幢建筑输送热水的方式。该系统热水输送管道较长，设备系统复杂，建设投资较高。适用于热水用量大，用水点多且比较集中的建筑物，如医院、住宅等。

（3）区域热水供应系统。供水范围比集中热水供应系统还要大得多，常利用热电厂或区域锅炉房将冷水集中加热后，通过室外热水管网向建筑群供应热水。适用于建筑多且较集中的城镇住宅区和大型工业企业。

2. 热水供应系统的组成

室内热水供应系统主要由热媒系统、热水供应系统和附件三部分组成，如图 1 - 25 所示。

（1）热媒系统，又称第一循环系统。由热源、水加热器和热媒管网组成。锅炉生产的蒸汽经热媒管送入加热器中，加热冷水后蒸汽变成冷凝水，冷凝水靠余压排入凝结水池，再经凝结水泵的作用压入锅炉重新生成蒸汽，如此循环完成换热过程。

（2）热水供应系统，又称第二循环系统。由热水配水管网和回水管网组成。在加热器中被加热到所需温度的热水经配水管网送到各配水点使用，消耗的冷水由高位水箱或给水管网补给。各立管、水平干管处设回水管，目的是使一定量的热水流回加热器重新加热，补偿配水管网的热损失，保证各配水点处的水温。

（3）附件，包括各种控制附件和配水附件，如疏水器、补偿器、闸阀、配水龙头等。

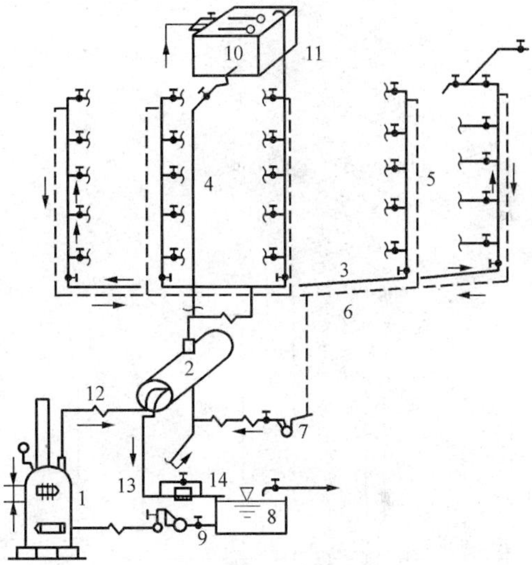

3. 热水水温

生活热水的水温一般为 25～60℃，综合考虑水加热器到配水点系统管路不可避免的热损

图 1 - 25　热媒为蒸汽的集中热水系统

1—锅炉；2—水加热器；3—配水干管；4—配水立管；
5—回水立管；6—回水干管；7—循环泵；8—凝结水池；
9—冷凝水泵；10—给水水箱；11—透气管；
12—热媒蒸汽管；13—凝水管；14—疏水器

失，水加热器的出水温度一般不应超过 75℃，但也不宜过低。水温过高，管道易结垢，易发生人体烫伤事故，水温过低则不经济。

4. 热水水质要求

热水供应系统中管道设备的腐蚀和结垢是两个较普遍的问题，它直接影响管道的使用寿命与投资维修费用。水中溶解氧的含量是引起腐蚀的主要因素，水垢的形成主要与水的硬度有关。因此，必须对上述指标有一定要求。生活用热水水质应符合我国现行的《生活饮用水卫生标准》的要求；生产用热水水质应按生产工艺的不同要求来制定。

二、热水系统布置与安装

1. 集中热水供应系统的管道布置

热水管网配水干管的布置形式和给水干管的布置形式相同，有上供下回式和下供上回式两种。热水系统按照循环情况的不同，可布置成以下三种系统。

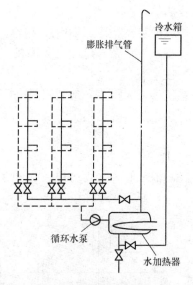

图 1-26　全循环热水系统

（1）全循环系统。如图1-26所示，热水管道系统的所有水平干管、立管及支管均设有回水管道，以确保热水的循环，各配水龙头随时打开均能提供符合设计水温的热水。适用于对水温有较高要求的场所，如高级宾馆、饭店、高级住宅等。

（2）半循环系统。如图1-27所示，半循环热水系统又分为立管循环热水系统和干管循环热水系统。多用于对水温要求不太高或管道系统较大的系统。

（3）无循环系统。如图1-28所示，无循环热水系统是指热水供应系统中热水配水管网的水平干管、立管、配水支管都不设任何回水管道。对于热水供应系统较小、使用要求不高的定时供应系统，如公共浴室、洗衣房等均可采用此种供水方式。

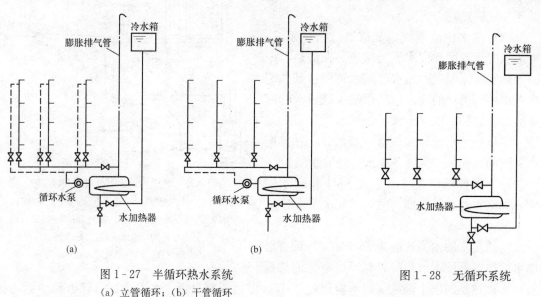

图 1-27　半循环热水系统
（a）立管循环；（b）干管循环

图 1-28　无循环系统

2. 热水系统的安装

（1）热水管道系统布置和敷设的要求基本与室内给水管道相同。但应注意它们的不同之处和特殊要求。

（2）热水系统常用管材与室内给水管道有所区别，宜采用铜管、铝塑复合管及不锈钢管。

（3）热水供应管道系统根据卫生设备标准及美观要求，可以明装也可以暗装。

（4）上行下给式系统配水干管最高点应设置排气装置；下行上给式系统，应利用最高配水点放气。在这两种系统的最低点，均应设置泄水装置或利用最低配水点泄水；热水横管的坡度不应小于 0.003，以利于放气和泄水。

（5）热水供应管道系统应有补偿管道伸缩的措施。立管与水平干管连接时，应设乙字弯，以消除伸缩应力的影响，如图1-29所示。

3. 热水供应管道的水压试验和冲洗

（1）热水供应系统安装完毕，管道保温之前应进行水压试验。试验压力应符合设计要求。当设计未注明时，热水供应系统水压试验压力应为系统顶点的工作压力加0.1MPa，同时在系统顶点的试验压力不小于0.3MPa。

试验方法：钢管或复合管道系统在试验压力下稳压10min内压力下降不得大于0.02MPa，然后降至工作压力检查，压力应不降，且不渗不漏；塑料管道系统在试验压力下稳压1h，压力降不得超过0.05MPa，然后在工作压力1.15倍状态下稳压2h，压力下降不得超过0.03MPa，连接处不得渗漏。

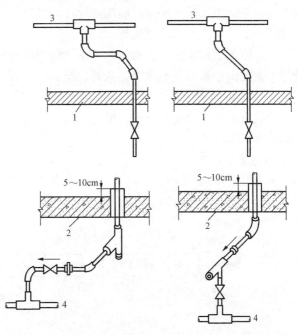

图1-29　热水立管与水平干管的连接方式
1—吊顶；2—地板或沟盖板；3—配水横管；4—回水管

（2）热水供应系统竣工后必须进行冲洗。

任务五　中水系统安装

一、中水系统认知

1. 建筑中水的概念

"中水"一词起源于日本，指各种排水经处理后，达到规定的水质标准，可在生活、市政、环境等范围内杂用的非饮用水，其水质介于清洁水（给水）与排入污水管道内污水（排水）之间。

2. 系统组成

中水系统是由中水原水的收集、存储、处理和中水回用等工程设施组成的整个体系，包括原水系统、处理系统和供水系统三个部分，是建筑物或居住小区的功能配套设施之一。

（1）中水原水系统。该系统指的是收集、输送中水原水至中水处理站的管道和各种处理附属构筑物。中水水源由排水水质、水量、排水体制和回用水所需水质、水量来确定。优先选用冷却水、沐浴排水、盥洗排水、洗衣排水等优质杂排水，而工业污废水和含有放射性元素、病原微生物的污水，例如化工企业污水、医院污水等排水不宜作为中水水源。

（2）中水处理系统。中水处理一般将处理过程分为前处理、主要处理和后处理三个阶段。前处理阶段主要设施为格栅、滤网、化粪池等，用以截留较大的漂浮物、悬浮物和杂物，调整pH值等；主要处理阶段的处理设施为沉淀池、混凝池、气浮池、生物接触氧化池、生物转盘等，主要是去除水中的有机物、无机物等；后处理阶段主要是针对某些中水水质要求高于杂用水时，所进行的深度处理，如过滤、活性炭吸附和消毒等，其主要处理设施有过滤池、吸附池、消毒设施等。

（3）中水供水系统。中水供水系统是将中水处理站处理后的水输送至各杂用水点的管网设施，主要由中水管道系统（引入管、干管、立管、支管）及用水设备等组成。

3. 中水的用途

建筑中水可用于冲洗厕所、绿化、汽车冲洗、道路浇洒、空调冷却、消防用水、水景和小区环境用水等。

4. 主要处理工艺

中水可采用物理、化学、生物以及生态技术进行处理。如图 1-30 所示，处理工艺按照主要处理方法一般分为以下几种：

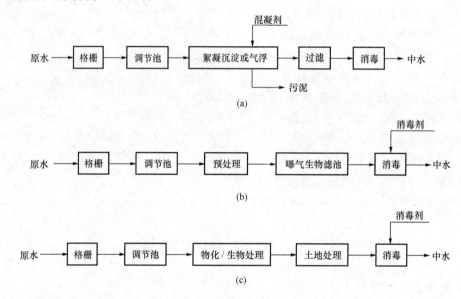

图 1-30 中水主要处理工艺流程

(a) 物化处理为主的工艺流程；(b) 生物处理为主的工艺流程；(c) 生态处理为主的工艺流程

二、建筑中水系统的安装

1. 建筑中水系统安装的一般规定

（1）中水供水系统必须独立设置。

（2）中水系统中的原水管道管材及配件要求与室内排水管道系统相同。

（3）中水供水系统管材及附件应采用耐腐蚀的给水管材及附件，其检验标准与室内给水管道系统相同。

2. 建筑中水系统的安装

（1）中水给水管道不宜暗装于墙体和楼板内，如必须暗装于墙槽内时，则应在管道上设有明显且不会脱落的标志。

（2）中水给水管道不得装设取水水嘴。便器冲洗宜采用密闭型设备和器具。绿化、浇洒、汽车清洗宜采用壁式或地下式的给水栓。

（3）中水高位水箱应与生活高位水箱分设在不同房间内，如条件不允许只能设在同一房间时，与生活高位水箱的净距离应大于 2m。

（4）中水管道与生活饮用水管道、排水管道平行埋设时，其水平净距离不得小于 0.5m；交叉埋设时，中水管道应位于生活饮用水管道下面，排水管道的上面，其净距离不应小于 0.15m。

（5）中水管道的干管始端、各支管的始端、进户管始端应安装阀门，并设阀门井，根据需要安装水表。

（6）中水供水管道严禁与生活饮用水给水管道连接，管道外壁应涂浅绿色以示标志；中水池、阀门、水表及给水栓均应有"中水"标志指示。

任务六　给水设备安装

一、离心式水泵的安装

水泵是给水系统中的主要升压设备，在建筑内部的给水系统中，一般采用离心式水泵。离心式水泵是利用叶轮旋转产生的离心力进行工作的。它具有结构简单、体积小、效率高且流量和扬程在一定范围内可以调整等优点。

1. 离心式水泵的构造和管路附件

离心式水泵由泵壳、泵轴、叶轮、密封装置等部分组成，为保证水泵的正常工作，还必须设置一些必要的管道及管路附件，包括充水设备、底阀、吸水管、止回阀和压水管等，如图 1-31 所示。

2. 水泵的选择

对于设水箱和水泵的给水方式，通常水泵直接向水箱输水，水泵的出水量与扬程几乎不变，选用离心式恒速水泵即可保持高效运行；对于无水量调节设备的给水系统，可选用装有自动调速装置的离心式水泵。

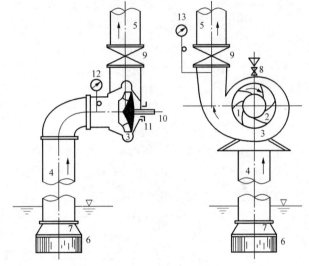

图 1-31　离心水泵装置

1—叶轮；2—叶片；3—泵壳；4—吸水管；5—压水管；
6—格栅；7—底阀；8—灌水口；9—阀门；10—泵轴；
11—填料函；12—真空表；13—压力表

用水泵升压一般有直接增压和水池水泵增压两种方式。直接增压方式，可以充分利用室外水压，耗电量少，可以节约日常运行费用，但是可能会影响附近地区的用水，所以，采用此种方式要征得市政管理部门的同意。水池水泵增压方式如图 1-32 所示，储存有一定的水量，供水安全可靠，但是不能利用城市管网中的水压，消耗电量较多。

当一台水泵不能满足供水要求时，可以选择两台或两台以上的同型号的水泵联合运行。水泵的联合运行方式可分为并联和串联两种。水泵的串联运行如图 1-33 所示，采用此方式流

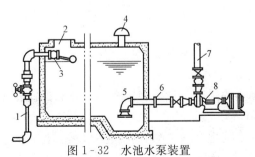

图 1-32　水池水泵装置

1—进水管；2—检修孔；3—浮球；4—透气孔；
5—水池；6—吸水管；7—压水管；8—水泵

量不变，但可以提高扬程，以满足用户的用水要求；水泵的并联运行如图1-34所示，在扬程不变的情况下，可以获得较大的流量，而且当系统中需要的流量较小时，可以停开一台水泵进行调节，以降低运行费用。

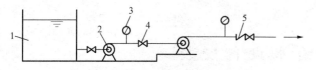

图1-33　水泵的串联示意图
1—水池；2—水泵；3—压力表；4—闸阀；5—止回阀

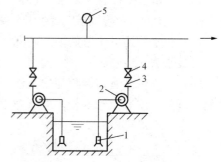

图1-34　水泵的并联示意图
1—底阀；2—水泵；3—止回阀；4—闸阀；
5—压力表

3. 水泵的布置

水泵机组一般设置在水泵房内，泵房应远离防振、防噪声要求较高的房间，具体要求如下：

（1）水泵房净高不小于3.2m，应保证光线充足，通风良好，干燥不冻结，并有排水措施。

（2）为保证安装检修方便，水泵之间、水泵与墙壁之间应留有足够的距离。水泵机组的基础侧边之间和基础侧边到墙面的距离不得小于0.7m；对于同型号的小型水泵，可两台机组共用一个基础，基础的一侧与墙面之间可不留通道。水泵机组的基础端边之间和基础端边到墙的距离不得小于1.0m，电动机端边至墙的距离还应保证能抽出电动机转子。

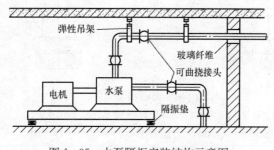

图1-35　水泵隔振安装结构示意图

（3）水泵机组的基础至少应高出地面0.1m。

（4）为了减小水泵运行时振动所产生的噪声，在水泵及其吸水管、出水管上均应设消声隔振装置。通常可采用在水泵机组的基础下设橡胶、弹簧减振器或橡胶隔振垫，在吸水管、出水管中装设可曲挠橡胶接头等装置，如图1-35所示。

4. 离心式水泵的安装

水泵按其安装形式有带底座水泵和不带底座水泵两种，工程中多用带底座水泵。水泵的安装程序如下：

定位放线→基础预制→水泵安装→配管及附件安装→水泵试运转。

（1）水泵安装。

1）水泵的基础。水泵就位前应检查基础混凝土的强度、坐标、标高、尺寸和螺栓孔位置，必须符合设计要求，不得有麻面、露筋、裂缝等缺陷。

2）吊装就位。清除水泵底座底面泥土、油污等脏物，将水泵连同底座吊起，放在水泵基础上用地脚螺栓和螺母固定，在底座与基础之间放上垫铁。

3）调整位置。调整底座位置，使底座上的中心点与基础的中心线重合。

4）调整水平度。泵的安装水平度不得超过 0.01mm/m，用水平尺检查，用垫铁调平。

5）调整同心度。调整水泵或电动机与底座的紧固螺栓，使泵轴与电动机轴同心。

6）二次浇筑混凝土。水泵就位，各项调整合格后，将地脚螺栓上的螺母拧好，然后将细石混凝土捣入基础螺栓孔内，浇筑地脚螺栓孔的混凝土强度等级应比基础混凝土强度等级高一级。

（2）配管及附件安装。

1）吸水管路。其直径不应小于水泵的入口直径，吸水管路宜短并尽量少转弯。水泵入口前的直管段长度不应小于管径的 3 倍。自灌式安装时应装闸阀。为防止进水口处滤网阻塞，可在吸水池进口或吸水管周围加设拦污网或拦污格栅。

2）压水管路。其直径不应小于水泵的出口直径，应安装闸阀和止回阀。所有与水泵连接的管路应具有独立、牢固的支架，以削减管路的振动和抵抗管路自重。水泵的进出水管多采用挠性接头连接，以防止泵的振动和噪声沿管路传播。

（3）水泵的试运转。水泵及管路安装完毕，具备试运转条件后，应进行试运转。

水泵在额定工况点连续试运转的时间不应小于 2h；高速泵及特殊要求的泵试运转时间应符合设计技术文件的规定。水泵试运转的轴承温升必须符合设备说明书的规定。

二、水箱的安装

水箱在建筑给水系统中起着稳定水压、储存和调节水量的作用。水箱一般有圆形和矩形两种，通常用钢筋混凝土、不锈钢板、玻璃钢、塑料等材料制成。对于体积较大的水箱可采用钢制拼装水箱，这种水箱可减少制作及安装就位的困难。用于生活饮用水的水箱，需采用食品级材料制作，水箱应定期清洗消毒，防止水质的二次污染。

1.水箱安装前的准备

水箱安装前应编制水箱安装方案，对装配式或整体式水箱，要检查是否具备出厂合格证和技术资料；检查基础外形尺寸、空间位置等是否正确；施工条件是否满足要求。

2.水箱就位

在水箱支座（垫梁）上，放置好水箱托盘，盘上放置油浸枕木，将试验合格的水箱吊装就位，找平找正。

3.水箱的配管及附件的布置与安装

水箱上通常要设置下列配管及附件，如图 1-36 所示。

（1）进水管。一般从水箱侧壁接入。当水箱直接由室外给水管网进水时，其进水管上应安装水位控制阀，如液压阀、浮球阀，并在进水端安装检修用的阀门。若采用浮球阀时不宜少于 2 个。进水管中心距水箱顶应有 150～200mm 的距离以方便安装浮球阀。进水管的管径一般与水泵压水管管径相同。

（2）出水管。一般从水箱底部或侧壁接出，出水管口最低位置应高出水箱内底部不小于 50mm，以防止沉淀物进入配水管网。出水管上应设阀门以便于检修。为防止出现短流现象，进、出水管宜分设在水箱两侧，若共用一条管道时，

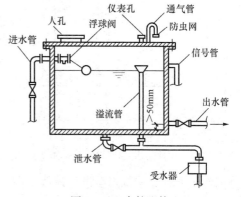

图 1-36　水箱配管

则应在出水管上设止回阀。出水管管径一般与进水管管径相同。

（3）溢流管。一般从水箱侧壁接出，用来控制水箱的最高水位。溢流管口应高于水箱最高设计水位 20～50mm，管径应比进水管大 1～2 级。溢流管上不允许设阀门。水箱溢流管不得与排水系统直接相连，应设置空气隔断及水封装置以避免水箱内水质被污染。

（4）泄水管。在箱底接出，用以检修和清洗时排水。管上应设阀门，一般管径为 40～50mm，泄水管可连接在溢流管上，共用一根管子排水。

（5）水位信号装置。可以采用水位信号管，也可以采用电子自动水位报警装置。电子报警装置指在水箱侧壁上安装液位继电器或信号器，以自动控制水泵的启停。

（6）通气管。供生活饮用水的水箱，储水量较大时，宜在箱盖上设通气管，以使水箱内空气流通。其管径一般大于 50mm，并且应使管口朝下并设栅网防止昆虫进入水箱内。

4. 水箱的满水试验和水压试验

敞口水箱的满水试验和密闭水箱的水压试验必须符合设计与施工规范的要求。

满水试验需静止 24h 观察，不渗不漏为合格；水压试验应在设计试验压力下进行，10min 内压力不下降，不渗不漏为合格。

5. 水箱间的要求

水箱一般设在水箱间内，水箱间应有良好的通风和采光，其净高一般不低于 2.2m，室温不得低于 5℃。应保证水箱之间的距离，水箱与墙壁之间的距离，水箱顶距建筑结构最低点的最小净距离满足要求。水箱底距地板面的最小距离以不小于 0.4m 为宜。水箱若设在室外或设在冬季不采暖的房间内时要采取保温措施以防止冻结，同时要注意做好防露措施。为防止水质被污染，水箱间应加锁，并有专人管理，此外水箱还应做好防腐处理。

三、气压给水设备

气压给水设备是利用密闭罐中压缩空气的压力变化调节和压送水量的设备，在给水系统中主要起着增压和水量调节的作用。它具有安装位置灵活，安装拆卸方便，工厂生产，现场组装，便于实现自动化控制等优点。

1. 气压给水设备的分类与组成

气压给水设备可分为变压式和定压式两类。变压式气压给水设备，罐内压缩空气的压力随着用水量的变化而变化，使得管网压力也随之波动；定压式气压给水设备是指罐内压缩空气靠自动启闭空气压缩机和自动调压阀保持恒定，使管网在恒压下工作。

在一般情况下，变压式气压给水设备较为常用，主要由密闭罐、水泵、空气压缩机及相应的控制器材组成。图 1-37 所示为单罐变压式气压给水设备。

2. 工作原理

罐内的水在压缩空气的起始压力作用下被送至给水管网，随着罐内水量的减少，压缩空气体积膨胀，压力减小；当压力降至最

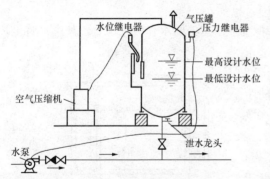

图 1-37 单罐变压式气压给水设备

小工作压力（即水位降至设计最低水位）时，压力信号器接通电路，水泵启动。水泵出水除供用户使用外，多余部分进入气压水罐，罐内水位上升，空气又被压缩，当压力达到上限值

（即水位上升至设计最高水位）时，压力信号器切断电路，水泵停止工作，压力罐再次向管网输水。如此循环工作。

在整个循环过程中，由于接头或阀门的渗漏，同时空气也部分地溶解在水中，使得罐内空气量逐渐减少而造成调节容积的范围逐渐减少，所以，必须定期的由空气压缩机来补充空气，也可以在密闭罐前设专用补气罐来补充空气，如图1-38所示。对于小型气压给水设备，可以利用水泵压水管中积存的空气来补气，或者定期将罐内存水放空以及采用水射器都可达到补气的目的。

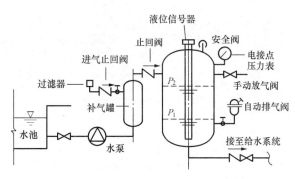

图1-38　设补气罐的气压给水设备

四、管网叠压供水设备的安装

管网叠压供水设备（又称为无负压供水设备）是集电子技术、自动控制技术等多项现代技术为一体的新型供水技术，设备运行过程中可以充分利用自来水管网的剩余压力，始终既不对自来水管网造成不利影响又最大限度地满足用户需求，降低供水能耗，实现供水系统最优运行，同时还具有卫生无污染，设备管理方便、简单，投资少，运行成本低，安装简单，占地面积小等优点，是一种绿色环保、节能型的供水方式。

1. 分类与组成

管网叠压供水设备按有无调节装置可分为：水箱调节，气压水罐调节（见图1-39），无水箱也无气压水罐调节三种方式。

图1-39　管网叠压供水设备

管网叠压供水装置由水泵机组、管道系统、阀件、压力传感装置、防回流污染装置、隔膜式气压水罐（根据需要设置）、自动控制柜（箱）等组成。

2. 工作原理

如图1-40所示，叠压供水系统设定一恒定压力值，如果管网压力高于设定压力值时，电接点压力表将管网压力反馈给变频控制柜，使水泵机组处于停机状态，自来水可通过直供管路直接给用户供水；当市政管网压力变化或用户管网用水量变化使管网压力下降时，远传压力表将管网压力反馈给变频控制柜，通过调整变频器的输出频率，启动水泵机组并调节水泵转速保持恒压供水；如果不能满足供水要求时，则变频器将控制多台工频泵和变频泵的启停而达到恒压变量供水的要求；当主管网压力在设定保护压力以下运行时，供水设备停止运行；当进水管来水量不足或负压抑制系统出现故障时，负压消除系统开始工作，使得流量调节器内部由负压变为常压，从而避免了设备因来水不足而对市政管网的影响；当市政管网停水时，水泵机组仍可工作，直到流量调节器中的压力下降至电接点所设定的下限压力后自动停机，来水后自动开机。停电时，水泵机组停止工作，自来水可通过连通管路进入用户管网，来电时机组自动开机恢复正常供水。

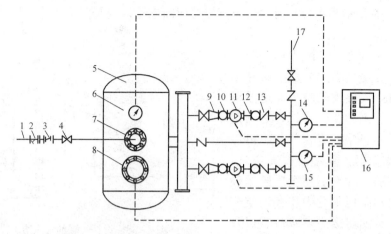

图 1-40 叠压供水系统原理图

1—自来水管网；2—Y 形过滤器；3—倒流防止器；4—蝶阀；5—流量调节器；
6—压力表；7—进水口；8—负压消除器；9—变径短管；10—软接头；11—水泵；
12—弯头；13—止回阀；14—远传压力表；15—压力表；16—控制柜；17—用户管网

3. 工作条件

机械式叠压供水设备可输送冷热清洁、非易燃易爆并不含固体颗粒或纤维的液体。常温型设备可输送 $-15 \sim 70℃$ 液体，热水型可输送 $70 \sim 120℃$ 液体。叠压供水设备的安装环境最高温度不超过 $45℃$，且应通风良好；应设在无水滴、蒸汽，无漂浮性尘埃及金属微粒，无日光照射，无高温及严重落尘，无腐蚀、易燃性气体及液体，无震动，且保养检查容易的场所。

4. 设备安装要求

（1）安装前应仔细检查泵体管道内有无硬质物，以免运行时损坏叶轮和泵体。

（2）安装时管路重量不允许加在泵上，以免使泵变形，影响正常运行。

（3）安装时应拧紧地脚螺栓，以免设备启动时的振动影响泵的性能。

（4）在泵的进、出口管路上安装调节阀，在泵出口附近安装压力表，以控制泵在额定工况内运行，确保泵的正常使用。

（5）排出管路若装止回阀应装在闸阀的后面。

五、计量设备的安装

室内给水通常采用水表计量。在建筑内部通常采用流速式水表，它根据管径一定时水流速度与流量成正比的原理制成。

（a）　　　　　（b）

图 1-41　流速式水表

（a）旋翼式水表；（b）螺翼式水表

1. 水表的分类

常用的水表主要有旋翼式和螺翼式两种（见图 1-41）。旋翼式水表又有湿式和干式两种。湿式水表机件较简单，计量较准确，阻力小，一般用于家庭等小水量的计量。螺翼式水表依其转轴方向又分为水平螺翼式和垂直螺翼式两种。由于它的起步流量和计量范围大，一般在计量较大流量时采用，如整栋建筑的总水表。

2. 水表的设置方式

住宅的分户水表宜相对集中读数，宜设置于户外观察方便、不冻结、不被任何液体及杂质所淹没和不易受损坏的地方。水表的设置方式主要有：

(1) 传统设置方式。这是最简单的设置方式，即在厨房或卫生间用水比较集中处设置给水立管，每户设置水平支管，其上安装阀门、分户水表，再将水送到各用水点。这种方式管道系统简单，耗材少，但必须入户抄表。

(2) 首层集中设置方式。将分户水表集中设置在首层管道井或室外水表井，每户有独立的进户管、立管。这种设置方式适合于多层建筑，便于抄表；但增加了施工难度，管材消耗量大。

(3) 分层设置方式。将给水立管设于楼梯平台处，墙体预留 500mm×300mm×220mm 的分户水表箱安装孔洞。此方式虽不能彻底解决抄表麻烦，但节省管材，适合于多层及高层住宅。暗敷在墙槽、楼板面层上的管道要杜绝出现接头，以防渗、漏水。

(4) 远传计量方式。在传统的水表基础上，将普通水表改成远传水表，如图 1-42 所示。这种方式使给水管道布置灵活、设计简化，也节省了大量管材，管理方便，但投资较大。特别适用于多层及高层住宅，是今后发展的方向。

(5) IC 卡计量方式。在传统水表位置换上 IC 卡智能水表，如图 1-43 所示，此方式无需敷设线管，安装使用方便。用户将已充值的 IC 卡插入水表存储器，通过电磁阀来控制水的通断，用水时 IC 卡上的金额会自动被扣除，实现了先付费后使用。

图 1-42　远传水表　　　　　　　图 1-43　IC 卡智能水表

3. 水表的选择

选用水表时，应根据用水量及其变化幅度、水质、水温、水压、水流方向、管道口径、安装场所等因素经过比较后确定。根据国内产品规格情况，一般管径不超过 50mm 时，应选旋翼式水表；管径超过 50mm 时，应选用螺翼式水表；当通过水表的流量变化幅度很大时应采用复式水表；当水温不小于 40℃时应选用冷水表，当水温大于 40℃时应选用热水表；安装在住户室内的分户水表应选用远传水表或 IC 卡智能水表。

4. 水表的安装

旋翼式水表和垂直螺翼式水表应水平安装；水平螺翼式水表可根据实际情况水平、倾斜或垂直安装。

水表在安装时应注意表外壳上所指示的箭头方向必须与水流方向一致，当垂直安装时水流方向必须自下而上。为了保证水表计量准确，在旋翼式水表与阀门间应有 8～10 倍水表直径的直线管段，其他水表约为 300mm，以使表前水流平稳。

家庭用小水表应明装于每户进水总管上，水表前应装阀门，以便局部关断水流。水表外壳距墙面不得大于 30mm，水表中心距另一墙面（端墙）的距离为 450～500mm，安装高度为 600～1200mm，水表前后直线管段长度大于 300mm 时，其超出管段应用弯头盘到墙面，沿墙面敷设，管外壁距墙面 20～25mm，如图 1-44 所示。

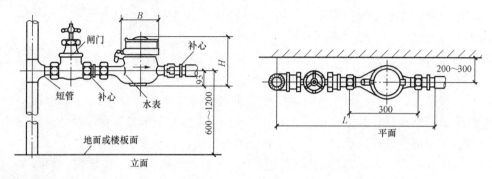

图 1-44　水表的安装

复 习 思 考 题

1. 室内给水系统主要由哪几部分组成？
2. 常见的建筑给水方式有哪些？各有什么特点？如何选用合理的给水方式？
3. 室内给水系统常用的管材有哪些？其规格怎样表示？
4. 给水管材进场时如何检验其质量？
5. 给水附件分为哪两类？在系统中起什么作用？
6. 管道穿越墙、楼板、伸缩缝、建筑基础时应怎样处理？
7. 建筑内部给水系统采用不同管材时，对其支架有何要求？
8. 建筑给水管道常用的防腐、保温和防结露的方法有哪些？
9. 给水管道安装完毕，应做哪些试验？具体应该怎么做？
10. 室内热水供应系统有哪几种类型？各自适用范围是什么？
11. 当冷、热水管或冷、热水龙头并行敷设与安装时，应注意哪些事项？
12. 简述离心式水泵的安装程序及试运转方法。
13. 怎样安装水箱？
14. 常见的水表有哪几种？分别适用哪种场合？

任 务 实 训

1. 以某项工程中的给水系统施工为依据，结合《建筑给水排水及采暖工程施工质量验收规范》（GB 50242—2002），填写安装施工日志，相关表格见附录。
2. 按照给水管道水压试验程序，模拟进行水压试验，并填写建筑给水水压试验记录，相关表格见附录。

项目二 建筑排水系统安装

【引例】

1. 工程建设过程中，为保障室内排水系统将来能够把污（废）水及时、顺畅地排至室外，同时考虑到经济合理和维护方便，应该具备哪些条件才能开始建筑排水系统及卫生器具的安装？

2. 排水管道以及卫生器具的安装与土建施工有密切的联系，应该如何协调它们之间的关系？管道在穿越楼地面以及穿越基础时需要预留孔洞，依据卫生器具和排水管道的尺寸不同，孔洞大小也存在区别，如何将这些数值规范化，保证施工人员正确地预留预埋，避免后期因凿洞而出现渗漏问题？

3. 室内排水管道易出现接口处外观不清洁，接口漏水，管道距墙过远或过近，排水管道的坡度过小或倒坡等质量问题，在施工过程中，应采取哪种措施有效避免此类质量问题的发生？

【工作任务】

1. 室内排水管道及相关设备的安装；
2. 室内排水管道及相关设备的质量检验；
3. 填写《室内排水管道及配件安装工程检验批质量验收记录》。

【学习参考资料】

《建筑给排水设计规范（2009 版）》（GB 50015—2003）

《建筑与小区雨水利用工程技术规范》（GB 50400—2006）

《建筑中水设计规范》（GB 50336—2002）

《给水排水标准图集——排水设备及卫生器具安装》（S3）

《建筑给水排水及采暖工程施工质量验收规范》（GB 50242—2002）

《建筑排水柔性接口铸铁管管道工程技术规程》（CECS 168：2004）

任务一 建筑排水系统认知

建筑排水系统的任务就是将人们在生活、生产过程中使用过的污（废）水及屋面降水（包括雨水和冰雪融化水）收集起来尽快畅通地排至室外的污水管网系统或处理构筑物的雨水管渠系统。

一、建筑排水系统的分类与组成

1. 建筑排水系统的分类

按所排污（废）水的性质，建筑排水系统可以分为以下几类：

（1）粪便污水排水系统。排除大便器（槽）、小便器（槽）等卫生设备中含有粪便污水的排水系统。

（2）生活废水排水系统。排除洗涤盆（池）、洗脸盆、淋浴设备、盥洗槽、洗衣机等卫生设备排出废水的排水系统。

（3）生活污水排水系统。将粪便污水及生活废水合流排出的排水系统。

（4）生产污水排水系统。排出在生产过程中被严重污染的水的排水系统。

（5）生产废水排水系统。排出在生产过程中污染较轻及水温稍有升高的污水（如冷却废水等）的排水系统。

（6）工业废水排水系统。将生产污水与生产废水合流排出的排水系统。

（7）屋面雨水排水系统。排出屋面雨水及雪水的排水系统。

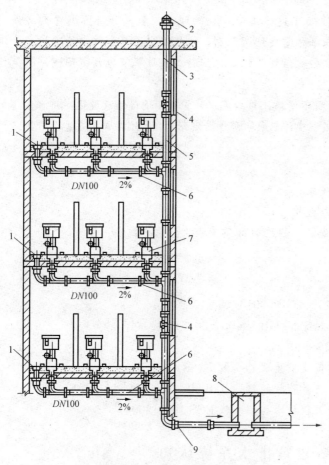

图 2-1　建筑内排水系统
1—清扫口；2—风帽；3—通气管；4—检查口；5—排水立管；
6—排水横支管；7—大便器；8—检查井；9—排出管

2. 建筑排水系统的组成

一般建筑内部的排水系统如图 2-1 所示。主要由污（废）水收集器、排水管道、通气管、清通装置、提升设备等组成。

（1）污（废）水收集器。污（废）水收集器是用来收集污（废）水的器具。如室内的各种卫生设备、生产污（废）水的排水设备及雨水斗等。

（2）排水管道。排水管道由器具排水管、排水横支管、排水立管和排出管等组成。

1）器具排水管。连接卫生器具和排水横支管的短管，除坐式大便器等自带水封装置的卫生器具外，均应设水封装置。

2）排水横支管。将器具排水管送来的污水转输到立管中去。

3）排水立管。用来收集其上所接的各横支管排来的污水，然后再将污水送入排出管。

4）排出管。用来收集一根或几根立管排来的污水，并将其排至室外排水管网中去。

（3）通气管。通气管又称透气管，其作用是排出排水管道中的有害气体和臭气，平衡管内压力，减小排水管道内气压变化的幅度，防止水封因压力失衡而被破坏，保证水流畅通。通气管主要有伸顶通气管、专用通气管、环形通气管、器具通气管等几种类型。通气管顶端应设置通气帽，以防止杂物进入排水管内。

（4）清通装置。排水管道清通装置一般指检查口、清扫口、检查井以及自带清通门的弯头、三通、存水弯等设备，用于疏通排水管。建筑内常用检查口和清扫口。

（5）提升设备。当民用建筑的地下室、人防建筑物、高层建筑的地下设备层等地下建筑物内的污（废）水不能靠自重排至室外时，必须设置提升设备。常用的提升设备有污水泵、气压扬液器、手摇泵等。

二、排水体制

建筑排水体制分为分流制与合流制两种。分流制是指对各类废、污水分别设置独立的管道系统输送和排放的排水方式；合流制是指在同一排水管道系统输送和排放两种或两种以上污水的排水方式。对于居住建筑和公共建筑，采用"合流"与"分流"是指粪便污水与生活废水的合流与分流；对工业建筑来说，"合流"与"分流"是指生产污水和生产废水的合流与分流。

建筑排水体制是采用合流制还是分流制，应根据污废水性质、污染程度、水量的大小并结合室外排水体制和污水处理设施的完善程度，以及综合利用与处理等情况确定。若所排污水中含有病菌、放射性物质、有毒有害物质，排水温度超过 40℃，设置中水系统的建筑中，需采用分流制单独设置排水系统。而当生活废水不考虑回收，城市有污水处理厂时，生产污水与生活污水性质相近时，可采用合流制排水系统。

三、排水系统的类型

建筑内部污废水排水管道系统按排水体制的选择以及排水立管和通气管的设置情况可以分为单立管排水系统、双立管排水系统和三立管排水系统。

1. 单立管排水系统

单立管排水系统是指只有一根排水立管，没有专门通气立管的系统。根据建筑层数和卫生器具的多少，单立管排水系统又分为以下三种类型。

（1）无通气管的单立管排水系统，这种形式的立管顶部不与大气连通，适用于立管短，卫生器具少，排水量小，立管顶端不便于伸出屋面的情况，如图 2-2（a）所示。

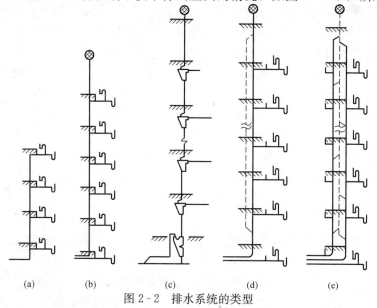

图 2-2　排水系统的类型

（a）无通气单立管；（b）普通单立管；（c）特质配件单立管；（d）双立管；（e）三立管

（2）有通气立管的普通单立管排水系统，排水立管向上延伸，穿出屋顶与大气连通，适用于一般多层建筑，如图 2-2 （b）所示。

（3）特制配件单立管排水系统，在横支管与立管连接处，设置特制的配件代替一般的三通；在立管底部与横干管或排除管连接处设置特制配件代替一般的弯头。以此来改善管内水流与通气状态，增大排水流量。如图 2-2 （c）所示，适用于高层建筑排水系统。

2. 双立管排水系统

双立管排水系统也叫两管制排水系统，由一根排水立管和一根专用通气立管组成，利用排水立管与另一根立管之间进行气流交换。适用于污废水合流的各类多层和高层建筑，如图 2-2 （d）所示。

3. 三立管排水系统

三立管排水系统也叫三管制，由一根生活污水立管、一根生活废水立管和一根通气立管组成。如图 2-2 （e）所示，两根排水立管共用一根通气立管，适用于生活污水和生活废水需分别排出的各类多层、高层建筑。

四、建筑排水管道系统的布置

为创造一个良好的生活和生产环境，建筑内部排水管道布置时应遵循以下原则：

排水畅通，水力条件好；保证生产及使用安全可靠，不影响室内环境卫生；保护管道不易受损坏；施工安装、使用及维护管理方便；总管线短、工程造价低；美观。

在布置和敷设时应首先保证排水畅通和室内良好的生活环境，然后再根据建筑类型、标准投资、管材等因素进行管道的布置和敷设。

1. 排水横支管的布置

室内排水横管可敷设在下层的顶板下（或底层地坪下）、本层的垫层中、卫生间内侧的地面上或建筑外墙上等。室内排水横支管布置时应注意：

（1）排水横支管不宜太长，尽量少转弯，一根支管连接的卫生器具不宜太多。

（2）横支管不得穿过沉降缝、伸缩缝、变形缝、烟道、风道；当排水管道必须穿过沉降缝、伸缩缝和变形缝时，应采取相应的技术措施。

（3）排水管道不得敷设在对生产工艺或卫生有特殊要求的生产厂房、食品及贵重商品仓库、通风小室和电气机房和电梯机房内；横支管不得布置在遇水易引起燃烧、爆炸或损坏的原料、产品和设备上面，也不得布置在食堂、饮食业的主副食操作烹调区的上方。

（4）横支管距楼板和墙应有一定的距离，便于安装和维修。

（5）管径不小于 110mm 的塑料横支管明装且与暗设立管相连时，墙体贯穿部位应设置阻火圈或长度不小于 300mm 的防火套管，且防火套管的明露部分长度不宜小于 200mm。

（6）当横支管悬吊在楼板下，接有 2 个及 2 个以上大便器，或 3 个及 3 个以上卫生器具时，横支管顶端应上升至上层地面设置清扫口。

2. 排水立管的布置

立管可明装在厨卫间的墙边或外墙外，也可在管道井内暗装。室内排水立管布置时应注意以下几点：

（1）立管应设置在杂质最多、最脏及排水量最大的排水点处，以便尽快接纳横支管来的污水而减少管道堵塞机会。排水立管的布置应减少不必要的转折和弯曲，尽量做直线连接。

（2）立管不得穿过卧室、病房等对卫生、安静要求较高的房间，也不宜靠近与卧室相邻的内墙。

（3）立管宜靠近外墙，以减少埋地管长度，便于清通和维修。

（4）立管应设检查口，其间距不大于 10m，且底层和最高层必须设置；检查口中心至地面距离为 1m，并应高于该层溢流水位最低的卫生器具上边缘 0.15m。

（5）塑料立管明设且其管径大于或等于 110mm 时，在立管穿越楼层处应采取防止火灾贯穿的措施，如设置防火套管或阻火圈。

（6）当层高不大于 4m 时，塑料的污水立管和通气立管应每层设一伸缩节；当层高大于 4m 时，其数量应根据管道设计伸缩量和伸缩节允许伸缩量计算确定。

3. 横干管及排出管的布置

室内排水横干管可敷设在设备层中、吊顶中、底层地坪下或地下室的顶棚下等地方。排出管一般敷设在底层地坪下或地下室的顶棚下。它们布置时应注意以下几点：

（1）排出管应以最短距离排出室外，尽量避免在室内转弯。

（2）排水立管仅设置伸顶通气管时，最低排水横支管与立管连接处距排水立管管底垂直距离不得小于表 2-1 的规定；排水支管连接在排出管或排水横干管上时，连接点距立管底部水平距离不宜小于 3.0m；不能满足前两个要求时，则排水支管应单独排出室外。

表 2-1　　　　最低横支管与立管连接处与立管管底的垂直距离

立管连接卫生器具的层数（层）	≤4	5～6	7～12	13～19	≥20
垂直距离（m）	0.45	0.75	1.2	3.0	6.0

注　当立管底器具排出管管径大一号时，可将表中垂直距离减小一档。

（3）排水立管与排出管端部的连接，宜采用两个 45°弯头或者弯曲半径不小于 4 倍管径的 90°弯头。

（4）埋地管不得布置在可能受重物压坏处或穿越生产设备基础处。

（5）排水管穿越承重墙或者基础处，应预留洞口，且管顶上部净空不得小于建筑物的沉降量，一般不宜小于 0.15m。

（6）排水管穿过地下室墙或地下构筑物的墙壁处，应采取防水措施。

（7）明装的塑料横干管穿越防火分区隔墙时，管道穿越墙体的两侧应设置阻火圈或长度不小于 500mm 的防火套管。

（8）排出管与室外排水管连接处应设置检查井，检查井中心到建筑物外墙的距离不宜小于 3m。

五、屋面雨水排水系统

降落在屋面上的雨水和融化的雪水，在短时间内会形成积水，如果不能及时排除，则会造成屋面积水四处溢流，甚至造成屋面漏水，影响人们的生产和生活。为了有效地排除屋面雨水，必须设置完整的屋面雨水排水系统。

（一）屋面雨水排水系统的主要类型

屋面雨水排水系统可分为外排水系统、内排水系统和混合排水系统。在设计时应根据建筑物的类型、结构形式、屋面面积大小、当地气候条件及使用要求等因素来确定。

1. 雨水外排水系统

（1）檐沟外排水系统，又称为水落管（也称为落水管、雨水立管）排水系统。该系统由

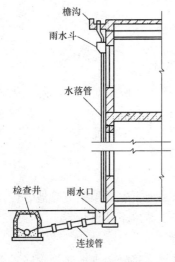

图 2-3　檐沟外排水

檐沟、雨水斗及水落管（雨水立管）组成，如图 2-3 所示。降落在屋面上的雨水沿屋面流入檐沟，然后流入雨水斗，再流入水落管，最后排至室外散水，流入地下管沟。此系统适用于一般居住建筑、屋面面积较小且造型不复杂的公共建筑和单跨工业建筑。檐沟常采用镀锌铁皮或混凝土制成。水落管多采用 UPVC 管、铸铁管或石棉水泥管。

（2）天沟外排水系统，由天沟、雨水斗、排水立管和排出管组成，如图 2-4 所示。该系统由天沟汇水后，流入雨水口和雨水立管，再由排出管流至室外雨水管渠。这种排水系统适用于长度不超过 100m 的多跨工业厂房，以及厂房内不允许布置雨水管道的建筑。天沟外排水系统应以建筑的伸缩缝或沉降缝作为屋面分水线。天沟的流水长度，应结合伸缩缝进行布置，一般不宜大于 50m，其坡度不宜小于 0.003。为防止天沟末端积水，应在女儿墙、山墙上或天沟末端设置溢流口，溢流口比天沟上檐低 50～100mm。

2. 雨水内排水系统

在建筑物内部设有雨水排除管道的系统称为雨水内排水系统。该系统由天沟、雨水斗、连接管、悬吊管、立管和排出管等部分组成，如图 2-5 所示。降落到屋面上的雨水沿屋面流入天沟后再流入雨水斗，经连接管、悬吊管流入排水立管，再经排出管流入雨水检查井，或通过埋地雨水干管将雨水排至室外雨水管道。

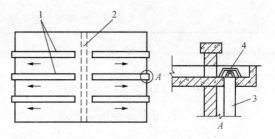

图 2-4　屋面天沟布置示意图
1—天沟；2—伸缩缝；3—立管；4—雨水斗

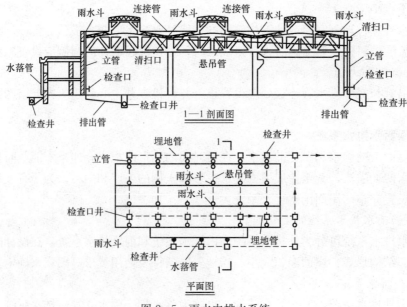

1—1 剖面图

平面图

图 2-5　雨水内排水系统

根据每根立管接纳雨水斗的个数，内排水系统分为单斗和多斗雨水排水系统。单斗排水系统一般不设悬吊管；在多斗排水系统中，悬吊管将几个雨水斗和排水立管连接起来。但单斗系统较多斗系统排水的安全性好，所以应优先采用单斗雨水排水系统。

根据排出雨水的安全程度，内排水系统又分为敞开式和密闭式两种。敞开式内排水系统是重力排水，由架空的管道将雨水引入建筑物内的地下管道和检查井或明渠，并将其排出建筑物，这种系统如果设计和施工欠妥，容易造成冒水现象，但该系统可接纳生产废水排入；密闭式排水系统为压力排水，在建筑物内设有密闭的埋地管和检查口，当雨水排泄不畅时，室内也不会发生冒水现象，但该系统不能接纳生产废水排入。

3. 混合式排水系统

当大型仓储及工业厂房的屋面比较复杂时，可在屋面的不同部位，采用几种不同形式的雨水排出系统，称为混合式排水系统。混合式排水系统可采用内排水与外排水系统相结合，压力与重力排水相结合，暗管与明沟相结合等多种形式，具有形式多样、使用灵活的优点。

（二）雨水管道布置要求

（1）建筑屋面各汇水范围内，雨水排水立管不宜少于2根。

（2）高层建筑裙房屋面的雨水应单独排放，不应采用间接排水。阳台排水系统应单独设置，其立管底部应采用间接排水。

（3）屋面排水系统应设置雨水斗，不同设计排水流态、排水特征的屋面雨水排水系统应选用相应的雨水斗。

（4）屋面雨水排水管的转向处宜做顺水连接，并根据管道直线长度、工作环境、选用管材等情况设置必要的伸缩装置。

（5）重力流雨水排水系统中长度大于15m的雨水悬吊管应设检查口，其间距不宜大于20m，且应布置在便于维修操作处；有埋地排出管的屋面雨水排出系统，立管底部应设置清扫口。

（6）寒冷地区雨水立管应布置在室内，雨水管应固定在建筑物的承重结构上。

六、同层排水系统

传统的排水管道系统是将排水横支管布置在其下楼层的顶板之下，卫生器具排水管穿越楼板与横支管连接，而同层排水是将排水横支管敷设在排水层或室外，卫生器具排水管不穿楼层的一种排水方式。当住宅卫生间的卫生器具排水管不允许穿越楼板进入他人家中或是布置受条件限制时，卫生器具排水横支管应采用同层排水。

1. 形式

同层排水形式有装饰墙敷设、外墙敷设、局部降板填充层敷设、全降板架空层敷设等多种形式，如图2-6所示。住宅卫生间同层排水形式应根据卫生间空间、卫生器具布置、室外环境气温等因素，经过经济技术比较后确定。

2. 具体要求

（1）同层排水管道系统中地漏的设置及排水管管径、坡度和最大设计充满度的要求均与传统排水系统的相关要求相同，应满足水封高度，还应保持一定的自净流速；

（2）器具排水横支管布置和设置标高不得造成排水滞留、地漏冒溢；

（3）埋设于填充层中的管道接口应严密不得渗漏，故埋设于填充层中的管道不得采用橡胶圈密封接口，宜采用粘结和熔接的连接方式；

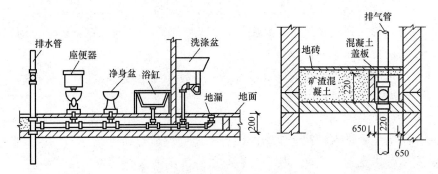

图 2-6　降板式同层排水

（4）当排水横支管设置在沟槽内时，回填材料、面层应能承载器具、设备的荷载；

（5）卫生间地坪应采取可靠的防漏措施。

任务二　建筑排水管材及设备的选择

一、常见的排水管材及管件

对敷设在建筑内部的排水管道，要求有足够的机械强度，抗污水侵蚀性能，并且不渗不漏。下面重点介绍几种常用建筑排水管材的性能及特点。

1. 排水铸铁管

排水铸铁管具有耐腐蚀性能强，有一定的强度，使用寿命长，价格便宜等优点。排水铸铁管的抗拉强度不小于 140MPa，其水压试验压力为 1.47MPa，因此管壁较薄，重量较轻，出厂时内外表面均不做防腐处理，其外表面的防腐需在施工现场进行。

铸铁管用公称直径 DN 表示，其连接方式主要为承插连接，常用的接口材料有普通水泥接口、石棉水泥接口、膨胀水泥接口等。在高层建筑中，有抗震要求地区的建筑物排水管道应采用柔性接口。

铸铁排水管相应的管件如图 2-7 和图 2-8 所示。

2. 硬聚氯乙烯管（UPVC）

UPVC 管为塑料管中的一种，具有质轻、便于安装、耐腐蚀、水流阻力小、外表美观等优点，目前广泛应用于建筑排水系统中。建筑排水塑料管主要采用粘结及橡胶圈连接，适用于输送生活污水和生产污水，其规格用 D_e（外径）$\times \delta$（壁厚）表示。

常用 UPVC 排水管件如图 2-9 所示。

3. 排水管材的选用

（1）建筑物内部排水管道应采用建筑排水塑料管及管件或柔性接口及机制排水铸铁管及相应管件；生活污水管道应使用铸铁管和塑料管，由成组洗脸盆或饮水器到共用水封之间的排水管和连接卫生器具的排水短管，可使用钢管、不锈钢管。

（2）当排水温度大于 40 ℃时，应采用金属排水管或耐热塑料排水管。

（3）雨水管道宜使用塑料管、铸铁管、镀锌钢管和非镀锌钢管；悬吊式雨水管道应选用钢管、铸铁管和塑料管；易受振动的雨水管应采用钢管。

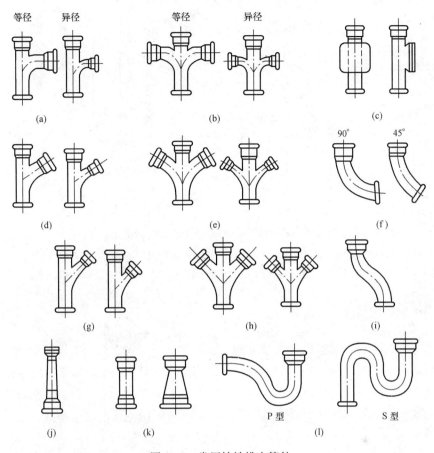

图 2-7　常用铸铁排水管件

（a）直角三通；（b）直角四通；（c）检查管；（d）60°斜三通；（e）60°斜四通；（f）弯头；
（g）45°斜三通；（h）45°斜四通；（i）乙字管；（j）大小头；（k）管箍；（l）存水弯

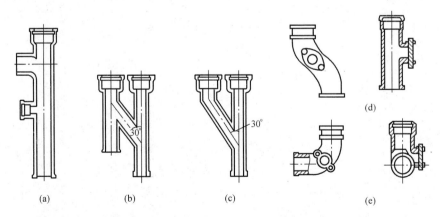

图 2-8　新型排水异形管件

（a）二联三通异径管件；（b）H 型；（c）Y 型；（d）承插弯曲管；（e）90°弯头

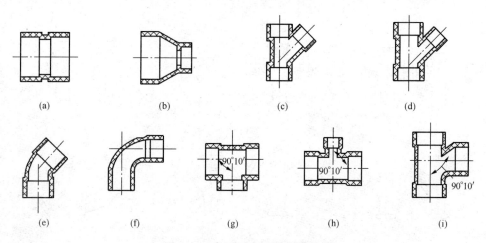

图 2-9 常用 UPVC 排水管件

(a) 管箍；(b) 异径管箍；(c) 45°斜三通；(d) 45°异径斜三通；(e) 45°弯头；

(f) 90°弯头；(g) T 形三通；(h) 异径三通；(i) 顺水三通

二、常见的排水附件

1. 存水弯

存水弯又称为水封，是室内排水管道的主要附件之一，设置在卫生设备的器具排水管上或者生产污（废）水受水器泄水口的下方。其作用是阻止排水管道内各种有毒有害气体、臭气以及小虫进入室内。常用的存水弯有 S 形和 P 形两种，如图 2-10 所示。水封的深度多在 50~80mm 之间，但本身具有水封的卫生器具，不需要设存水弯。

2. 清通设备

为便于管道疏通，保证排水系统水流畅通，在排水系统中应设置清通设备。常用的清通设备有检查口、清扫口、检查井三种。

（1）检查口。检查口是一侧开口且开口上带有螺栓盖板的短管，常设于排水立管或排水横支管上，可对管道进行双向清通，如图 2-11 所示。检查口在安装时，应使盖板向外，并与墙面成 45°角。

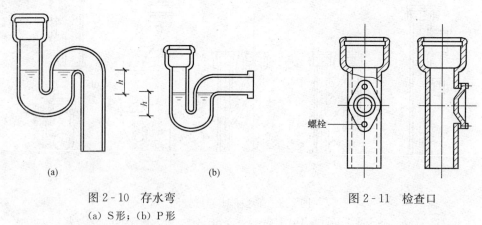

图 2-10 存水弯

(a) S 形；(b) P 形

图 2-11 检查口

（2）清扫口。清扫口是一端带有罩盖的 90°弯头，在排水管中常装设在楼板下面较长的排水横支管上,适宜于单向清通管道,如图 2-12 所示。当排水横支管的起端设有堵头时,可不另设清扫口。

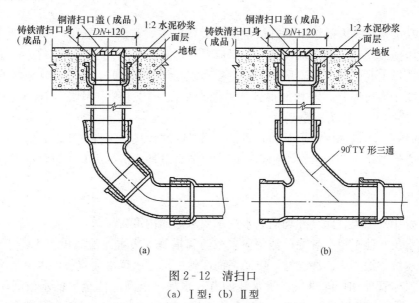

图 2-12　清扫口

(a) Ⅰ型；(b) Ⅱ型

(3) 检查井。检查井设在排出管与室外排水管相接处,建筑物内一般不设生活污水检查井,如图 2-13 所示。对于不散发有害气体或大量蒸汽的工业废水管道,遇有转弯、变径或改变坡度处,可在建筑物内设置检查井。当直线管段过长时,也应设置检查井。

3. 通气帽

通气管出口应安装通气帽,以防止雨雪或杂物落入排水立管,其形式一般有两种,如图 2-14 所示。甲型通气冒采用 20 号铁丝编绕成螺旋形网罩,多用于气候较暖和的地区,乙型通气帽采用镀锌铁皮制成,适用于冬季室外平均温度低于 −12℃ 的地区,可避免因潮气结霜封闭网罩而堵塞通气口。

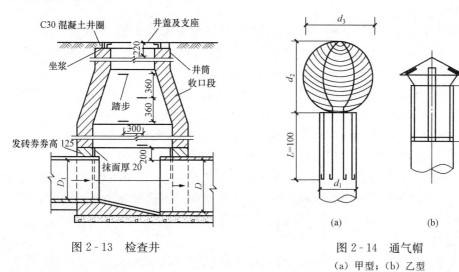

图 2-13　检查井

图 2-14　通气帽

(a) 甲型；(b) 乙型

三、污水提升与局部处理设施设备

（一）污（废）水提升设备

1. 离心式水泵

离心式水泵是建筑内部污水抽升最常用的设备，主要有潜水泵、液下泵和卧式离心泵。其他还有气压扬液器（卫生要求较高）和射流泵（扬升高度不大于10m）等。

水泵的选择主要依据设计流量和扬程。在确定水泵的扬程时，应根据水泵提升管段相应流量下所需的压力与提升高度相加得到。考虑水泵在使用过程中因堵塞而使阻力加大的因素，可增大1~2kPa，作为安全扬程。

水泵选择时，尽量选用污水泵和杂质泵，当排除酸性或腐蚀性废水时，应选择耐腐蚀水泵；选泵时应使工作点处于水泵工作高效区，以节省电耗；污（废）水泵站应设置备用机组（一般可备用一台）。

2. 集水池

集水池是用来汇集、储存和均衡废水的水质水量的构筑物。

生活污水集水池不得有渗漏，池壁应采取防腐措施，集水池池底设有不小于0.01的坡度，坡向吸水坑，池底应设冲洗管，以防污泥在池中沉定。集水池应装设水位指示装置和通气管，以便操作管理和排除臭气。集水池的有效水深（最高水位至最低水位间距）一般为1.5~2.0m，池前一般要设置格栅，以拦截污水中大块悬浮物，以保证水泵安全运行及防止吸水管堵塞。

（二）生活污水的局部处理设施设备

当建筑内部排出的污（废）水的水质达不到排入市政排水管道或排放水体的标准时，应在建筑内部或附近设置局部处理构筑物处理。

1. 化粪池

化粪池是较简单的污水沉淀和污泥消化处理的构筑物，它是一种利用沉淀和厌氧发酵原理去除生活污水中悬浮性有机物的最初级处理构筑物。当建筑物所在的城镇或小区内没有集中的污水处理厂时，建筑物排放的污水在进入水体或市政排水管道前，目前一般采用化粪池进行简单处理。

当含有大量粪便、纸屑、病原虫等杂质的生活污水进入化粪池后，沉淀下来的污泥经过厌氧消化，分解成稳定的无机物。化粪池需要定期清掏，污泥经化粪池发酵后可作为肥料。为了延长污泥清掏周期，化粪池一般分为双格或三格。

如图2-15所示，化粪池宽度不得小于0.75m，长度不得小于1.0m，深度不得小于1.3m（深度是指从溢流水面到化粪池底的距离）。化粪池的直径不得小于1.0m。在其进口处应设置导流装置，格与格之间和化粪池出口处应设置拦截污泥浮渣的设施。化粪池格与格之间和化粪池与进口连接井之间应设通气孔洞。

化粪池的设置位置应便于清掏，宜设于建筑物背大街侧，靠近卫生间，不宜设在人经常停留的场所。化粪池距离地下取水构筑物不得小于30m，离建筑物净距不宜小于5m，距生活饮用水储水池应有不小于10m的卫生防护净距。

2. 降温池

温度高于40℃的污（废）水，排入城镇排水管道前，应采取降温措施。一般宜设降温池，其降温方法主要为二次蒸发，通过水面散热添加冷却水的方法，以利用废水冷却降温最好。

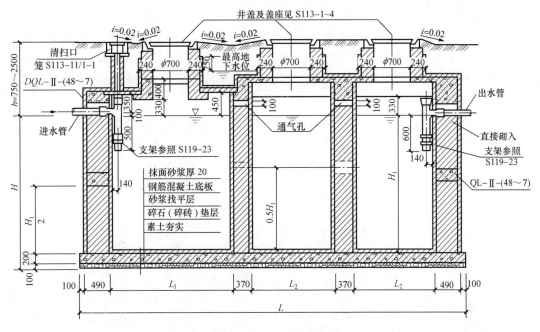

图 2-15　三格化粪池

对温度较高的污（废）水，应考虑将其所含热量回收利用，然后再采用冷却水降温的方法，当污（废）水中余热不能回收利用时，可采用常压下先二次蒸发，然后再冷却降温。

降温池一般设于室外，如设于室内，水池应密闭，并应设置人孔和通向室外的通气管，如图 2-16 所示。

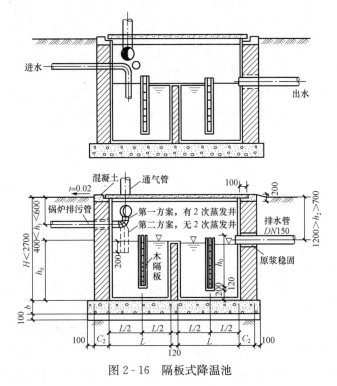

图 2-16　隔板式降温池

3. 隔油池（井）

肉类加工厂、食品加工厂、饮食业、公共食堂等含有较多的食用油脂污水和汽车修理间及汽车洗车含有少量轻质油的污水需要进行隔油处理。为了使积留下来的油脂有重复利用的条件，粪便污水和其他污水不得排入隔油池内，隔油池构造如图 2-17 所示。

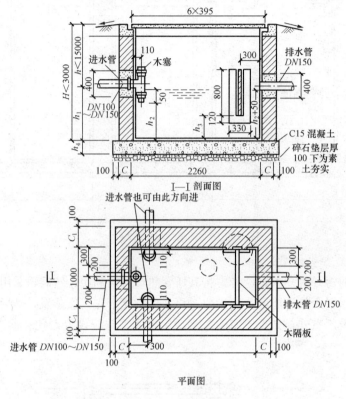

图 2-17 隔油井

隔油池（井）内存油部分的容积不得小于该池（井）有效容积的 25%，清掏周期不宜大于 6 天，以免污水中有机物因发酵产生臭味而影响环境卫生。

任务三 建筑排水管道系统安装

一、施工前的准备

1. 作业条件

（1）地下管道铺设必须在房心土回填夯实并挖到管底标高时进行，沿管线铺设位置清理干净，管道穿墙处已预留洞口或安装套管，其洞口尺寸和套管规格符合要求，坐标、标高正确。

（2）暗装管道应在地沟盖板前或吊顶封闭前进行安装。

（3）明装托、吊干管安装必须在安装层的结构顶板完成后进行，沿管线安装位置的模板及杂物已清理干净，托吊卡件均已安装牢固，位置正确。

（4）立管安装宜在主体结构完成后进行。高层建筑在主体结构达到安装条件后，适当穿插进行。每层均应有明确的标高线,安装竖井内的管道时,应把竖井内的模板及杂物清除干净,并有防坠落措施。

(5) 支管安装应在墙体砌筑完毕墙面未装修前进行。

2. 材料要求

(1) UPVC 排水管及管件规格品种应符合设计要求。管材内外表层应光滑,无气泡、裂纹,管壁薄厚均匀,色泽一致;管件造型应规矩、光滑,无毛刺。所用粘接剂应是同一厂家配套产品,应与卫生洁具连接相适宜,并有产品合格证及说明书。

(2) 潜水排污泵应有产品合格证及使用说明书,材料到场检验时的试运转记录。

(3) 不得使用国家限制使用和淘汰落后的建材。

3. 主要机具

(1) 机械:砂轮锯、台钻、调速电锤、手电钻、切割机等。

(2) 工具:手锤、活扳手、捻凿、大锤、手锯等工具。

(3) 其他:水平尺、线坠、钢卷尺、钢板直尺、毛刷、尼龙绳等。

4. 施工工艺及操作要点

(1) 工艺流程:排出管安装→底层横干管与支管安装→排水立管安装→排水横管与支管安装→隐蔽横支管灌水试验及验收→通球试验及验收

(2) 安装准备:认真熟悉图纸,根据施工方案决定的施工方法和技术交底的具体措施做好准备工作;参看相关专业设备图和建筑图、结构图,核对各种管道的坐标、标高是否有交叉,管道排列所用空间是否合理;有问题及时与设计人员研究解决,办好变更洽商记录。

(3) 预制加工:按设计图纸画出管道分路、变径、预留管口、阀门位置等施工草图,在实际安装的结构位置做上标记,按标记分段量出实际安装的准确尺寸,记录在施工草图上,然后按草图测得的尺寸预制加工。

二、排水管道系统安装

1. 排出管安装

(1) 在预留好的洞口处铺设管道时,按施工图纸的坐标、标高找好位置和坡度,以及各预留管口的方向和中心线,将管段依次相连。

(2) 管道铺设后,再将立管及首层卫生洁具的排水预留管口,按室内地平线、坐标位置及轴线找好尺寸,接至规定高度,将预留管口临时封堵。

(3) 按照施工图对铺设好的管道坐标、标高及预留管口尺寸进行自检,确认准确无误后即可对埋地污水管从预留管口处灌水做闭水试验,水满后观察水位不下降,各接口及管道无渗漏,经有关人员进行检查,并填写隐蔽工程验收记录,办理隐蔽工程验收手续。

(4) 管道系统经隐蔽验收合格后,临时封堵各预留管口,配合土建填堵孔、洞,按规定回填土。

2. 立管安装

(1) 根据施工图校对预留管洞尺寸有无差错,如需剔凿断筋,必须征得土建技术人员同意,按规定要求处理。

(2) 立管检查口的设置按设计要求,如排水支管设在吊顶内,每层立管上均应装设立管检查口,以便做灌水试验。

（3）安装立管应二人上下配合，一人在上一层楼板上，由管洞内投下一个绳头，下面一人将立管上半部拴牢，上拉下托将立管依次连接，反复校准垂直度，然后用抱卡固定牢固。

（4）立管安装完毕后，先用油麻封堵洞口，然后用油灰嵌缝。

（5）室内管道安装完毕后，随即进行伸顶通气管和通气帽的安装。

3. 排水横管与支管安装

（1）先将预制好的管段用铁钩吊挂，查看无误后，再进行粘接。粘接后，应迅速摆正位置，按规定校正坡度，临时加以固定。待粘接固化后，再紧固支撑件，但不宜卡箍过紧。

（2）支管末端有清扫口者，应将管接至上层地面上，便于清掏。

（3）按照施工图对铺设好的管道坐标、标高及预留管口尺寸进行自检，确认准确无误后即可从预留管口处对埋地污水管灌水做闭水试验。

（4）支管接口达到强度后，应对孔洞周边进行清理，支设模板，灌洞前应将孔洞浇水湿润，用不低于 C 20 混凝土分两次进行浇灌、捣实，浇灌后的孔洞宜低于楼板 10~20mm。

4. 灌水试验、通水试验与通球试验

（1）灌水试验。隐蔽或埋地的排水管道在隐蔽前必须做灌水实验，其灌水高度应不低于底层卫生器具的上边缘或底层地面的高度。

试验方法：满水 15min，水面下降后，再灌满观察 5min，液面不下降，管道及接口无渗漏为合格。

（2）通水试验。排水系统安装完毕后，将给水系统的 1/3 配水点同时开放，检查各排水点，系统排水畅通，管子及接口严密无渗漏、无堵塞为合格。

试验方法：通水检查。

（3）通球试验。排水立管及水平干管管道均应做通球试验，通球球径不小于排水管道管径的 2/3，通球率必须达到 100%。

试验方法：从立管顶部或立管检查口放入球径为管内径 2/3 的木球或皮球，从顶层支管用水管或水桶往管内注入一定量的水，球从排出管顺利流出为合格。

三、安装过程中的成品保护

建筑排水管道安装过程需注意对已完成部分的保护，以免造成成品破损、丢失，造成不必要的经济损失。成品保护的具体措施如下：

（1）管道安装完成后，卫生器具的甩口、地漏等管口应加以封闭，以免杂物进入造成管道堵塞。

（2）安装完成的塑料管道应加强保护，尤其地下立管应用木板捆绑保护。

（3）严禁利用塑料管道作为脚手架的支点或安全带的拉点、吊顶的吊点。不允许明火烘烤塑料管，以防管道变形。

（4）铸铁排水管道刷银粉或调和漆后，塑料给排水管安装完毕后应立即采取保护措施，将管道用纸或塑料布、编织袋等包裹，以免污染管道。

（5）在回填土时，对已铺设好的管道上部要先用细土覆盖，并逐层夯实，不得在管道上用机械夯土。

（6）预制好的管道要码放整齐，垫平，垫牢，不得用脚踩或物压，也不得双层平放。

（7）不许在安装好的托、吊管道上搭设架子或拴吊物品。

四、质量检验及验收

1. 排水系统质量控制

（1）灌水试验、通水试验及通球试验必须符合设计要求或本任务的相关规定。

检验方法：检查分段和系统试验记录。

（2）排水塑料管必须按设计要求及位置装设伸缩节。如无设计要求时，伸缩节间距不大于 4m。

检验方法：观察和尺量检查。

（3）生活污水铸铁管道、塑料管道的坡度必须符合设计要求或表 2-2 和表 2-3 的规定。

检验方法：水平尺或拉线尺量检查。

表 2-2　　　　生活污水铸铁管道的坡度

项次	管径（mm）	标准坡度（‰）	最小坡度（‰）
1	50	35	25
2	75	25	15
3	100	20	12
4	125	15	10
5	150	10	7
6	200	8	5

表 2-3　　　　生活污水塑料管的坡度

项次	管径（mm）	标准坡度（‰）	最小坡度（‰）
1	50	25	12
2	75	15	8
3	100	12	6
4	125	10	5
5	160	7	4

（4）室内排水管上不宜采用正三通和正四通，应采用 45°三通或 45°四通，以及 90°斜三通或 90°斜四通；立管与排出管之间应采用两个 45°弯头，以保证排水畅通。

检验方法：观察检查。

（5）出屋面安装的通气管，当设计无要求时应符合以下规定：

①排水通气管不得与风道或烟道连接。通气管应高出屋面 300mm，但必须大于最大积雪厚度；

②通气管出口 4m 以内有门、窗时，通气管应高出门、窗顶 600mm 或引向无门窗一侧；

③经常有人停留的平屋顶上，通气管应高出屋面 2m，出屋面的金属管道应与防雷装置相贯通。

检验方法：观察和尺量检查。

（6）室内排水管道上应安装检查口或清扫口，当设计无要求时应符合以下规定：

①水平管段每一转弯角度小于 135°或在连接两个及两个以上大便器，3 个及 3 个以上卫生器具的横管上，应设置清扫口，排水管道起点的清扫口与管道相垂直的墙面的距离不小

于 200mm；

②铸铁排水立管上每隔一层设置 1 个检查口，塑料排水立管宜每 6 层设置 1 个检查口，但在最底层和有卫生器具的最高层必须各设置 1 个；

③检查口中心距地面或楼面高度为 1.0m，检查口正面应向外，在墙角的立管检查口应成 45°向外，暗装立管在检查口处应设检修门，以便于检修。

检验方法：观察和尺量检查。

（7）高层建筑明设排水塑料管道应按设计要求设置防火圈或防火套管。

检验方法：观察检查。

（8）排水管道安装的允许偏差应符合表 2-4 的相关规定。

表 2-4　　　　　　　室内排水和雨水管道安装的允许偏差和检验方法

项次	项 目				允许偏差（mm）	检验方法
1	坐 标				15	
2	标 高				±15	
3	横管纵横方向弯曲	铸铁管		每 1m	1	用水准仪（水平尺）、直尺、拉线和尺量检查
				全长（25m 以上）	25	
		钢管	每 1m	管径小于或等于 100mm	1	
				管径大于 100mm	1.5	
			全长（25m 以上）	管径小于或等于 100mm	25	
				管径大于 100mm	38	
		塑料管		每 1m	1.5	
				全长（25m 以上）	38	
		钢筋混凝土管、混凝土管		每 1m	3	
				全长（25m 以上）	75	
4	立管垂直度	铸铁管		每 1m	3	吊线和尺量检查
				全长（25m 以上）	15	
		钢管		每 1m	3	
				全长（25m 以上）	10	
		塑料管		每 1m	3	
				全长（25m 以上）	15	

2. 建筑排水系统验收

（1）检验和检测的主要内容如下：

①室内排水管道灌水试验；

②室内排水管道通水、通球试验；

③卫生器具满水试验；

④地漏及地面清扫口排水试验。

（2）验收资料，同建筑给水系统验收。

任务四 卫生器具的安装

一、常用的卫生器具

卫生器具是用来满足日常生活中各种卫生要求，收集和排放生活及生产中产生的污（废）水的设备，是建筑排水系统的重要组成部分。

卫生器具一般采用不透水、无气孔、表面光滑、耐蚀、耐磨损、耐冷热、容易清洗、有一定的机械强度的材料制造，如陶瓷、搪瓷生铁、不锈钢、塑料、复合材料等。目前，卫生器具正向着冲洗功能强、节水、消声、设备配套、便于控制、使用方便、造型新颖、色调协调等方向发展。

按使用功能，卫生器具分为便溺用卫生器具、盥洗淋浴用卫生器具、洗涤用卫生器具和专用卫生器具四大类。

1. 便溺用卫生器具

便溺用卫生器具的作用是收集、排除粪便污水，其种类有大便器、大便槽、小便器、小便槽。

（1）大便器，按使用方法可分为蹲式大便器和坐式大便器两种。

①蹲式大便器，如图 2 - 18（a）所示。这种便器比较卫生，多装设于公共卫生间、集体宿舍、医院、家庭等一般建筑物内，分为高水箱冲洗、低水箱冲洗、自闭式冲洗阀冲洗三种。

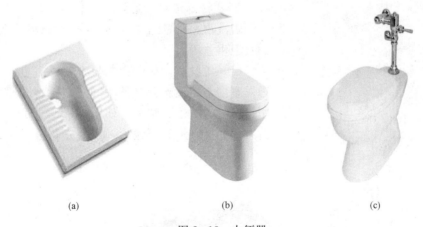

(a)　　　　　　　(b)　　　　　　　(c)

图 2 - 18　大便器

（a）蹲式大便器；（b）低水箱坐式大便器；（c）自闭冲洗阀式坐式大便器

②坐式大便器，大多用于宾馆、饭店、住宅等建筑的卫生间（洗手间）内，按水力冲洗原理可分为冲洗式和虹吸式两种，如图 2 - 19 所示。

坐式大便器的冲洗设备有两种，一是低水箱（低水箱与坐体连体或分体），如图 2 - 18（b）所示；二是延时自闭式冲洗阀（直接连接给水管，不允许采用普通阀门），如图 2 - 18（c）所示。

（2）大便槽，造价低廉，因卫生条件差，冲洗耗水多，目前多用于学校、火车站、汽车站、码头等标准较低的公共场所，可代替成排的蹲式大便器。大便槽的槽宽一般为 200～

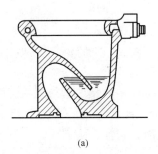 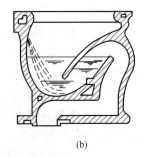

(a)　　　　　　　　　　(b)

图 2-19　坐式大便器

(a) 冲洗式；(b) 虹吸式

300mm，起端槽深 350mm，槽底坡度不小于 1.5%。末端设有高出槽底 250mm 的挡水坎，排水口需设存水弯。大便槽的冲洗设备一般为设在起端的自动控制冲洗水箱。

(a)　　　　　　(b)

图 2-20　小便器

(a) 挂式；(b) 立式

和柱脚式。

(3) 小便器，多装设于公共建筑的男卫生间内，有挂式和立式两种，如图 2-20 所示。其冲洗设备常采用按钮式自闭冲洗阀，标准高的采用光电数控。

(4) 小便槽，由于小便槽在同样的设置面积下比小便器可容纳的使用人数多，所以常用于工业企业、公共建筑、集体宿舍的男卫生间内，其冲洗设备常采用多孔冲洗管，用阀门或水箱控制冲洗。

2. 盥洗淋浴用卫生器具

盥洗淋浴用卫生器具有洗脸盆、盥洗槽、浴盆、妇女卫生盆等。

(1) 洗脸盆，常设置在盥洗室、浴室、卫生间和理发室内，也设于公共洗手间（厕所）、医院治疗间，用于洗脸、洗手、洗头，如图 2-21 所示。其形状有长方形、椭圆形和三角形，安装方式有墙架式、台式

(a)　　　　　　　　(b)　　　　　　　　(c)

图 2-21　洗脸盆

(a) 墙架式；(b) 台式；(c) 立柱式

(2) 盥洗槽，装设于工厂、学校、车间、火车站等建筑内，有条形和圆形两种，槽内设

排水栓。盥洗槽多为现场建造，价格低，可供多人同时使用。

（3）浴盆，一般设在住宅、宾馆的卫生间内，配有冷热水混合龙头和淋浴器，其种类及样式很多，多为长方形、方形、椭圆形等，材质有陶瓷、搪瓷钢板、塑料、复合材料等。浴盆的色彩很丰富，主要为满足卫生间装饰色调方面的要求，如图2-22所示。

（4）妇女卫生盆，又称为净身盆，是专供妇女使用的设备，一般与大便器配套安装，如图2-23所示。一般用于标准较高的宾馆客房卫生间、医院、疗养院等。

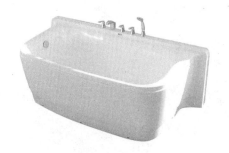 

图2-22　浴盆　　　　　　　　　　图2-23　妇女卫生盆

3. 洗涤用卫生器具

洗涤用卫生器具主要有洗涤盆、污水池和化验盆。

（1）洗涤盆，常设在厨房和公共食堂内，用来洗涤碗碟、蔬菜、水果等的卫生器具，如图2-24所示。有单格和双格之分，其材质多为陶瓷，或用砖砌成后瓷砖贴面，较高质量的为不锈钢制品。

（2）污水池，又称污水盆、拖布池，常设在公共建筑的厕所、盥洗间内，供洗涤拖把、打扫卫生、倾倒污水用，多用水磨石或钢筋混凝土建造，目前也有成品出售，如图2-25所示。

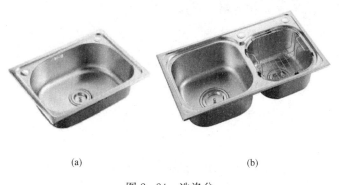 

　　（a）　　　　　　　　　　　（b）

图2-24　洗涤盆　　　　　　　　　图2-25　拖布池
（a）单格洗涤盆；（b）双格洗涤盆

（3）化验盆，设在实验室内，根据需要，可配置单联、双联、三联鹅颈龙头。

4. 专用卫生器具

专用卫生器具是指满足医疗、科学研究实验室等特殊需要的卫生器具以及饮水器、地漏等。

（1）饮水器，是供人们饮用冷开水或消毒冷水的器具，主要用于工厂、学校、车站、体育场馆和公园等公共场所。

（2）地漏，用于收集和排放室内地面水或池底污水，常用铸铁、不锈钢或塑料制成。应设置在淋浴间、盥洗室、厕所、卫生间等易溅水的卫生器具附近的最低处。目前推荐使用防干涸功能的新型地漏。在无安静要求和无须设置环形通气管、器具通气管的场所，可采用多通道地漏。食堂、厨房和公共浴室等排水宜设置网框式地漏，严禁采用钟罩（扣碗）式地漏。直通式地漏下必须设置存水弯。普通地漏结构如图2-26所示。

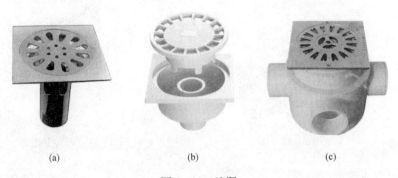

(a)   (b)   (c)

图2-26 地漏
(a) 不锈钢地漏；(b) 塑料地漏；(c) 多通道地漏

二、卫生器具的设置与布置

1. 卫生器具的设置

在住宅的卫生间内，一般都应设置坐便器（或蹲便器）、浴盆和洗脸盆三件卫生器具。标准高的住宅通常设有两个卫生间，一个"主卫"，一个"次卫"，"主卫"内设坐便器、浴盆和洗脸盆；"次卫"内设蹲便器、淋浴器和洗脸盆。在设计上，还可将洗脸盆与其他两件卫生器具分隔开，以方便使用。

在住宅的厨房内，一般设洗涤盆，常采用双格洗涤盆。

在宾馆、饭店的客房内，应设坐便器、浴盆和洗脸盆三件卫生器具，且洗脸盆应安装在盥洗台内。同时，还需附设浴巾毛巾架、浴帘、化妆镜、衣帽钩、剃须插座。标准高的客房可加设净身盆、烘手器等。

在公共建筑的卫生间内，常设便溺用卫生器具、洗脸盆或盥洗槽、污水盆等，必要时附设镜子、烘手器、皂液盒等。卫生器具的设置数量，可按设计规范中的卫生器具设置定额计算确定。

2. 卫生器具的布置

布置卫生器具时，应根据厨房、卫生间、公共厕所的平面位置、房间面积大小、卫生器具数量与单件尺寸、有无管道竖井和管槽等条件，以满足使用方便、容易清洁、管线短且转弯少等要求来综合考虑。

三、常用卫生器具的安装

卫生器具的安装应具备两个条件：一是土建施工基本完成但尚未收尾；二是给水管道和排水管道已追随土建进度安装完毕。给水支管的安装则是在卫生器具安装完毕后进行的。

1. 卫生器具安装前的准备工作

（1）卫生器具的安装应在卫生间墙、地面镶贴已结束，户室门锁已安装完毕后进行。

（2）安装前熟悉施工安装图样，应确定所需的工具、材料及其数量、配件的种类等；检查卫生器具的质量及外观，熟悉现场的实际情况。

（3）对现场进行清理，确定卫生器具的安装位置并凿眼、打洞。

2．卫生器具的安装要求

（1）安装位置正确。安装位置包括平面位置和安装高度，一般是按照《给水排水标准图集（S3）》进行安装，部分卫生器具的安装高度见表2-5。

表 2-5　　　　　　　　　　　部分卫生器具安装高度

序号	卫生器具名称	卫生器具边缘离地面高度（mm）	
		居住和公共建筑	幼儿园
1	架空式污水盆（池）洗涤盆（池）（至上边缘）	800	800
2	落地式污水盆（池）（至上边缘）	500	500
3	洗脸盆、盥洗槽（至上边缘）	800	500
4	浴盆（至上边缘）	480	—
5	蹲、坐式大便器（从台阶面至高水箱底）	1800	1800
6	坐式大便器（至低水箱底）外露排出管式	510	—
	坐式大便器（至低水箱底）虹吸喷射式	470	370
7	坐式大便器（至上边缘）外露排出管式	400	—
	坐式大便器（至上边缘）虹吸喷射式	380	—
8	大便槽（从台阶面至冲洗水箱底）	≥2000	—
9	立式小便器（至受水部分上边缘）	100	—
10	挂式小便器（至受水部分上边缘）	600	450
11	小便槽（至台阶面）	200	150
12	化验盆（至上边缘）	800	—

（2）安装稳固。卫生器具的安装应稳固，各种卫生器具埋设支、托架除应平整、牢固外，还应与器具贴紧；载入墙体内的深度要符合工艺要求，支、托架必须防腐良好；固定用螺钉、螺栓一律采用镀锌产品，凡与器具接触处应加橡胶垫。卫生器具的常用固定方法如图2-27所示。

（3）安装严密。为防止卫生器具使用时漏水，要特别注意与给水管道镶接处和与排水管道连接处的施工，加橡皮软垫的地方要压挤紧密，填油灰的地方要填塞密实。

（4）安装美观。卫生器具安装应做到端正、平直。

（5）可拆卸性。为使卫生瓷器具有可拆卸性，在给水支管与卫生器具的最近连接处应加活接头，器具与排水短管、存水弯的连接处，应用油灰填塞密实。

（6）成品保护。卫生器具安装好后应进行适当保护，如切断水源、用草袋覆盖、封闭敞开的排水口等，以防止人为损坏，特别要注意防止土建施工时向敞开的排水口内倾倒废水和垃圾。

3．大便器的安装

（1）蹲式大便器的安装。蹲式大便器的冲洗方式有高水箱、低水箱和延时自闭冲洗阀之

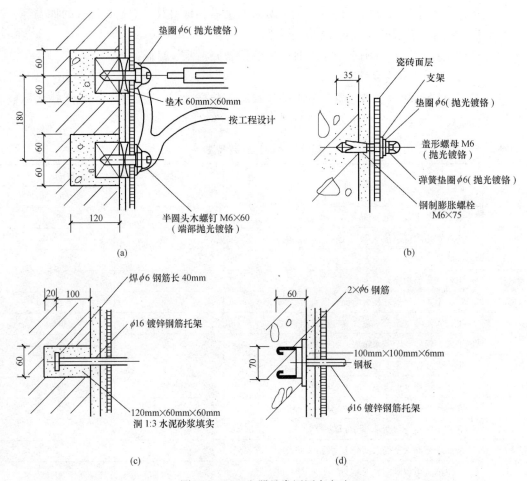

图 2-27　卫生器具常用固定方法

(a) 预埋木砖木螺钉固定；(b) 钢制膨胀螺栓固定；(c) 栽钢筋托架固定；(d) 预埋钢板固定

分，安装程序基本相同，安装时应按照图 2-28 进行，但是高低水箱底的安装高度不同。具体安装程序是：安装存水弯→安装胶皮碗→安装蹲便器→安装水箱（或延时自闭冲洗阀）→连接进水管→连接冲洗管。

（2）坐式大便器的安装。坐式大便器分为分体式和连体式两种，分体式安装时应按照图 2-29 进行，而连体式则可省略水箱和冲洗管的安装。具体安装程序如下：确定安装位置→安装便器→安装低水箱（或延时自闭冲洗阀）→安装冲洗管（连体式可省略此步）→安装角阀→安装进水管。

大便器安装时应注意，便器与排水管接口处一定要严密不透水；禁止使用水泥砂浆或混凝土固定便器，以免给日后的维修带来不便；坐式大便器因自带存水弯，故与排水管相连接时，无需再设存水弯；注意成品保护，避免堵塞、污染和损坏便盆及附件。

4. 小便器的安装

（1）挂式小便器的安装。安装时应按照图 2-30 进行，具体安装程序如下：确定安装位置→安装小便斗→安装排水管→安装冲洗管。

（2）立式小便器的安装。安装时应按照图 2-31 进行，具体安装程序如下：安装小便器

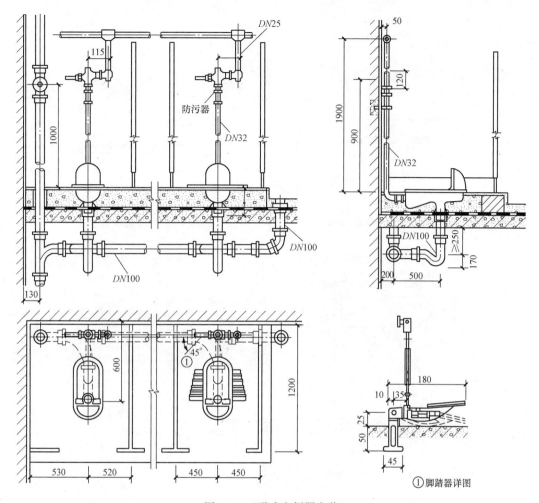

图 2-28 蹲式大便器安装

排水管→小便器就位→安装冲洗管。

5. 洗脸盆的安装

（1）墙架式洗脸盆的安装。安装时应按照图 2-32 进行，具体安装程序如下：安装脸盆架→稳装洗脸盆→安装冷、热水嘴→安装排水栓→安装冷、热给水管→安装排水管。

（2）台式洗脸盆的安装。应按照以下程序进行：安装冷、热水角阀→确定位置并试装→安装冷、热水嘴→安装排水栓→固定台盆→安装冷、热给水管→安装排水管。

（3）立柱式洗脸盆的安装。安装时应按照图 2-33 进行，具体安装程序如下：稳装立柱→稳装脸盆→安装冷、热水水嘴→安装排水栓→安装冷、热给水管→安装排水管。

稳装洗脸盆时，注意使排水栓的保险口与脸盆的溢水口对正；安装冷、热水嘴时，冷水管在右侧，热水管在左侧，同时应保证水嘴左热右冷。

6. 浴盆的安装

浴盆安装时应按照图 2-34 进行，具体安装程序如下：确定安装位置→稳装浴盆→安装排水管→安装水嘴。

安装时需注意，浴盆溢、排水管端应设不小于 300mm×300mm 的检查门；安装的混合

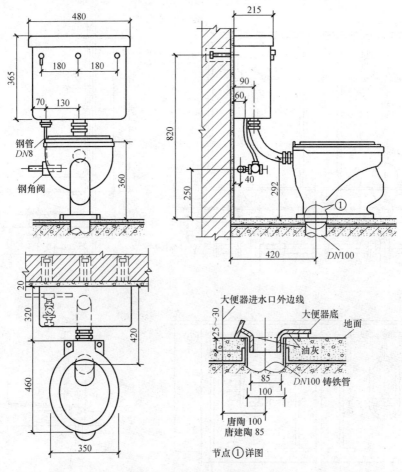

图 2-29　低水箱坐便器安装

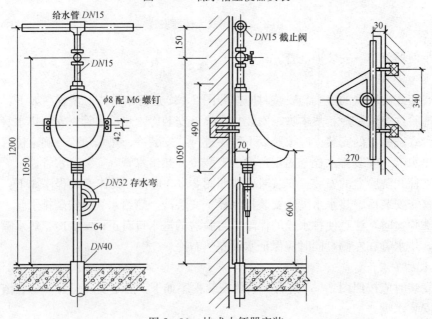

图 2-30　挂式小便器安装

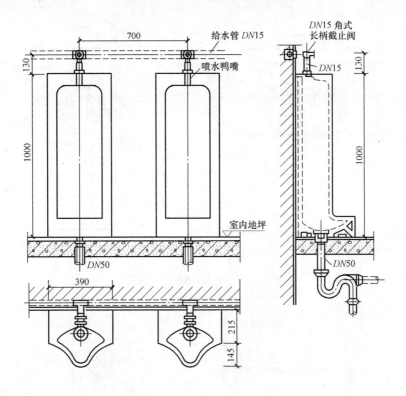

图 2-31 立式小便器安装

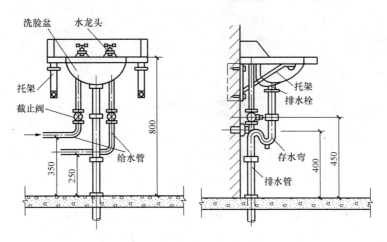

图 2-32 墙架式洗脸盆的安装

式挠性软管淋浴器挂钩高度距地面 1.5m。

7. 地漏的安装

如图 2-35 所示，地漏应安装在地面的最低处，其箅子顶面应比地面低 5～10mm，地面应有不小于 1% 的坡度坡向地漏。安装时，将地漏的下水口插入排水管的承口中，抹砂浆进行连接（若采用塑料管则用粘接连接），最后用水平尺进行检查，使地漏上缘保持水平。

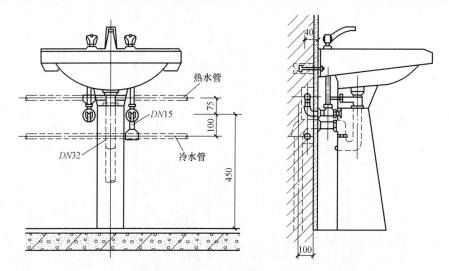

图 2-33　立柱式洗脸盆的安装

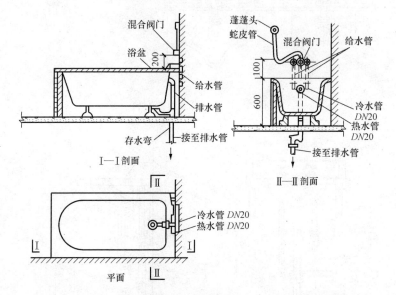

图 2-34　浴盆的安装

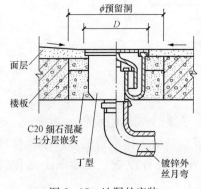

图 2-35　地漏的安装

四、卫生器具安装质量检验

（1）排水栓和地漏的安装应平正、牢固，低于排水地面，周围无渗漏。地漏水封高度不得小于 50mm。

检验方法：试水观察检查。

（2）卫生器具交工前应做满水和通水试验。

检验方法：满水后检查各连接件，不渗不漏为合格；通水试验时排水畅通为合格。

（3）有饰面的浴盆，应留有通向浴盆排水口的检修门。

检验方法：观察检查。

（4）卫生器具及器具排水管安装的允许偏差和检验方法见表 2-6 和表 2-7。

表 2-6 卫生器具安装的允许偏差和检验方法

项次	项目		允许偏差（mm）	检验方法
1	坐标	单独器具	10	拉线、吊线和尺量检查
		成排器具	5	
2	标高	单独器具	±15	
		成排器具	±10	
3	器具水平度		2	用水平尺和尺量检查
4	器具垂直度		3	吊线和尺量检查

表 2-7 卫生器具排水管道安装的允许偏差及检验方法

项次	检查项目		允许偏差（mm）	检验方法
1	横管弯曲率	每 1m 长	2	用水平尺检查
		横管长度≤10m，全长	8	
		横管长度＞10m，全长	10	
2	卫生器具的排水管口及横支管的纵横坐标	单独器具	10	用尺量检查
		成排器具	5	
3	卫生器具的接口标高	单独器具	±10	用水平尺和尺量检查
		成排器具	±5	

任务五 屋面雨水系统安装

一、管材与雨水斗的选择

1. 雨水管材

使用重力流排水系统的多层建筑宜采用建筑排水塑料管，高层建筑宜采用承压塑料管、耐腐蚀的金属管等。满管压力流排水系统采用内壁较光滑的带内衬的承压排水铸铁管、承压塑料管和钢塑复合管等，其管材工作压力应大于建筑物净高度产生的静水压。用于压力流排水的塑料管，其管材抗变形压力应大于 0.15MPa。

2. 雨水斗

雨水斗的作用是迅速地排除屋面雨（雪）水，并能将粗大杂物拦阻下来。雨水斗必须经过排水能力和斗前水深等测试合格后才能使用，目前常用的雨水斗有 65 型、79 型和 87 型雨水斗。晒台、屋顶花园等供人们活动的屋面上，宜采用平箅式雨水斗，排水能力要求较高时可采用虹吸式雨水斗。

二、雨水系统的安装

（1）安装雨水斗。雨水斗的安装如图 2-36 所示。雨水斗一般安装于屋面预留孔洞内，四周填塞防水油毡，与雨水斗下部连接的短管牢固固定在屋面的承重结构上。

（2）安装悬吊管。悬吊管采用管铸铁管石棉水泥接口或钢管焊接连，用铁箍、吊环固定

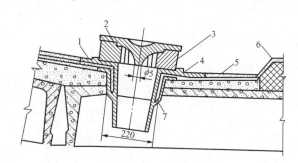

图 2-36　雨水斗的安装
1—压檐防水层；2—雨水斗顶盖；3—雨水斗格栅；4—漏斗；
5—天沟；6—防水层；7—雨水斗底座

在房屋的桁架、梁或墙上。

（3）安装雨水立管。雨水立管采用铸铁管石棉水泥接口或钢管焊接连接，还可采用塑料管粘结，一般沿墙壁或柱子进行安装。安装时每隔 2m 用夹箍固定，并在离地面 1m 高度处安装检查口。

（4）安装地下雨水管道。地下雨水管道安装方法与排水管道相同。

三、雨水系统的质量检验

（1）安装在室内的雨水管道，安装后应做灌水试验，灌水高度必须到达每根立管上部的雨水斗。

检验方法：灌水试验持续 1h，不渗不漏为合格。

（2）雨水管道如采用塑料管，其伸缩节安装应符合设计要求。

检验方法：对照图样检查。

（3）雨水管道可在底层、顶层各安装 1 个检查口，高层建筑可在中层增设 1 个检查口。

检查方法：观察和尺量检查。

（4）悬吊式雨水管道的敷设坡度不得小于 0.5%；埋地雨水管道的最小坡度应符合表 2-8 的规定。

表 2-8　　　　　　　　埋地雨水排水管道的最小坡度

项次	管径（mm）	最小坡度（%）	项次	管径（mm）	最小坡度（%）
1	50	2	4	125	0.6
2	75	1.5	5	150	0.5
3	100	0.8	6	200～400	0.4

检验方法：水平尺、拉线尺量检查。

（5）雨水管道不得与生活污水管道相连接。

检验方法：观察检查。

（6）雨水斗管的连接应固定在屋面承重结构上。雨水斗边缘与屋面相连接处应严密不漏。连接管管径当设计无要求时，不得小于 100mm。

检验方法：观察和尺量检查。

（7）雨水管道的安装允许偏差应符合室内排水和雨水管道安装的允许偏差的要求。

复 习 思 考 题

1. 室内排水系统按接纳污废水的性质可分为哪几类？一般由几部分组成？
2. 建筑排水系统中为什么要设置通气管？
3. 清通装置有哪几种？其设置要求是什么？
4. 屋面雨水排放方式有哪几种？简述其特点。

5. 建筑内部排水系统常用的管材有哪些?

6. 简述室内排水管道系统及卫生器具的安装程序。

7. 卫生器具交工前应做哪些试验? 如何进行?

8. 当建筑物设内排水雨水系统时,屋面施工应如何与雨水斗配合安装?

任 务 实 训

1. 实地调查当地的安装工程施工状况,以某一工程为例,做好土建工程与给排水管道、卫生洁具施工的配合工作,注意施工程序的组织。

2. 选取当地某建筑室内排水管道及配件安装工程,查阅相关资料完成《室内排水管道及配件安装工程检验批质量检验记录表》。

参考资料:《给水排水管道工程施工及验收规范》(GB 50268—2008),《建筑给水排水及采暖工程施工质量验收规范》(GB 50242—2002),《建筑排水柔性接口铸铁管管道工程技术规程》(CECS 168:2004),相关表格见附录。

项目三　建筑供暖系统安装

【引例】

1. 在冬季，北方的室外温度大大低于室内温度，因此室外的冷空气通过门窗等渠道侵入室内，房间内的热量不断向外散失。为了维持室内所需的空气温度，保持人们日常生活、工作所需要的环境温度，就必须向室内供给相应的热量。

建筑供暖是由室外的热源将生产的热媒通过供暖管道送至建筑物内设置的散热器，以提高室内温度的设备系统。那么，供暖系统采用什么形式才能保证用户家中均能达到设计温度，而不致产生冷热不均的现象？

2. 建筑供暖系统的安装时，散热器应在什么条件下进行安装？在施工过程中，应采取哪些措施以保证安装好的散热器不被污损破坏？

【工作任务】

1. 建筑供暖系统管道及设备的安装；
2. 建筑供暖系统及设备安装的质量检验；
3. 填写建筑供暖系统调试运行记录与相关验收记录。

【学习参考资料】

《建筑给水排水及供暖工程施工质量验收规范》(GB 50242—2002)
《建筑给水聚丙烯管道工程技术规范》(GB/T 50394—2005)
《供暖管道及附属设备安装图集》(L07N903)
《散热器及管道安装图集》(96K402—2)
《热水集中供暖分户热计量系统施工安装图集》(04K502)

任务一　建筑供暖系统认知

建筑供暖系统是指由热源通过热管网向用户供应热能的系统，其任务就是通过必要的设施，不断地向室内补充所消耗的热量，以维持所需要的温度，保证人们正常生活和生产的需要。

一、建筑供暖系统的组成与分类

1. 建筑供暖系统的组成

建筑供暖系统是建筑工程中一个重要的组成部分，任何形式的供暖系统都是由热源、供热管道和散热设备三个基本部分组成的。

(1) 热源，是指热介质制备设备，如锅炉等，此外还可以利用工业余热、太阳能、地热、核能等作为供暖系统的热源。

（2）供热管道，指热媒的输送管网，包括室内外供暖管道，分为供水管和回水管。

（3）散热设备，指各种类型的散热器、暖风机和散热板等。

2. 供暖系统的分类

（1）按作用范围分类。按照作用范围不同，供暖系统可分为局部供暖系统、集中供暖系统和区域供暖系统。

①局部供暖系统，指热源、供热管道和散热设备都在供暖房间内的系统，如火炉供暖、燃气供暖、电暖气等，这种系统的作用范围小。

②集中供暖系统，由单独设在锅炉房内的锅炉，通过管道同时向一幢或多幢建筑物供暖的系统。

③区域供暖系统，由一个区域锅炉房或城市热网的换热站向城镇的某个生活区、商业区或厂区集中供暖的系统。其供暖作用范围大，节能，对环境污染小，是城镇供暖的发展方向。

（2）按热媒的种类分类。按照系统中采用热媒的种类不同，建筑供暖系统可分为热水供暖系统、蒸汽供暖系统和热风供暖系统。

①热水供暖系统，指以热水为热媒的供暖系统。一般居民小区均采用这种系统。按热水温度的不同又可分为低温热水供暖系统（供水温度95℃、回水温度70℃）和高温热水供暖系统（供水温度高于100℃）。

②蒸汽供暖系统，指以蒸汽为热媒的供暖系统。一般情况下有条件的工业厂房采用此类热媒。当蒸汽压力高于70kPa时为高压蒸汽供暖系统；当蒸汽压力低于70kPa时为低压蒸汽供暖系统；当蒸汽压力小于大气压时为真空蒸汽供暖系统。

③热风供暖系统，指以空气为热媒的用于采暖的全空气系统。送入室内的空气只经加热和加湿（也可以不加湿）处理，而无冷却处理，这种系统仅在寒冷地区只有采暖要求的大空间建筑中使用。

（3）按循环动力分类。按系统的循环动力不同，建筑供暖系统可分为自然循环供暖系统和机械循环供暖系统。

①自然循环供暖系统，指不需要外力，而是依靠水自身的密度变化流动的系统。由于这类系统作用压力小，管内流速低，因此仅适用于小型的供暖系统。

②机械循环供暖系统，指在管路上安装了循环水泵，管路中的水依靠水泵提供的动力流动的系统。这类系统作用半径大，锅炉安装的位置不受限制，系统布置灵活，但投资较大，电耗高，运行管理复杂，适用于较大的系统中。

（4）按循环环路的长度是否相等分类。按循环环路的长度是否相等，建筑供暖系统可分为同程式系统和异程式系统。在布置供回水干管时，让连接立管的供回水干管中的水流方向一致，使通过各个立管的循环环路的长度基本相等的系统称为同程式系统，反之不相等时称为异程式系统。为避免供暖系统出现远冷近热的现象，应采用同程式系统供暖。

二、供暖系统的形式

（1）机械循环热水供暖系统，形式见表3-1。

表 3 - 1   **机械循环热水供暖系统的形式**

序号	布置形式	具体做法及特点	图 示
1	双管上供下回式	供回水干管分别敷设在系统的顶层和底层。此系统中，层数越多，上下层散热器环路的作用压力的差别就越大，就越容易产生上层过热，下层过冷的现象，所以不适用于层数过多的建筑	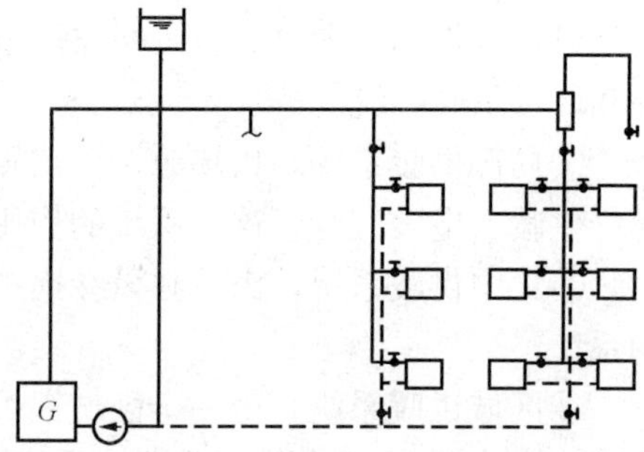
2	双管下供下回式	系统的供回水干管均敷设在底层散热器的下面。优点是干管的无效热损失小，可逐层施工逐层供暖，缺点是系统的空气排出困难。因此应设置专用空气管排气或在顶层散热器上设置排气阀排气	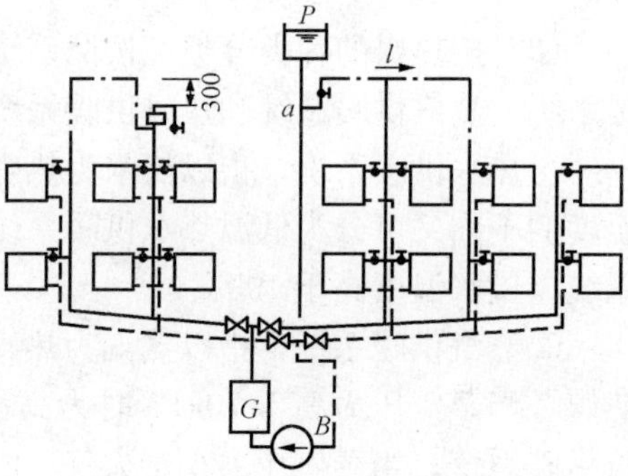
3	单管水平式	右图中，上两种为顺流式系统，下两种为跨越式系统。此系统的优点是总造价低，管路简单，管子穿楼板少，施工方便，易于布置膨胀水箱；缺点是系统的排气比较麻烦。施工中注意解决好串接式管子热伸长问题，避免接头漏水	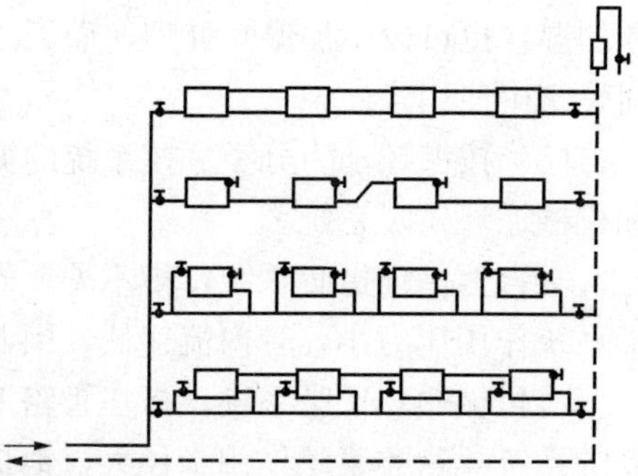
4	单管垂直式	右图中，左侧为顺流式系统，右侧为跨越式系统。还可采用上面几层为跨越式，下面几层为顺流式的混合式系统。此系统节省管材，安装方便，造价低，在多层建筑中应用较普遍	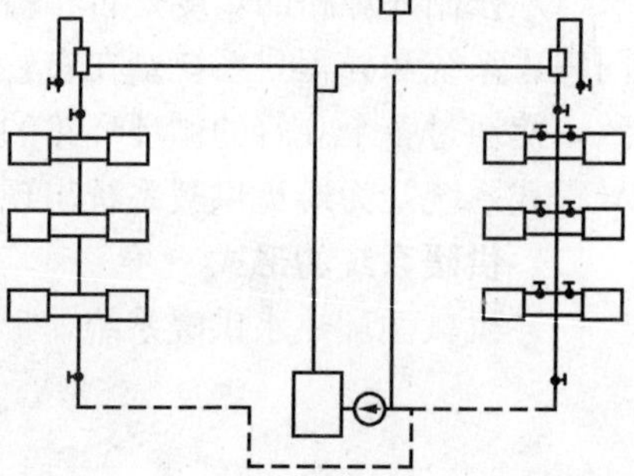

（2）低压蒸汽供暖系统，形式见表 3 - 2。

表 3 - 2　　　　　　　　　　低压蒸汽供暖系统的形式

序号	布置方式	具 体 做 法	图 示
1	双管上供下回式	蒸汽干管与凝结水管完全分开，蒸汽干管敷设在顶层房间的顶棚下或吊顶上，疏水器设在每根凝结水立管的末端	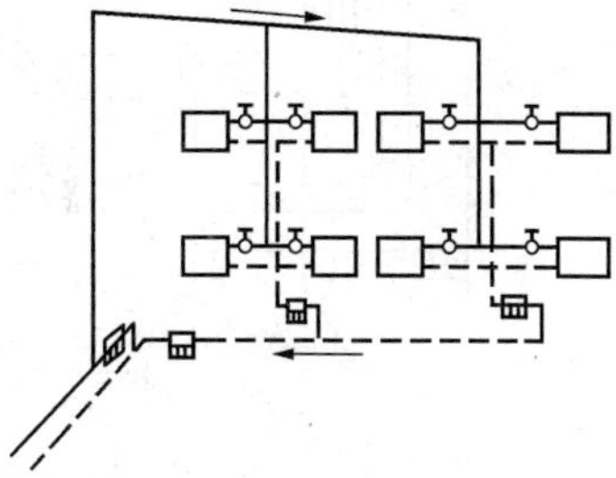
2	双管下供下回式	蒸汽干管和凝结水干管均敷设在底层地面下专用的供暖地沟内。系统通过立管自下而上供汽。此系统水击现象严重，噪声较大	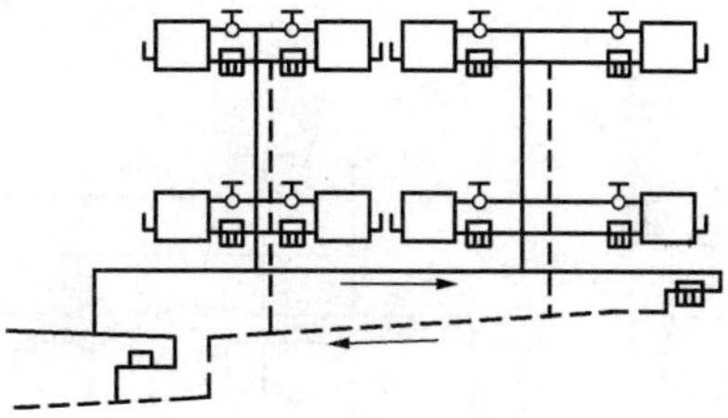

三、建筑供暖管道系统的布置

建筑供暖管道的布置应在保证使用效果的前提下，力求简单、美观，各分支环路负荷均衡，阻力平衡，安装与维修方便。

1. 热力引入口

室内供暖系统与室外供热管网是通过引入口连接起来的。其主要作用是分配、转换和调节供热量。热力引入口的形式主要根据供热管网提供的热媒形式和用户的要求确定，一般由相应设备、阀门及监测计量仪表等组成。引入口一般每个用户只设一个，可设在建筑物底层的地下室、专用房间和地沟内，图 3 - 1 是设在地沟内的热力引入口。当管道穿越基础、墙或楼板时应按照规范预留孔洞。

2. 干管的布置

为了合理地分配热量，以达到便于控制、调节和维修的目的，供暖系统通常被划分为几个分支环路。环路划分时应尽量使各环路的阻力平衡，较小的供暖系统可不设分支环路。

供暖管道敷设方式有明装、暗装两种。除了在装饰方面有较高要求的房间内采用暗装外，一般采用明装。这样有利于散热器的传热和管道的安装、检修。暗装时应确保施工质量，并具备必要的检修措施。

供暖供水干管明装可沿墙敷设在窗过梁和顶棚之间的位置；暗装则布置在建筑物顶部的设备层中或吊顶内。回水干管或凝结水管一般敷设在建筑物地下室顶板之下或底层地板之下的管沟内；也可以沿墙明装在底层地面上，但当干管必须穿越门洞时，应局部暗装在沟槽内。

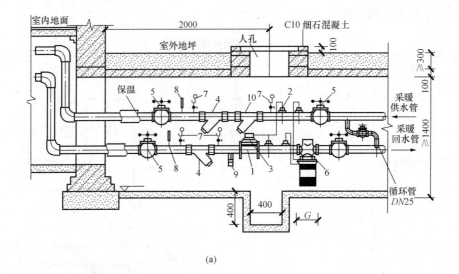

(a)

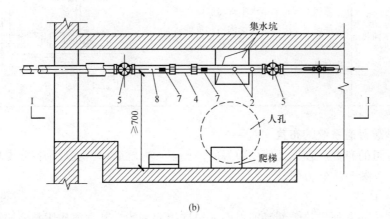

(b)

图 3-1　地沟（检查井）内的热力入口

（a）Ⅰ-Ⅰ剖面；（b）入口平面

1—流量计；2—温度压力传感器；3—积分仪；4，10—过滤器；5—截止阀

6—自力式压差控制阀；7—压力表；8—温度计；9—泄水阀

3. 立管的布置

立管可布置在房间外窗之间或墙身转角处，对于有两面外墙的房间，立管宜设置在温度较低的外墙转角处。楼梯间的立管尽量单独设置。立管应垂直于地面安装，穿越楼板时应设套管加以保护，以保证管道自由伸缩且不损坏建筑结构，套管内应填充柔性材料。

暗装立管可敷设在墙体内预留的沟槽中，也可以敷设在管道竖井内。管道竖井应每层用隔板隔断，以减少井中空气对流而形成无效的立管传热损失。此外，每层还应设检修门供维修之用。

4. 支管的布置

散热器支管的布置与散热器的位置、进水口和出水口的位置有关。支管与散热器的连接方式一般采用上进下出、同侧连接的方式，这种连接方式具有传热系数大、管路短、美观的优点。

散热器的供、回水支管应按沿水流方向下降的坡度敷设，如图 3-2 所示。如坡度相反，则易造成散热器上部存气，或者下部水排不干净。按照施工与验收规范的规定，支管坡度以 1‰ 为宜。

5. 补偿器的设置

在供暖系统设计和施工安装中，应注意金属管道受热而伸长的问题。通常采用的处理方法是在供热管道的固定支架之间设置各种形式的补偿器，以补偿该管段的热伸长从而减弱或消除因膨胀产生的应力，防止管道胀坏。补偿器有多种形式，如自然补偿器、套管式补偿器、方形补偿器等。由于自然补偿器是利用管道自然转弯来吸收热伸长量的，故选用补偿器时应优先考虑自然补偿器。

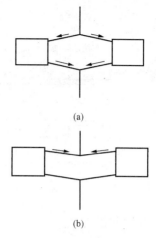

(a)

(b)

图 3-2　散热器支管
（a）正确方法；（b）错误方法

任务二　建筑供暖系统的管材、设备及附件的选择

一、建筑供暖系统管材的选择

1. 钢管

钢管是水暖工程施工中的主要材料之一，具有质地均匀，抗拉强度高，塑性和韧性好并且能承受冲击和振动荷载，容许较大变形，易于装配施工等特点，在供暖工程中应用广泛。

钢管分为焊接钢管和无缝钢管两种，适用于输送水、压缩煤气、冷凝水等介质和用作供暖管道。

（1）无缝钢管，可分热轧和冷轧（拔）无缝钢管两类。

（2）焊接钢管，比无缝钢管成本低、生产效率高。焊接钢管根据焊缝形状可分为直缝焊接钢管和螺旋缝焊接钢管两种。

2. 聚丙烯管（PP-R 管）

近年来，给水聚丙烯（PP-R）塑料管已经在建筑供暖系统中广泛应用，它具有强度高、质量轻、韧性好、耐冲击、耐热性高、无毒、无锈蚀、安装方便等特点。

安装前，应检查 PP-R 管的外观，保证管子的内外壁光滑、无裂口、无气泡、无凹陷；其管件完整、无缺损、合模缝浇口平整、无开裂。PP-R 管接口采用热熔连接时，应使用厂家提供的配套熔接工具，并按照使用说明书操作。

PP-R 管件有很多种，可采用螺纹（丝扣）、法兰和热熔等多种连接方式。图 3-3 为丝

(a)　　　　　(b)　　　　　(c)　　　　　(d)　　　　　(e)

图 3-3　螺纹连接的聚丙烯管件
（a）内螺纹弯头；（b）外螺纹弯头；（c）内螺纹三通；（d）外螺纹三通；（e）内螺纹活接

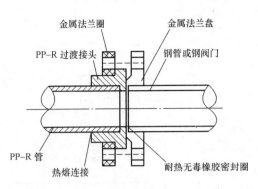

图 3-4 法兰连接的聚丙烯管件结构图

扣连接的聚丙烯管件，图 3-4 为法兰连接的聚丙烯管件结构图。

3. 交联聚乙烯管（PE-X 管）

PE-X 管具有使用温度范围广，可在 $-70 \sim 95℃$ 下长期使用；质地坚实、韧性好、抗内压强高；无毒性、不霉变、不生锈、不结垢；隔热保温性能好；管材可任意弯曲；质量轻、搬运方便、安装简便等特点。所以该管材在采暖系统尤其是低温热水辐射采暖系统中应用广泛。

PE-X 管的连接方式有螺母连接和卡环式连接两种。螺母连接方式是将螺母和 C 型铜环套入 PE-X 管上，再将内芯接头插入 PE-X 管，用扳手将螺母拧紧即可，如图 3-5 所示；卡环式连接时，将卡环套在管材上，然后将管材插入管件，再用专用夹紧钳用力压紧，使接头体上的凸环槽与管材内壁紧紧咬合密封，如图 3-6 所示。

图 3-5 PE-X 管螺母连接

图 3-6 铜制卡环式

4. 铝塑复合管

铝塑复合管是一种集金属与塑料优点为一体的新型管材，具有塑料管和金属管的双重特性，在采暖系统中应用广泛。铝塑复合管具有内壁光滑、不结垢，重量轻、易弯曲、可用配套管件、易安装，管身受压不易变形、无脆性、使用寿命长等特点。

铝塑复合管的连接方式有螺纹连接和压力连接两种方式，一般多用螺纹连接。

二、散热器的选择

散热器是安装在供暖房间内的散热设备，它把热媒的部分热量通过器壁以传导、对流、辐射等方式传给室内空气，以补偿建筑物的热量损失，从而维持室内正常工作和学习所需的温度。

散热器按材质分为铸铁散热器、钢制散热器、铜铝复合散热器、钢铝复合散热器和铝合金散热器等；按形状可分为翼型、柱型、串片式、板式、扁管式和光管式等。

1. 铸铁散热器

铸铁散热器是目前使用最多的散热器，根据形状可分为柱型及翼型两种，见表 3-3。

表 3 - 3　　　　　　　　　　铸 铁 散 热 器 的 类 型

类别	组成规格	图　　示	特　点	适 用 范 围
柱型散热器	主要有二杆、四柱、五柱三种类型	四柱型　　　五柱型	传热系数高，外形美观，不易积灰，表面光滑，容易清扫，但造价高，金属热强度低，组片接口多，承压能力不高	广泛用于住宅和公共建筑中
翼型散热器	有圆翼型和长翼型两种，外表面上有许多肋片	翼型管　　　圆翼型	承压能力低，表面易积灰、难清扫，外形不美观，但散热面积大，加工制造容易，造价低	多用于工业厂房内

2. 钢制散热器

钢制散热器主要有排管型、闭式钢串片、板式、柱型和扁管型几大类，见表 3 - 4。

表 3 - 4　　　　　　　　　　钢 制 散 热 器 的 类 型

类别	组成规格	图　　示	特　点	适 用 范 围
排管型散热器	用钢管焊接或弯制而成，其规格尺寸由设计决定，可按国标选用	堵板　排管　接管　立管　排管 立管 堵板	其优点是承压能力高，表面光滑，易于清除灰尘，加工制造简便；缺点是耗钢量大，占地面积大，不美观	一般用于灰尘较多的工业厂房内
闭式钢串片散热管	由钢管、钢片、联箱、放气阀及管接头组成，其散热量随热媒参数、流量和其构造特征的改变而改变	φ25×2.5　长度规格　首片　末片　管接头　放气阀　联箱　翅片	优点是承压高，体积小，重量轻，容易加工，安装简单和维修方便；缺点是薄钢片间距密，不宜清扫，耐腐蚀性差	多用于工业厂房内

续表

类别	组成规格	图　示	特　点	适用范围
钢制柱式散热器	其构造与铸铁散热器相似，每片也有几个中空的立柱，由厚度为 $1.25\sim1.5mm$ 的冷轧钢板压制成单片然后焊接而成	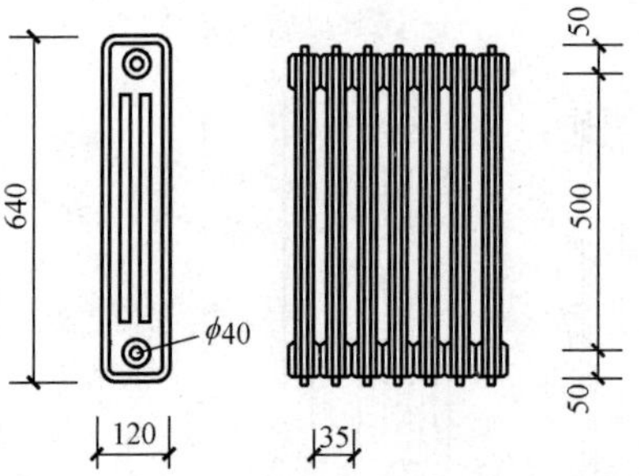	外形与铸铁散热器基本相同，且同时具有钢串片散热器和铸铁柱形散热器的优点	广泛用于住宅和公共建筑中
板式散热器	由面板、背板、对流片和水管接头及支架等部件组成	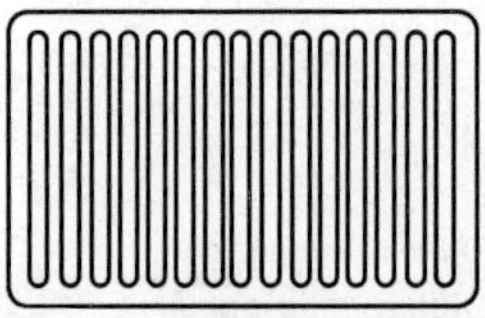 正面  背面	外形美观，散热效果好，节省材料但承压能力低	广泛用于住宅和公共建筑中
扁管式散热器	由数根扁管焊接而成，扁管规格为 $52mm\times11mm\times1.5mm$，分单板、双板、带对流片与不带对流片四种结构形式	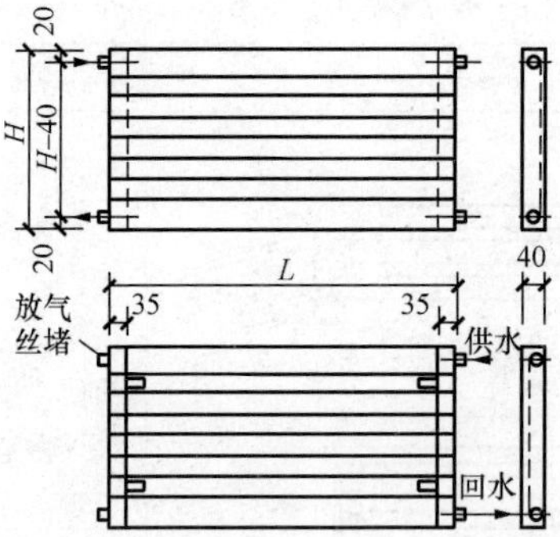 放气丝堵　供水　回水	具有金属耗量少，耐压强度高，外形美观整洁，体积小，占地少，易于布置等优点；但易受腐蚀，使用寿命短	多用于高层建筑和高温水供暖系统中，不能用于蒸汽供暖系统中，也不易用于湿度较大的供暖房间内

3. 铝合金散热器

随着社会的进步与发展，人们对散热器的性能及美观程度提出了更高的要求。铝合金以美观轻便的优点，脱颖而出，迅速占领市场，成为散热器更新换代的理想选择。铝合金散热器的耐压性和传热性明显优于传统的铸铁散热器，其外观雅致，具有较强的装饰性和观赏性；体积小，重量轻，结构简单，便于运输安装；耐腐蚀，寿命长。其主要类型如图 3 - 7 所示。

4. 散热器的选择与布置

散热器种类繁多，在设计供暖系统时，应根据散热器的热工、经济、使用和美观等多方

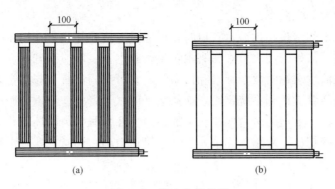

图 3-7 铝合金散热器

(a) 翼型；（b) 闭合型

面的要求，以及供暖房间的用途、安装条件以及当地产品来源等因素合理选用。

室内的散热器一般布置在房间外窗的窗台下。这样布置可以使从窗缝渗入的室外冷空气迅速加热后沿外窗上升，形成室内冷暖气流的自然对流，令人感到舒适。但当房间进深小于4m，且外窗台下无法装置散热器时，散热器可靠内墙放置。

楼梯间的散热器应尽量布置在底层，被散热器加热的空气流能够自由上升补偿楼梯间上部空间的耗热量；若底层楼梯间的空间不具备安装散热器的条件时，应把散热器尽可能地布置在楼梯间下部的其他层。

三、供热附属设备与附件

1. 膨胀水箱

膨胀水箱在热水采暖系统中起着容纳系统膨胀水量、排除系统空气、为系统补水及定压的作用，是热水采暖系统中的重要辅助设备之一。

膨胀水箱一般用钢板制成，通常是圆形或矩形。箱上设有膨胀管、溢流管、信号管、排水管及循环管等管路，其构造与配管如图 3-8 所示。

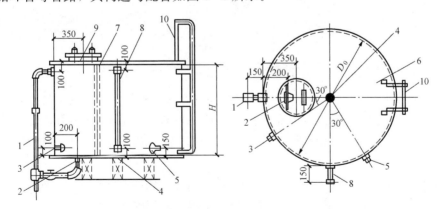

图 3-8 膨胀水箱结构图

1—溢流管；2—排水管；3—循环管；4—膨胀管；5—信号管；6—箱体；

7—人梯；8—水位计；9—人孔；10—外人梯

在重力循环系统中，膨胀管与供暖系统的连接点，应设在供水总立管的顶端；在机械循环系统中，一般接至循环水泵吸入口前。连接点处的压力，无论系统工作与否，都是恒定的，因此，此点也称为定压点。

当膨胀水箱充水的水位超过溢水管口时，可通过溢流管将水自动溢流排出，溢流管一般可接到附近下水道。信号管用来检查膨胀水箱是否有水，一般应引到管理人员容易观察到的地方。排水管用来清洗水箱时放空存水和污垢的，它可与溢流管一起接至附近下水道。在机械循环系统中，循环管应接到系统定压点前的水平回水干管上；在重力循环系统中，循环管也接到供水干管上，并应与膨胀管保持一定的距离。在膨胀管、循环管和溢流管上，严禁安装阀门，以防止系统超压、水箱水冻结或水从水箱顶溢出。同时，膨胀水箱需考虑保温。

2. 排气装置

热水供暖系统中如存有大量空气，将会导致散热量减少，室温下降，系统内部受到腐蚀，使用寿命缩短；形成的气塞还会破坏水循环，造成系统不热等问题。为了保证系统的正常运行，避免上述问题的发生，供暖系统应安装排气装置，以及时排出空气。供暖系统中常用的排气装置主要有：

(1) 手动集气罐。手动集气罐由直径为 100～250mm 的短钢管制成，分为立式和卧式两种，其构造形式如图 3-9 所示。在系统工作期间，手动集气罐应定期打开阀门将积聚在罐内的空气排出。若安装集气罐的空间尺寸允许，应尽量采用容量较大的立式集气罐。集气罐的安装位置在上供式系统中应为管网的最高点。

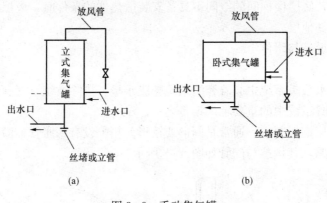

图 3-9　手动集气罐
(a) 立式集气罐；(b) 卧式集气罐

(2) 自动排气阀。自动排气阀是一种依靠自身内部机构将系统内的空气自动排出的新型排气装置。它的工作原理就是依靠罐内水对浮体的浮力，通过内部构件的传动作用自动排气，如图 3-10 所示。自动排气阀近年来应用较广，其优点是管理简单、使用方便、节能。

(3) 冷风阀。冷风阀又称为手动排气阀，是旋紧在散热器上部专设的丝孔上，以手动方式排除空气的设备，多用在水平式和下供下回式系统中，如图 3-11 所示。

3. 疏水器

疏水器用于蒸汽供暖系统中，其作用是自动而迅速地排出散热设备及管网中的凝结水，并阻止蒸汽逸漏。按其工作原理，疏水器可分为机械型、恒温型、热力型三种。图 3-12 为恒温型疏水器。

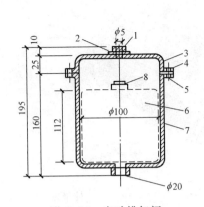

图 3-10 自动排气阀

1—排气口；2—橡胶石棉垫；3—罐盖；4—螺栓；

5—橡胶石棉垫；6—浮体；7—罐体；8—耐热橡皮

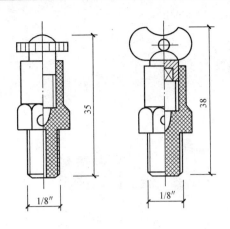

图 3-11 冷风阀

4. 除污器

除污器是热水供暖系统中保证系统管路畅通无阻，用来清洗和过滤热网中污物的设备，一般设置在供暖系统用户引入口的供水总管上、循环水泵的吸入管段上、热交换设备进水管段等位置。除污器有立式和卧式两种，通常采用立式，其构造如图 3-13 所示。

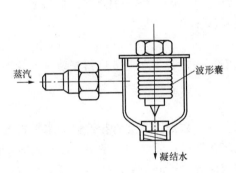

图 3-12 恒温型疏水器

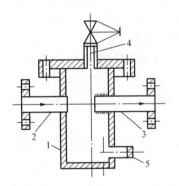

图 3-13 立式除污器

1—筒体；2—进水管；3—出水管；

4—排气管及阀；5—排污丝堵

5. 散热器温控阀

散热器温控阀是一种自动控制散热器散热量的设备，如图 3-14 所示。它由阀体和感温元件两部分组成。温控阀控温范围在 $13 \sim 28\,°C$ 之间，温控误差为 $\pm 1\,°C$。

6. 热计量表

热计量表是进行热量测量和计算，并作为结算热量消耗依据的计量仪器，主要由一个流量传感器、一对温度传感器和一个积分仪三部分组成，如图 3-15 所示。按流量传感器形式的不同，热量表可分为机械式、超声波式和电磁式三种类型。

图 3-14　散热器温控阀外形图

图 3-15　超声波式热计量表

任务三　建筑供暖系统的安装

室内外供暖系统以入口阀门或距建筑物外墙 1.5m 为界。供暖系统为闭路循环管路，供暖系统的坡向和坡度必须严格按设计施工，以保证顺利排除系统中的空气和收回供暖回水。不同热媒的供暖系统有不同的坡向和坡度要求，在安装水平干管时，绝对不允许倒坡。室内管道要做到横平竖直、规格统一、外观整齐，不能影响室内的美观。

供暖系统施工准备的目的是为了给以后的施工创造良好的条件，主要包括材料准备、技术准备和工机具准备三部分，其准备工作与建筑给水施工基本相同。

一、建筑供暖管道系统的安装

建筑供暖系统的安装应按照支吊架安装→干管安装→立管安装→散热器安装→支管安装→试压→冲洗→防腐与保温→调试的程序进行。

1. 安装干管

室内供暖系统中，供热干管是指供水管、回水管及与数根供暖立管相连接的水平管道部分，包括供热干管及回水干管两类。当供热干管安装在地沟、管廊、设备层、屋顶内时，应做保温层；而明装于顶层天花板下和地面时则可不做保温。不同位置的供暖干管安装时机也不同，例如位于地沟内的干管，在已砌筑完清理好地沟、未盖盖板前进行；位于顶层的干管，在结构封顶后安装；位于顶棚内的干管，应在顶棚封闭前进行；位于楼板下的干管，在楼板安装后进行。

（1）画线定位。首先应根据施工图所要求的干管走向、位置、标高和坡度，检查预留孔洞，挂通线弹出管子安装的坡度线；为便于管道支架制作和安装，取管沟标高作为管道坡度线的基准。为保证弹画坡度线符合要求，挂通线时如干管过长，挂线不能保证平直度时，中间应加铁钎支撑。

（2）管段加工预制。按施工草图进行管段的加工预制，包括断管、套丝、上零件、调直、核对好尺寸后，按环路分组编号并码放整齐。

（3）安装支吊架。按设计要求或规定间距安装支吊架。吊卡安装时，先把吊杆按坡向、顺序依次穿在型钢上，吊环按间距位置套在管子上，再把管子抬起穿上螺栓拧上螺母并固定。安装托架上的管道时，先把管子就位在托架上，把第一节管子装好 U 形卡，然后安装

第二节管子，以后各节管子均照此进行，紧固好螺栓。

（4）干管就位安装。

①干管安装应从进户或分支路点开始，装管前要检查管腔并清理干净。在丝头处涂好铅油缠好麻绳，一人在末端扶平管道，另一人在接口处把管子对准丝扣，慢慢转动入扣，用一把管钳咬住前节管件，用另一把管钳转动管子到松紧适度，对准调直时的标记，要求丝扣外露 2～3 扣，并清掉麻头，依此方法装完为止。采用焊接钢管时，先把管子调直，清理好管腔，将管子运到安装地点，从第一节开始安装；把管子就位找正，对准管口使预留口方向准确，找直后用气焊点焊固定，然后施焊，焊完后应保证管道平直。

管道地上明设时，可在底层地面上沿墙敷设，过门时设过门地沟或绕行，如图 3-16 所示。

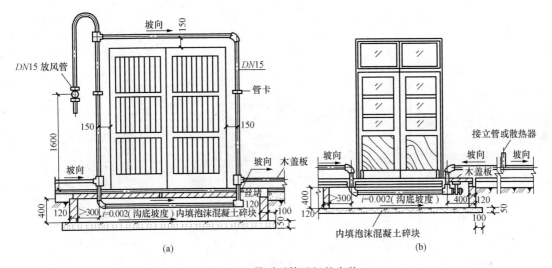

图 3-16 供暖干管过门的安装

②干管与分支干管连接时，应避免使用 T 形连接，否则，当干管伸缩时有可能将直径较小的分支干管的焊口拉断，正确的连接方法如图 3-17 所示。

③遇有伸缩器，应在预制时按规范要求做好预拉伸，并做好记录，按位置固定，与管道连接好。波纹伸缩器应按要求位置安装好导向支架和固定支架，并分别安装阀门、集气罐等附属设备。

④管道安装完，检查坐标、标高、预留口位置和管道变径等是否正确，然后找直，用水平尺校对复核坡度，调整合格后，再调整吊卡螺栓 U 形卡，使其松紧适度，平正一致，最后焊牢固定卡处的止动板。供暖干管管

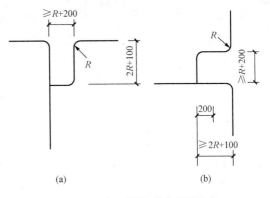

图 3-17 主干管与分支干管连接
（a）水平连接；（b）垂直连接

道变径的做法如图 3-18 所示。

⑤摆正或安装好管道穿结构处的套管，填堵管洞口，预留口处应加好临时管堵。穿墙套

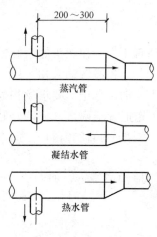

图 3-18　干管变径

管做法如图 3-19 所示。

2. 安装立管

立管安装一般在墙面抹灰并且散热器安装完毕后进行，如需在地面施工之前进行，则要求土建的地面标高必须准确。具体安装程序如下：

（1）复核预留孔洞和现场预制加工。

核对各层预留孔洞位置是否正确、垂直，然后吊线、剔眼、栽埋管卡。在施工现场按照图纸下料，将管子预组装并按组装好的顺序编号，然后将预制好的管道按编号顺序运到安装地点。

（2）管道安装。

①管道连接。安装前先卸下阀门盖，有钢套管的先穿到管上，按编号从第一节开始安装。依顺序向上或向下安装，直至全部立管安装完成。

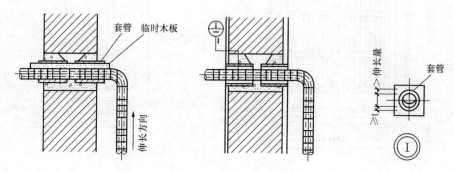

图 3-19　穿墙套管的做法

②立管与干管连接。供暖干管一般布置在离墙面较远处，需要通过干、立管间的连接短管使立管能沿墙边而下，少占建筑面积，还可减少干管膨胀对支管的影响，其连接形式如图 3-20 和图 3-21 所示。

③立管与支管垂直交叉的处理。当立管与支管垂直交叉时，立管应设半圆形抱弯绕过支管，具体做法如图 3-22 所示。

④立管固定。检查立管的每个预留口标高、方向、半圆弯等是否准确、平正。将事先栽埋好的管卡松开，把管子放入管卡内拧紧螺栓，用吊杆、线坠从第一节管开始找好垂直度，扶正钢套管，填塞套管与楼板间的缝隙，加好预留口的临时封堵。主立管一般用管卡或托架安装在墙壁上，下端要支撑在坚固的支架上，其间距为 3~4m，管卡和支架不能妨碍主立管的胀缩。

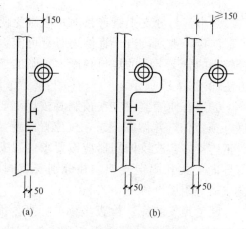

图 3-20　干管与顶部立管的连接
(a) 供暖供水管；(b) 蒸汽管

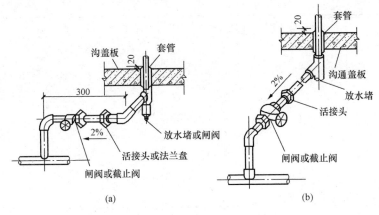

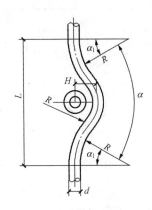

图 3 - 21　地沟内立管与干管的连接

（a）地沟内干管与立管连接；（b）在 400mm×400mm 管沟内干立管连接

图 3 - 22　抱弯的加工

3. 安装支管

（1）检查预留预埋情况。检查散热器安装位置及立管预留口是否正确，量出支管尺寸和乙字弯的大小。

（2）配支管。量出支管的尺寸，减去乙字弯的尺寸，然后断管、套丝、制作乙字弯和调直管段。将乙字弯两头抹铅油缠麻，装好活接头，连接散热器，并把麻头清洗干净，支管与散热器的连接如图 3 - 23 所示。立支管变径，不宜使用铸铁补芯，应使用变径管箍或焊接法。

（3）复核与检验。用钢尺、水平尺、线坠校对支管的坡度和距墙尺寸，并复查立管及散热器有无偏移。按设计或规定的压力进行系统试压及冲洗，合格后办理验收手续，并将水泄净。

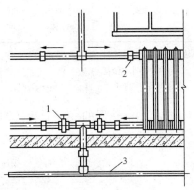

图 3 - 23　支管的安装
1—闸阀；2—活接头；3—回水干管

二、散热器的安装

散热器有明装和暗装两种安装方式，普通建筑中多采用明装，在标准较高的房间中，可装设在窗下的壁龛内用装饰板加以遮盖。散热器的安装应按照以下程序进行：

（1）画线、定位。根据设计图纸和标准图集，或由施工方案、技术交底确定安装位置和安装高度，在墙上画出散热器的安装中心线和标高控制线。

（2）散热器支架的安装。散热器安装时采用的支架主要有托钩、固定卡、托架、落地架等。支架的数量见表 3 - 5。

表 3 - 5　　　　　　　　　　　　散热器支架安装数量表

散热器型号	每组片数	上部托钩或卡架数	下部托钩或卡架数	总计	备注
60 型	1	2	1	3	
	2～4	1	2	3	
	5	2	2	4	
	6	2	3	5	
	7	2	4	6	

续表

散热器型号	每组片数	上部托钩或卡架数	下部托钩或卡架数	总计	备注
圆翼型	1	—	—	2	
	2	—	—	3	
	3～4	—	—	4	
柱型 M132 型 M150 型	3～8	1	2	3	柱型不带足
	9～12	1	3	4	
	13～16	2	4	6	
	17～20	2	5	7	
	21～24	2	6	8	
扁管式、板式	1	2	2	4	
串片式	每根长度小于 1.4m 长度为 1.6～2.4m 多根串联的托钩间距不大于 1m			2 3	

注　1. 轻质墙结构，散热器底部可用特制金属托架支撑。

　　2. 安装带腿的柱形散热器，每组所需带腿片数为：14 片以下为 2 片；15～24 片为 3 片。

　　3. M132 型及柱形散热器下部为托钩，上部为卡架；长翼型散热器上下均为托钩。

①柱型散热器的固定卡及托钩的加工。固定卡及托钩应按图 3 - 24 进行加工。托钩及固定卡的数量和位置应按图 3 - 25 确定。

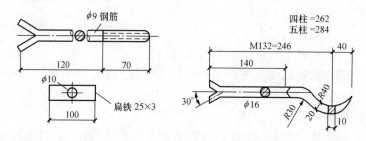

图 3 - 24　柱形散热器固定卡及托钩

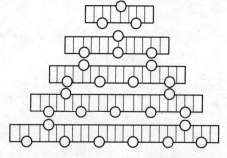

图 3 - 25　柱形散热器托钩的数量及安装位置

②确定柱形带腿散热器固定卡的安装位置。在地面到散热器总高的 3/4 处画水平线，与散热器中心线交点画印记，此为 15 片以下的双数片散热器的固定卡位置。单数片则向一侧错过半片。16 片以上应栽两个固定卡，高度仍在散热器 3/4 高度的水平线上，从散热器两端各进去 4～6 片的地方栽入。

③确定柱形散热器挂装托钩的安装位置。托钩高度应按设计要求并从散热器距地高度上返 45mm 画水平线。托钩水平位置采用画线尺来确定。画线时应根据片数及托钩数量分布的相应位置，画出托钩安装位置的中心线，挂装散热器的固定卡高度从托钩中心上返散热器

总高的 3/4 画水平线，其位置与安装数量同带腿散热器安装。

④栽埋固定卡及托钩。用錾子或冲击钻等在墙上按画出的位置打孔。固定卡孔洞的深度不少于 80mm，托钩孔洞的深度不少于 120mm，在现浇混凝土墙上打孔的深度为 100mm。

用水冲净洞内杂物，填入 M 20 水泥砂浆到洞深的一半时，将固定卡、托钩插入洞内，塞紧，用画线尺或 φ70 的管子放在托钩上，用水平尺找平找正，填满砂浆并抹平。

（3）散热器的固定。散热器支、托架达到安装强度后方可安装散热器，一般散热器垂直安装，但圆翼型散热器应水平安装。搬动散热器时必须轻抬轻放。为防止对丝断裂，对丝连接的散热器应立着搬运，带腿散热器安装不平稳时，可在腿下加垫铁找平。挂装散热器应轻轻抬放在托钩上，扶正、立直后将固定卡摆正拧紧。柱形散热器的安装如图 3-26 所示。

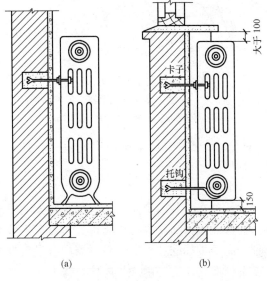

图 3-26　柱形散热器的安装
（a）落地安装；（b）挂装

三、供暖附属设备的安装

1. 膨胀水箱的安装

自然循环系统的膨胀水箱安装在供水总立管上部，机械循环的膨胀水箱安装在水泵吸入口处的回水干管上，安装高度至少超过系统的最高点 1m 左右。膨胀水箱的安装方法与给水系统中的高位水箱基本相同，具体方法可参见高位水箱的安装。

2. 排气装置的安装

（1）集气罐的安装。集气罐应安装在供暖系统的最高点。施工前应仔细核对坡度，做好管道坡度的交底，安装管道时应控制好坡度，避免出现集气罐与楼板相碰，集气罐的出气管顶在楼板上等问题。安装过程中发现有此类问题时，应尽早与各方协商解决。为利于空气的排除，集气管的安装高度必须低于膨胀水箱，安装好的集气罐应横平竖直，与主管道相连处应安装可拆卸件。

（2）自动排气阀的安装。自动排气阀一般设置在系统的最高点及每条干管的高点和终端，在管道系统试压和冲洗合格后，方可安装。施工时，先安装自动止断阀，然后拧紧排气阀。

（3）冷风阀的安装。将冷风阀旋紧在散热器上专设的丝孔上即可。有的冷风阀设置锁闭装置，必须使用专用钥匙才能开启，以防止人为放水。

3. 疏水器的安装

疏水器安装时，应先根据设计图纸要求的规格组配后再进行安装。

（1）疏水器的组配。按设计选定的型号，先进行疏水器的定位、画线，然后根据图 3-27进行试组对。组配时，为利于排水，其阀体应与水平回水干管相垂直，不得倾斜；其介质流向与阀体标志应一致；同时安排好旁通管、冲洗管、检查管、止回阀、过滤器等部件的位置，为便于检修拆卸，需设置必要的法兰、活接头等零件。

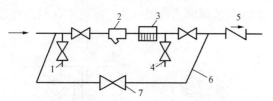

图 3-27　疏水器组装示意图

1—冲洗管；2—过滤器；3—疏水器；4—检查管；
5—止回阀；6—旁通管；7—截止阀

（2）疏水器的安装。疏水器一般靠墙布置，安装时先在疏水器两侧阀门以外适当处设置型钢托架，托架栽入墙内的深度不得小于 120mm。找平找正，待支架埋设牢固后，将疏水器搁在托架上就位。疏水器中心离墙不应小于 150mm。

疏水器的连接方式一般为：当疏水器的公称直径 $DN \leqslant 32$mm 且公称压力 $PN \leqslant$ 0.3MPa，或公称直径 DN 为 40～50mm 且公称压力 $PN \leqslant 0.2$MPa 时，采用螺纹连接；其余均采用法兰连接。

4. 除污器的安装

除污器在安装前应先安装支架。支架的安装应避免妨碍收集清理污物，要避开排污口。

为保证除污和耐腐的功能，除污器在安装前应检查过滤网的材质、规格是否符合设计要求和产品质量标准的规定。除污器内应设有挡水板，出口处必须有小于 5mm×5mm 的金属网或钢管板孔，上盖用法兰连接，盖上安装放气管，底部安装排污管及阀门。安装时应找准安装位置和出入口方向，不得装反。还应配合土建在排污口的下方设置排污（水）坑。

5. 热量表的安装

热量表应水平安装在进水管或出水管上，进口前必须安装过滤器。选型时应根据系统水流量确定，一般热量表管径比入户管管径小。

（1）安装准备。安装前应对管道进行冲洗，并按要求设置托架。

（2）分体式热量表的安装。

①流量计的安装，应根据生产厂家要求进行。

②积分仪安装。积分仪可以水平、垂直或倾斜安装在铜管段的托板上。当环境温度大于55℃或水温大于 90℃时，应将积分仪和托板取下，安装在环境温度低的墙上；当热量表作为冷量表使用时，应将积分仪和托板取下，安装在墙上，同时为防止冷凝水顺电线滴到积分仪上，积分仪应高于管段安装。

③温度传感装置的安装。不同的温度传感装置安装要求不同，为保证套管末端处在管道中央，根据管径的不同，将温度传感器安装为垂直或逆流倾斜位置，倾斜安装时套管应迎着水流方向与供暖管道成 45°角，连接方式为焊接。套管安装完成后，将温度探头插入，用固定螺帽拧紧。温度传感器安装后应用铅封好。

（3）整体式热量表的安装。整体式热量表的安装如图 3-28 所示，此外，还可将显示部分与主体部分分体安装，以实现远程集中抄表。

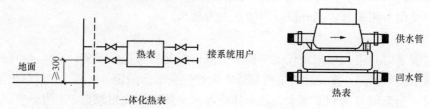

图 3-28　整体式热量表的安装

任务四 建筑供暖系统的运行调试与验收

建筑供暖系统安装完成后应进行质量检验，质检合格且水压试验合格后，应进行系统的调试与联合运转，经调试合格后，方可进行竣工验收。

一、建筑供暖系统的质量检验

（1）焊接钢管的连接，当管径 $DN \leqslant 32$mm，应采用螺纹连接；当管径 $DN > 32$mm，应采用焊接。

检验方法：现场观察检查。

（2）管道安装坡度，当设计未注明时，应符合下列规定：

1）汽、水同向流动的热水采暖管道和汽、水同向流动的蒸汽管道及凝结水管道，坡度应为 3‰，不得小于 2‰；

2）汽、水逆向流动的热水采暖管道和汽、水逆向流动的蒸汽管道，坡度不应小于 5‰；

3）散热器支管的坡度应为 1%，坡向应利于排汽和泄水。

检验方法：观察，水平尺、拉线、尺量检查。

（3）补偿器的型号、安装位置及预拉伸情况和固定支架的构造及安装位置应符合设计要求。

检验方法：对照图纸，现场观察，并查验预拉伸记录。

（4）方形补偿器制作时，应用整根无缝钢管煨制，如需接口，其接口应设计在垂直臂的中间位置，且接口必须焊接；应水平安装，并与管道的坡度一致；如其臂长方向垂直安装必须设排汽及泄水装置。

检验方法：观察检查。

（5）热量表、疏水器、除污器、过滤器及阀门的型号、规格、公称压力及安装位置应符合设计要求。

检验方法：对照图纸查验产品合格证。

（6）散热器支管长度超过 1.5m 时，应在支管中间安装支架。

检验方法：尺量和观察检查。

（7）上供下回式系统的热水干管变径应顶平偏心连接，蒸汽干管变径应底平偏心连接。

检验方法：观察检查。

（8）膨胀水箱的膨胀管及循环管上不得安装阀门。

检查方法：观察检查。

（9）当采暖热媒为 110～130℃的高温水时，管道可拆卸件应使用法兰，不得使用长丝和活接头。法兰垫料应使用耐热橡胶板。

检验方法：观察和查验进料单。

（10）焊接钢管管径小于或等于 32mm 的管道转弯，在作为自然补偿时应使用煨弯。塑料管及复合管除必须使用直角弯头的场合外应使用管道直接弯曲转弯。

检验方法：观察检查。

（11）管道、金属支架和设备的防腐和涂漆应附着良好，无脱皮、起泡、流淌和漏涂缺陷。

检验方法：现场观察检查。

（12）采暖管道安装的允许误差应符合表 3-6 的规定。

表 3-6 采暖管道安装的允许偏差和检验方法

项次	项 目			允许偏差	检验方法
1	横管道纵、横方向弯曲（mm）	每 1m	管径≤100mm	1	用水平尺、直尺、拉线和尺量检查
			管径＞100mm	1.5	
		全长（25m 以上）	管径≤100mm	13	
			管径＞100mm	25	
2	立管垂直度（mm）	每 1m		2	吊线和尺量检查
		全长（5m 以上）		10	
3	弯管	椭圆率 $\dfrac{D_{max}-D_{min}}{D_{max}}$	管径≤100mm	10%	用外卡钳和尺量检查
			管径＞100mm	8%	
		折皱不平度（mm）	管径≤100mm	4	
			管径＞100mm	5	

注 D_{max}，D_{min} 分别为管子最大外径及最小外径。

（13）散热器组对后，以及整组出厂的散热器在安装之前应做水压试验。试验压力如设计无要求时应为工作压力的 1.5 倍，但不小于 0.6MPa。

检验方法：试验时间为 2～3min，压力不降且不渗不漏。

（14）散热器组对应平直紧密，组对后的平直度应符合表 3-7 规定。

表 3-7 组对后的散热器平直度允许偏差

项次	散热器类型	片数	允许偏差（mm）
1	长翼型	2～4	4
		5～7	6
2	铸铁片式	3～15	4
	钢制片式	16～25	6

检验方法：拉线和尺量。

（15）散热器背面与装饰后的墙内表面安装距离，应符合设计或产品说明书要求。如设计未注明，应为 30mm。

检验方法：尺量检查。

二、供暖系统的水压试验与调试

1. 供暖系统的水压试验

室内供暖系统的试压应在管道、散热设备及附属设备全部连接安装完毕后进行。蒸汽、热水采暖系统，应以系统顶点工作压力加 0.1MPa 且不小于 0.3MPa 作为水压试验的试验压力；高温热水采暖系统，试验压力应为系统顶点工作压力加 0.4MPa；使用塑料管及复合管的热水采暖系统，应以系统顶点工作压力加 0.2MPa 且不小于 0.4MPa 作为水压试验的试验压力。在高层建筑试验时，当底部散热器所受的静水压力超过其承受能力时，应分层进行。

（1）连接水压试验管路。根据水源的位置和工程系统情况，制订出试压程序和技术措施，再测出各连接管的尺寸，标注在连接图上，并做好连接管路的准备工作；选择在系统进户入口供水管的甩头处，连接加压泵。

（2）灌水前的检查。灌水前，检查全系统管路、设备、阀件、固定支架、套管等，以保证安装无误，各类连接处均无遗漏；检查系统上各类阀门的开关状态，不得漏检，试压管道阀门全打开，试验管段与非试验管段连接处应予以隔断；检查试压用的压力表的灵敏度；水压试验系统中阀门都处于全关闭状态，待试压中需要开启时再逐一打开。

（3）试压。打开水压试验管路中的阀门，开始向供暖系统注水；开启系统高处的排气阀，使管路及供暖设备里的空气排尽；待水灌满后，关闭排气阀和进水阀，停止向系统注水；打开连接加压泵的阀门，用电动加压泵或手动加压泵通过管路向系统加压，同时拧开压力表上的旋塞阀，观察压力逐渐升高的情况，一般分 2～3 次升至试验压力。在此过程中，每加至一定数值时，应停下来对管道进行全面检查，无异常现象方可继续加压。

检验方法：钢管及复合管的采暖系统应在试验压力下稳压 10min，压力降不大于0.02MPa，降至工作压力后不渗不漏为合格；塑料管的采暖系统应在试验压力下稳压 1h，压力降不大于 0.05MPa，然后降至工作压力的 1.15 倍，稳压 2h，压力降不大于 0.03MPa，同时各连接处不渗、不漏为合格。

（4）系统试压达到合格验收标准后，放掉管道内的全部存水。不合格时应待补修后，再次按前述方法二次试压。拆除试压连接管路后，应将入口处供水管用盲板临时封堵严实。

2. 供暖管道的清洗

系统试压合格后，应对系统进行冲洗并清扫过滤器和除污器。

（1）准备工作。对照图纸，根据管道系统情况，确定管道分段吹洗方案，对暂不吹洗的管段，通过分支管线阀门将其关闭；不允许吹扫的附件，如孔板、调节阀、过滤器等，应暂时拆下以短管代替；对减压阀、疏水器等，为防止污物堵塞，应关闭进水阀，打开旁通阀，使其不参与清洗；不允许吹扫的设备和管道，应暂时用盲板隔开。

（2）管道清洗。管道清洗一般按总管→干管→立管→支管的顺序依次进行。当支管数量较多时，可视具体情况，关断某些支管逐根进行清洗，也可数根支管同时清洗。

清洗时，通过现场观察，直至排出的水不含泥沙、铁屑等杂质，且水色不浑浊为合格。清（吹）洗合格后，应及时填写清洗记录，封闭排放口，并将拆卸的仪表及阀件复位。

3. 供暖系统联合试运行与调试

（1）准备工作。供暖系统试运行应在采暖季进行，试运行前需对供暖系统进行全面检查，如工程项目是否全部完成，且工程质量是否达到合格；各组成部分的设备、管道及其附件、热工测量仪表等是否完整无缺；各组成部分是否处于运行状态。系统试运行前，应制订可行性试运行方案，且要有统一指挥，明确分工，并对参与试运行人员进行技术交底。根据试运行方案，做好试运行前的材料、机具和人员的准备工作，对于可能发生的突发事故，应有可行的应急措施。

在通暖试运行时，锅炉房内、各用户入口处应有专人负责操作与监控；室内供暖系统应分环路或分片包干负责。在试运行进入正常状态前，工作人员不得擅离岗位，且应不断巡视，发现问题应及时报告并迅速抢修。在高层建筑通暖时，应配置必要的通信设备，以便于加强联系，统一指挥。

（2）供暖系统联合试运行。对于系统较大、分支路较多并且管道复杂的供暖系统，应分系统通暖。冬季通暖时，刚开始应将阀门开小些，进水速度慢些，防止管子骤热而产生裂纹，管子预热后再开大阀门。如果散热器接头处漏水，可关闭立管阀门，待修理后再行通暖。

（3）调试。通暖后的调试是使每个房间达到设计温度，使系统远近的各个环路达到阻力平衡的过程，即每个小环路应冷热均匀，如最近的环路过热，末端环路不热，可用立管阀门进行调节。在调试过程中，应测试热力入口处热媒温度及压力是否符合设计要求。

联合试运行和调试结果应符合设计要求，采暖房间温度应相对于设计温度不低于 2℃ 且不高于 1℃ 的范围内，并填写室内供暖系统试运行和调试记录。

三、供暖系统的竣工验收

建筑供暖系统应按分项、分部或单位工程验收。单位工程验收时应有建设、设计、监理、施工单位参加，并做好验收记录。单位工程的竣工验收应在分项、分部工程验收合格的基础上进行。各分项、分部工程的施工安装均应符合设计要求和《建筑给水排水及供暖工程施工质量验收规范》（GB 50242—2002）的规定。竣工验收时，施工单位应提供以下技术文件：

1. 建筑供暖竣工验收综合管理资料

建筑供暖竣工验收综合管理资料主要包括以下内容：

（1）工程项目施工管理人员名单、各种技术工人班组长持证上岗登记表、供暖工程操作管工登记表；

（2）施工组织设计（施工方案）报批表；

（3）全套施工图、竣工图及施工图纸会审记录、设计变更与洽商记录；

（4）单位（子单位）工程质量竣工验收记录、单位（子单位）工程质量控制资料核查记录、单位（子单位）工程安全和功能检验资料核查及主要功能抽查记录、单位（子单位）工程观感质量检查记录；

（5）强制性条文执行情况汇总记录。

2. 建筑供暖竣工验收过程资料

建筑供暖竣工验收过程资料主要包括管道及配件安装的过程资料和辅助设备及散热器安装过程资料。

（1）管道及配件安装的过程资料，主要包括：供暖管道及配件工程材料、配件、设备报审表（包括材料清单、检验报告、合格证和检验合格证明），室内供暖管道及配件安装工程检验批质量验收记录表，管道系统强度和严密性试验记录，中间验收记录，管道工程隐蔽验收记录表，水压试验和冲洗记录，供暖系统运行和调试记录等。

（2）辅助设备及散热器安装过程资料，主要包括：辅助设备及散热器工程材料、配件、设备报审表（包括材料清单、检验报告、合格证和检验合格证明），室内供暖辅助设备及散热器安装工程检验批质量验收记录表，设备强度和严密性试验记录，阀门及散热器安装前强度严密性试验记录，管道及设备保温检查记录等。

任务五　辐射供暖系统的安装

一、辐射供暖系统认知

辐射供暖是利用建筑物内部的顶面、地面、墙面或其他物体表面，对辐射源发射出的红外线辐射热进行反射的供暖方式。此方式不单纯加热空气，而是使人体和周围密实物体（墙壁、地面、家具等）首先吸收能量，温度升高，然后由这些物体散发辐射热来自然均匀地提高室内温度。辐射供暖具有室内温度均匀、清洁、舒适，不占用室内空间的优点，并避免了传统供暖的干燥和因空气对流引起的室内浮灰。

辐射供暖可分为地面辐射供暖和金属辐射板供暖两大类。其中，地面辐射供暖按照发热介质的不同，又可分为低温热水地面辐射供暖和发热电缆地面辐射供暖两大类。

低温热水地面辐射供暖是以温度不高于 60℃ 的热水为热媒，在加热管内循环流动，加热地板，通过地面以辐射和对流的传热方式向室内供热的一种供暖方式；发热电缆地面辐射供暖是以低温发热电缆为热源，加热地板，通过地面以辐射和对流的传热方式向室内供热的一种供暖方式；金属辐射板供暖是指以金属管、板为主体构造，利用以辐射传热为主的散热设备进行供暖的系统，用来加热的介质主要有热水、蒸汽、燃气、燃油、电等。

二、低温热水地面辐射供暖系统的安装

1. 系统的组成

低温热水地面辐射采暖系统由加热管、分水器、集水器及连接管件和绝热材料等组成。

加热管敷设在地面填充层中，一般采用铝塑复合管、交联聚乙烯管（PE-X）、共聚聚丙烯管（PP-R）等，其内外表面应光滑、平整、干净，不应有可能影响产品性能的明显划痕、凹陷、气泡等缺陷。

分水器、集水器包括分水干管、集水干管、排气及泄水试验装置、支路阀门和连接配件等，分水器和集水器宜为铜质。

绝热材料应采用热导率小、难燃或不燃并具有足够承载能力的材料，且不宜含有殖菌源，不得散发异味及可能危害健康的挥发物，常用的绝热材料为聚苯乙烯保温板。

2. 系统的布置形式

低温热水地面辐射供暖系统的布置形式见表 3-8。

表 3-8 　　　　　　　　　　低温热水地面辐射供暖系统的布置形式

铺 设 形 式	优 点	缺 点	备 注
旋转型	室温冷热均匀	不易维修	
直列型	很好的阻挡室外的冷空气进入室内并且容易维修	室温分布不均	设有一面外墙
L 型	阻挡了由两面墙壁传进屋中的冷气并且容易维修	温度的分布不太均匀	设有两面外墙

续表

铺　设　形　式	优　　点	缺　　点	备　　注
O 型	阻挡了由三面墙壁传进屋中的冷气	不易维修并且温度的分布不太均匀	设有三面外墙
往复型	室温冷热均匀且容易维修	无	

3. 低温热水地面辐射供暖系统的地面构造

低温热水地面辐射供暖系统的地面由楼板或与土壤相邻的地面、防潮层、绝热层、加热管、填充层、隔离层（潮湿房间）、找平层、面层组成。地面构造如图 3-29 所示。

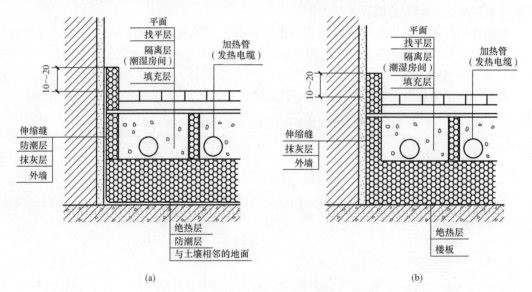

（a）　　　　　　　　　　　　　　（b）

图 3-29　地面构造示意图

（a）与土壤相邻的地面构造；（b）楼层地面构造

4. 系统施工

低温热水地面辐射供暖系统的施工应在土建专业已完成墙面内粉刷（不含面层），外窗、外门已安装完毕，并已将地面清理干净；厨房、卫生间做完闭水试验并经过验收；相关电气预埋等工程已完成；施工的环境温度不低于 5℃ 的条件下进行。

低温热水地面辐射供暖系统应按铺设保温板→安装加热管→系统试压→回填豆石混凝土

→安装分水器和集水器→系统调试初次启动的程序进行施工。

（1）铺设保温板。保温板铺设前，应按设计图中的房间面积大小和管路的分布状况下料，然后将保温板按从里向外的顺序铺设在水泥砂浆找平层上，使保温板带有铝箔的一面向上，平整铺设，其接缝应严密，不得起鼓。保温板的接缝应严密、对齐并用专用胶带纸封贴牢固。地面辐射供暖系统绝热层采用聚苯乙烯保温板时，其厚度不应小于表 3-9 中的规定。

表 3-9　　　　　　　　　　　聚苯乙烯保温板绝热层厚度

位　　置	最小厚度（mm）	位　　置	最小厚度（mm）
楼层之间楼板上的绝热层	20	与室外空气相邻的地板上的绝热层	40
与土壤或不采暖房间相邻的地板上的绝热层	30		

（2）安装加热管。加热管的布置应本着保证地面温度均匀的原则进行，宜将高温管段优先布置于外窗、外墙侧以使室内温度尽可能的分布均匀。

管材在进场开箱后，正式排放管子前，必须认真检查其外观，同时检查和清除管材、管件内的污垢和杂物。然后根据图纸设计的要求，定位，放线，敷设加热管。

敷设加热管时，应按设计图纸标定的管间距和走向敷设，管间距应大于 100mm 小于或等于 300mm，在分水器、集水器附近，当管间距小于 100mm 时，应在加热管外部设置柔性套管。连接在同一分水器、集水器上的同一管径的各回路，其加热管的长度宜接近。地面固定的设备和卫生器具下不应布置加热管。

加热管的切割应采用专用工具，以保证切口平整，断口面应垂直管轴线，加热管安装时应防止管道扭曲。加热管应用专用管卡固定，不得出现"死折"，一般直管段上固定点的间距不应大于 500mm，弯曲管段不应大于 250mm。在施工过程中严禁人员踩踏加热管。

埋设于填充层的加热管不应有接头。如必须增设接头时，必须报建设单位和监理单位并提出书面方案，经批准后方可实施，增设的接头应在竣工图上标示出来，并记录归档。

（3）系统试压。加热盘管安装完毕后，应先进行水压试验，然后才能进行混凝土面层的施工。试压前要先接好临时管路及试压泵，再打开进水阀向系统进水，同时打开排气阀排除管内空气，当排气阀处有水流出时关闭排气阀。检查管道接口无渗漏后，应缓慢向管内加压，加压过程中注意观察管道接口，如发现渗漏应立即停止加压，进行接口处理后再增压。当压力达到 0.6MPa 后，稳压 1h，且压力降不大于 0.05MPa 为合格。

（4）回填豆石混凝土。试压合格后，应立即回填豆石混凝土，混凝土的强度不低于 C15，豆石粒径 5～12mm。混凝土应采用人工进行捣固密实，严禁采用机械振捣，严禁踩踏管路。在混凝土填充施工时，应保证加热管内的水压不低于 0.6MPa。系统初始加热前，填充层混凝土应养护不少于 21 天，养护过程中，系统水压不低于 0.4MPa。

当地板面积超过 30m² 或边长超过 6m 时，填充层应设置间距不大于 6mm 宽度不小于 5mm 的伸缩缝，并在缝中填充弹性膨胀材料。

（5）安装分水器和集水器。水平安装时，分水器安装在上，集水器安装在下，中心距为 200mm，集水器中心距地面应不小于 300mm，如图 3-30 所示。加热管始末端出地面至连接配件的管段，应设置在硬质套管内，然后与分（集）水器进行连接。在分水器之前的供水管上顺水流方向应安装阀门、过滤器、热计量装置、阀门及泄水管，在集水器之后的回水管上应安装泄水阀及调节阀（或平衡阀）。每个供、回水环路上均应安装可关断阀门。分水器、集水器上均应设置手动或自动排气阀。在安装仪表、阀门、过滤器等时，要注意方向，不得装反。

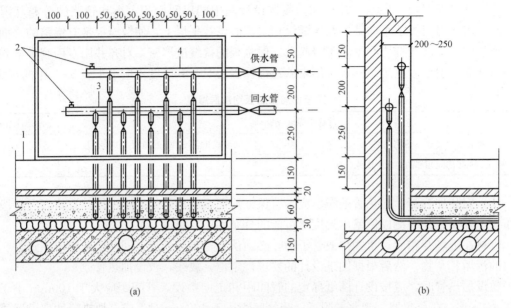

图 3-30　分水器、集水器安装示意图

(a) 正视图；(b) 侧视图

（6）系统调试与初次启动。系统施工完成且混凝土填充层养护期满后应进行冲洗，冲洗合格后，再次进行水压试验。水压试验应以每组分水器、集水器为单位，逐回路进行。

为避免对系统造成损坏，地面辐射供暖系统未经调试，严禁运行使用。调试应在正常供暖条件下进行，当系统竣工验收时不具备采暖条件的，经与使用单位协商后，可延期进行调试。调试工作由施工单位在使用单位的配合下进行。调试开始初始加热时，热水升温应平缓，最好分次逐渐提高，升温过程中注意检查接口有无渗漏，直至温度达到供水温度为止。

5. 质量检验

（1）在低温热水地板辐射采暖系统中，地面下敷设的盘管埋地部分不应有接头。

检验方法：隐蔽前现场查看，或查验隐蔽工程施工记录。

（2）盘管隐蔽前必须进行水压试验，试验压力为工作压力的 1.5 倍，但不小于 0.6MPa。

检验方法：稳压 1h 内压力降不大于 0.05MPa，且不渗不漏。

（3）加热盘管弯曲部分不得出现硬折弯现象，塑料管曲率半径不应小于 8 倍管道外径，复合管曲率半径不应小于 5 倍管道外径。

检验方法：尺量检查。

（4）分水器和集水器型号、规格、公称压力及安装位置、高度等应符合设计要求。

检验方法：对照图纸及产品说明书，尺量检查。

三、发热电缆地面辐射供暖系统的安装

1. 系统组成

发热电缆指以供暖为目的、通电后能够发热的电缆，由冷线、热线和冷热线接头组成。其中，热线由发热导线、绝缘层、接地屏蔽层和外保护套等部分组成，其外径不宜小于

6mm。发热电缆的型号和商标应有清晰的标志，冷热线接头位置应有明显标志。发热电缆必须有接地屏蔽层，其发热导体宜使用纯金属或金属合金材料。

发热电缆的冷热导线接头应安全可靠，并应满足至少 50 年的非连续正常使用寿命。发热电缆应经国家电线电缆质量监督检验部门检验合格。

2. 系统施工

（1）敷设发热电缆。发热电缆安装前应测试标称电阻和绝缘电阻，并做自检记录。

发热电缆出厂后严禁剪裁和拼接，有外伤或破损的发热电缆严禁敷设。发热电缆的热线部分严禁进入冷线预留管。靠近外窗、外墙等局部热负荷较大区域，发热电缆应较密敷设。发热电线下应敷设钢丝网或金属固定带，采用扎带将发热电缆固定在钢丝网上，或直接用金属固定带固定，发热电缆不得压入绝热材料中。发热电缆的布置可采用旋转型或直列型，发热电缆的最大间距不宜超过 300mm，且不应小于 50mm，距外墙内表面不得小于 100mm，任何位置电缆的弯曲半径不得小于产品规定值，且不得小于 6 倍电缆直径，其冷热线接头应设在填充层内。每个房间宜独立安装一根发热电缆，不同温度要求的房间不宜共用一根发热电缆。每个房间宜通过发热电缆温控器单独控制温度。发热电缆安装完毕，应检测发热电缆的标称电阻和绝缘电阻，并进行记录。

（2）安装温控器。发热电缆温控器的工作电流不得超过其额定电流。发热电缆温控器应水平安装，并应固定，温控器应设在通风良好且不被风直吹处，不被家具遮挡的位置，且温控器的四周不得有热源。

四、金属辐射板供暖系统的安装

1. 金属辐射板的形式

金属辐射板为钢制散热器，常见形式如图 3-31 所示。

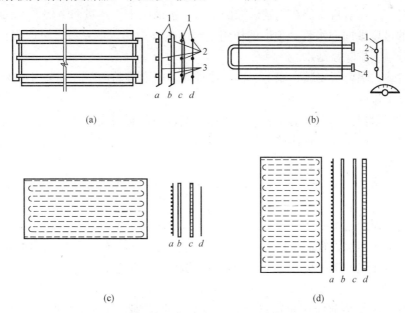

图 3-31　金属辐射板的形式

（a）钢制辐射板；（b）采用焊接的辐射板；（c）加热管与长边平行的盘管辐射板；（d）加热板与短边平行的盘管辐射板

1—钢板；2—加热管；3—保温层；4—法兰

2. 系统安装

（1）制作辐射板。将几根 DN 15、DN 20 等管径的钢管制成钢排管，然后嵌入预先压出与管壁弧度相同的薄钢板槽内，并用 U 形卡子固定；薄钢板厚度为 0.6～0.75mm 即可，板前可刷无光防锈漆，板后填保温材料，并用铁皮包严。当嵌入钢板槽内的排管通入热媒后，很快就通过钢管把热量传递给紧贴着它的钢板，使板面具有较高的温度，并形成辐射面向室内散热。

（2）组装辐射板。辐射板的组装一般采用焊接和法兰连接，并按设计要求进行施工。

（3）安装辐射板支、吊架。一般支吊架的形式按其辐射板的安装形式分为三种，即垂直安装、倾斜安装和水平安装，如图 3-32 所示。带形辐射板的支吊架应保持 3m 一个。

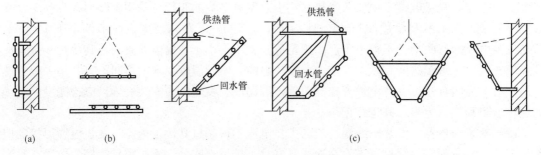

图 3-32　辐射板的支、吊架
(a) 垂直安装；(b) 水平安装；(c) 倾斜安装

①垂直安装。单面辐射板垂直安装在墙上；双面辐射板垂直安装在柱间，板面水平辐射。

②水平安装。辐射板安装在供暖区域的上部，板面朝下，热量向下辐射。辐射板应有不小于 0.005 的坡度坡向回水管。坡度的作用是对于热媒为热水的系统，可以很快排除空气；对于热汽，可顺利排除凝结水。

③倾斜安装。辐射板安装在墙上、柱上或柱间，板面倾斜向下，安装时应保证辐射板中心的法线穿过工作区。

（4）安装辐射板。辐射板的安装可采用现场安装和预制装配两种方法。块状辐射板宜采用预制装配法，为便于和干管连接，每块辐射板的支管上可先配上法兰；带状辐射板由于太长可采用分段安装。

①块状辐射板不需要每块板设一个疏水器，可在一根管路的几块板之后装设一个疏水器。

②接往辐射板的送水、送汽管和回水管，不宜和辐射板安装在同一高度上。送水、送汽管宜高于辐射板，回水管宜低于辐射板，并且有不小于 0.005 的坡度坡向回水管。

③背面须做保温的辐射板，保温应在防腐、试压完成后进行。

3. 质量检验

（1）辐射板在安装前应做水压试验，如设计无要求时，试验压力应为工作压力的 1.5 倍，但不得小于 0.6MPa。

检验方法：试验压力下 2～3min，压力不降且不渗不漏为合格。

（2）水平安装的辐射板应有不小于 5‰ 的坡度坡向回水管。

检验方法：水平尺、拉线和尺量检查。

复 习 思 考 题

1. 什么是同程式系统？它与异程式系统有什么区别？
2. 机械循环热水供暖系统的方式有哪几种？
3. 简述散热器的布置原则。
4. 供热管道为什么要设置补偿器？
5. 散热器有哪些类型？各有什么特点？
6. 疏水器的作用是什么？
7. 供暖系统中散热器、膨胀水箱的种类有哪些？其作用是什么？
8. 简述建筑供暖系统的安装程序。
9. 简述建筑供暖管道安装的基本要求。
10. 供暖管道为什么要有一定的坡度？怎样确定其坡度与坡向？
11. 如何进行供暖系统的水压试验？
12. 辐射供暖有哪些主要特点？
13. 试述低温热水地板辐射采暖系统的特点和结构。

任 务 实 训

以某工程为例，结合《建筑给水排水及供暖工程施工质量验收规范》（GB 50242—2002），模拟进行建筑供热系统的调试与验收工作，并填写《室内供暖管道及配件安装工程检验批质量验收记录表》、《供暖系统运行和调试记录》。

项目四　建筑燃气系统安装

⏰【引例】

随着建筑技术的发展，建筑高度越来越大，对于高层建筑的室内天然气管道系统可能会出现以下问题：①高层建筑自重大，沉降量显著，易在引入管处造成破坏，那么，可以采取哪些措施加以补偿？②天然气比空气密度小，随着建筑物高度的增加，附加压头也增大，而民用和公共建筑燃气用具的工作压力是有一定的允许压力波动范围的，所以应当采取哪些措施来克服附加压头的影响，保证各层燃气用具均在允许压力下正常工作？③高层建筑燃气立管长、自重大，应考虑工作环境温度下的极限变形，当自然补偿不能满足要求时，应采取什么措施？

【工作任务】

1. 建筑燃气管道、设备及燃气用具安装；
2. 建筑燃气工程质量检查与验收的方法和程序，填写相关的试验记录和验收记录。

【学习参考资料】

《城镇燃气技术规范》（GB 50494—2009）

《城镇燃气设计规范》（GB 50028—2006）

《城镇燃气室内工程施工与质量验收规范》（CJJ 94—2009）

《家用燃气燃烧器具安装及验收规程》（CJJ 12—1999）

任务一　建筑燃气系统认知

燃气是气体燃料的总称。燃气作为新能源与液体燃料和固体燃料相比，具有易于点火、燃烧完全迅速、热能利用率高、清洁卫生并且还可以利用管道输送的优势。这对改善生活条件、减少空气污染和环境保护，具有十分重要的意义。但是燃气也存在易燃、易爆、火灾危险性大的缺点，因此，对于燃气管道及设备的设计、加工和敷设有严格的要求，在安装过程中必须严格遵守有关的操作规程，采取相关的措施，确保燃气系统的安全。

一、燃气的种类与利用

1. 燃气的种类

燃气种类很多，主要包括天然气、液化石油气、人工煤气、工业余气、沼气等。

（1）天然气，指通过生物化学作用及地质变质作用，在不同地质条件下生成、运移，在一定压力下储集的可燃气体。主要成分是烷烃，以甲烷为主，另有少量的乙烷、丙烷和丁烷。它主要存在于油田和天然气田，也有少量存于煤层。天然气可分气田气、油田伴生气、凝析气田天然气和页岩气。

（2）液化石油气，是我国城镇燃气的主要气源之一，是石油开采和冶炼过程中获得的碳氢化合物副产品。主要组分为丙烷、丙烯、丁烷、丁烯。这种副产物在标准状态下呈气相，而当温度低于临界值和压力升高到某一数值时则呈液态。

（3）人工煤气，是以固体或液体可燃物作为原料，经热加工过程制得的可燃气体。主要有干馏煤气、气化煤气和油制气等。

干馏煤气是利用焦炉、连续式直立炭化炉和立箱炉对煤进行干馏所获得的煤气；气化煤气是在高压条件下，以煤作为原料，纯氧和水蒸气作为气化剂发生反应获得的煤气；油制气是指用重油裂解制取的城市燃气。

（4）工业余气，是化工企业在生产过程中排除的副产物，这些工业余气含有大量可燃组分，可以收集加工成城市气源；工业余气常含有有毒气体，通常被放散或设置火炬烧掉。

（5）沼气，沼气是各种有机物在隔绝空气的条件下发酵，并在微生物的作用下产生的可燃气体。粪便、垃圾、杂草、落叶、庄稼秸秆等有机物质都可以作为发酵原料，因此沼气在广大的农村地区有很好的发展前景。

2. 燃气利用

燃气的利用主要是城市燃气、燃气发电、天然气化工和工业用气。

城市燃气是天然气利用的主要领域，也是最先发展的领域，主要包括居民生活用气、汽车用气等。居民生活用气主要通过管道以气态形式送到千家万户，汽车、工业用气主要是以压缩天然气（CNG）和液化天然气（LNG）形式利用。

压缩天然气是为了便于运输、储存将天然气加压至 25MPa，然后运输、储存，并给汽车加气。CNG 加气站是现在最常见的加气站。液化天然气同样也是为了便于储存、运输将天然气冷却至 −162 ℃ 形成的液态天然气，远洋运输通常以 LNG 的形式用船舶运输。LNG 加气站在国内还处于发展起步阶段。

二、建筑燃气系统的组成

天然气和人工煤气经过净化处理后可通过城市燃气输配管网输送至各民用建筑内。建筑燃气系统主要采用低压进户的形式，最近，有一些城市也开始采用中压进户表前调压的系统。

建筑燃气供应系统如图 4-1 所示，主要由用户引入管、水平干管、立管、用户支管、燃气计量表、用具连接管及燃气用具等组成。

1. 用户引入管

用户引入管与城市或庭院低压分配管道连接，引入管可以连一根立管，也可以连若干根立管。

2. 水平干管

当引入管与多根立管连接时，应设置水平干管。

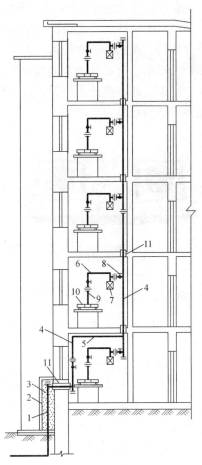

图 4-1 建筑燃气供应系统
1—用户引入管；2—砖台；3—保温层；4—立管；5—水平干管；6—用户支管；7—燃气计量表；8—表前阀门；9—燃气灶具连接管；10—燃气灶；11—套管

3. 立管

燃气立管是将燃气由水平干管（或引入管）分送到各层的管道。

4. 用户支管

由立管引向各用户燃气表及燃气用具的管道。

5. 燃气计量表

燃气计量表是计量燃气用量的仪表。我国常用的燃气表是膜式燃气流量表，如图 4-2 所示，这种煤气表适用于室内低压燃气供应系统。为了避免入户抄表的问题，近些年还出现了智能 IC 卡燃气表。

6. 用具连接管

燃气用具连接管是指用户支管连接燃气用具的垂直管段。

7. 燃气用具

图 4-2 膜式燃气表   家用燃气用具主要指燃气灶具和热水器。

（1）燃气灶具，是指含有燃气燃烧器的烹调器具的总称。按照使用燃气种类可以分为天然气灶具、液化石油气灶具、人工煤气灶具；按照灶眼数量可以分为单眼灶、双眼灶和多眼灶；按照功能可以分为普通灶、气电两用灶、烤箱灶、烘烤灶等；按照结构形式分为台式灶、嵌入式灶、落地式灶等；按照加热方式分直接加热式、半直接式和间接式。图 4-3 为几种常见的灶具。

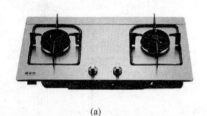
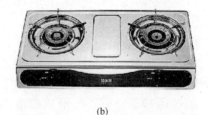

(a)   (b)   (c)

图 4-3 常见燃气灶具
(a) 嵌入式双眼灶；(b) 台式双眼灶；(c) 嵌入式单眼灶

燃气灶具的主要部件包括气阀、喷嘴、风门、炉头、火盖、点火装置、熄火保护装置等。

气阀是控制燃气供应，并调节燃气量进而实现调节火焰大小的装置；风门、炉头、火盖共同完成燃气跟部分空气混合，然后经喷嘴喷出燃烧产生火焰；点火装置用来在燃气喷出时点燃燃气，实现燃气的燃烧，要求点火装置安全稳定可靠；熄火保护装置要求一旦火焰熄灭及时关闭燃气供应，以免燃气经过喷嘴喷出而无法燃烧，造成燃气泄漏而引起火灾或爆炸。

（2）燃气热水器，是一种局部热水供应的加热设备，是最常见的燃气用具之一。燃气热水器可以分为快速式和容积式热水器。容积式热水器具有储存水的容器（水箱），而快速式热水器没有容器，只有水管，水在水管内流动的同时被燃气燃烧释放的热量加热。

三、建筑燃气管道系统的布置

1. 引入管

（1）输送燃气的引入管一般由地下引入室内，当采取采暖措施时也可由地上引入。

（2）输送燃气的引入管应有不小于 0.005 的坡度，坡向城市分配管道。

（3）引入管穿越承重墙、基础或管沟时，均应设在套管内，并应考虑沉降的影响。

（4）引入管应直接引入用气房间内，不得敷设在卧室、浴室、厕所、易燃易爆品仓库、有腐蚀性介质的房间、变配电间、电缆沟及烟风道内。

（5）引入管进入室内后第一层处，应该安装严密性较好，不带手柄的旋塞阀，避免无关人员随意开关。

2. 水平干管

（1）水平干管可沿楼梯间或辅助间的墙壁敷设，坡向引入管的坡度不小于 0.002。

（2）管道经过的楼梯间和房间应有良好的通风。

3. 立管

（1）燃气立管一般敷设在厨房或走廊内，也可敷设在室外。

（2）立管在一栋建筑中一般不改变管径，直通上面各层。

（3）每一立管的顶端和底端设丝堵三通，便于清洗，其直径不小于 25mm。

（4）立管穿过各层楼板处应设套管，套管高出地面至少 50mm，套管与立管之间的间隙用油麻填充，沥青封口。

4. 用户支管

（1）室内燃气管道一般明装，当建筑物或工艺有特殊要求时，也可以采用暗装，但必须敷设在便于安装和检修有人孔的闷顶或有活盖的墙槽内。

（2）室内燃气管道不得敷设在潮湿或有腐蚀性介质的房间内，当必须穿过该房间时，则应采取防腐措施；当需要穿过卧室、浴室或地下室时，必须设置在套管中。

（3）用户支管尽量布置在厨房内，穿过过道、厅的管段不宜设置阀门和活接头，在厨房内高度不小于 1.7m，坡度不小于 0.002，由燃气表分别坡向立管和燃具。

（4）室内燃气敷设在可能冻结的地方时，应采取防冻措施。

任务二　建筑燃气管道系统安装

一、常见的燃气管材

最常用的燃气管材有钢管、塑料管，铸铁管已很少使用。

1. 钢管

钢管在燃气工程中应用最广泛，因为钢管抗压强度大，抗腐蚀能力强，机械强度大，使用寿命长。在建筑燃气系统中优先选用无缝钢管。

2. 塑料管

塑料管种类繁多，燃气用塑料管最多的是聚乙烯（PE）管。因为 PE 管具有抗腐蚀能力强、材料轻、接头少、便于安装的优点，但是其承压能力较低，易老化，所以不能用于压力较高的管道中，也不能架空敷设。

3. 铸铁管

铸铁管按照所用材质不同，铸铁管可以分为灰口铸铁管、球墨铸铁管和高硅铸铁管。球墨铸铁管具有较强的强度、耐磨性和韧性，承压能力比较强，可用于燃气工程。铸铁管的金属性能较钢管差，不适合焊接，最常采用承插连接，连接的气密性比较低，用于输送燃气时需要做气密性试验。

燃气管道系统管道、管件及其他附件的材质应严格按照设计文件要求进行选择，当设计文件没有明确规定时，管径不大于 DN 50 时，宜采用镀锌钢管或铜管；管径大于 DN 50 或使用压力超过 10kPa 时，应按照设计文件选用。

二、建筑燃气管道及设备安装

建筑燃气管道系统包括居民住宅、公共建筑和工业企业车间内部燃气管道。这里只介绍居民住宅系统的安装。多层建筑的居民燃气系统多采用低压进户；高层建筑因高度太大造成附加压头，即低楼层用户压力过低，高楼层压力过高，因此常采用中压进户。中压进户的分立管与低压系统相同；用户引入管系统跟低压系统相比，在进口阀后部安装了调压装置，即中压进户，然后调压计量。

1. 建筑燃气系统安装工艺流程

建筑燃气管道系统安装前需要根据图纸设计要求，结合施工现场条件选择合理规范的施工方案和顺序。一般应按照以下程序施工：测量吊线→剔凿洞眼→绘制安装简图→现场配管→管道安装→设备安装→检查试验→置换→点火→验收。

2. 建筑燃气管道系统安装

（1）定位画线，剔凿洞眼。根据设计图纸确定总引入管、立管、用户引入管的位置，对管道进行准确定位，必要时画线表明具体位置。燃气管道穿墙和楼板时，如果没有预留孔洞或孔洞不符合要求，必须进行剔凿洞眼。剔凿洞眼时应从顶层开始，依次分层吊线确定下一孔位，洞眼尺寸以刚好能穿过套管为宜。

（2）绘制安装图。剔凿洞眼工作完成后，即可以测量各管段的建筑长度，绘制安装图，为配管和安装做指导。

图 4-4　建筑长度和安装长度

建筑长度指管道系统中，零件与零件或零件与设备间的尺寸，如三通与三通中心距离，管件与设备间的中心距离，不同于安装长度，如图 4-4 所示。

（3）配置管道。配置管道前，需对管道进行除锈，刷防锈漆。配管制作顺序通常为安装管径由大到小，由干管到支管，直至灶具和热水器前管道。配管常采用现场配管，也可以采用集中配管，尤其是布置相同的房间，各段管道的安装长度相同，可以采用集中下料加工，现场安装的方法，以提高工作效率。

管道加工时具体尺寸以安装图中的建筑长度为依据，而实际尺寸为安装长度。

（4）套管制作安装。套管是燃气管道穿越楼板和墙体时为了保护燃气管道而设置。通常为钢制管材。燃气管道套管规格不应小于表 4-1 中的要求。

表 4-1　　　　　　　　　　燃气管道套管直径

燃气管道直径	DN 15	DN 20	DN 25	DN 32	DN 40	DN 50	DN 65	DN 80
套管直径	DN 32	DN 40	DN 50	DN 65	DN 65	DN 80	DN 100	DN 120

（5）管道安装。燃气管道安装顺序一般应按先装引入管，再装总水平管、立管、用户引入管，最后是热水器和灶具支管进行。

3. 燃气用具安装

燃气用具的安装需要严格按照安装规范执行，不可以为了方便随意安装布置。

（1）一般注意事项。

①燃气用具应安装在通风良好的房间内，安装灶具的房间净高不低于 2.2m，安装热水器的房间净高不低于 2.4m。

②连接灶具支管跟灶具的橡胶软管长度不应超过 2m，且不宜小于 1m。

③燃气用具与燃气流量表的水平净距应大于 300mm。

④安装燃气用具的房间最好设置燃气泄漏报警装置，报警装置周围不能有其他刺激性气体。

⑤热水器安装高度要考虑操作旋钮的方便，有观火孔时，常要求观火孔与人眼平齐。

⑥液化石油气气瓶必须定期检查，不允许超装，必须直立放置，禁止用火烤、用开水烫等手段加热气瓶。

（2）燃气灶具安装要求。

①灶具应水平放置在耐火灶台上，灶台高度一般为 650mm。

②胶管连接时，胶管靠近灶具边缘 300mm 以内不应高出灶面。

③灶具宜安装在足够光线的地方，应避免穿堂风直吹灶具。

④燃气灶具与周围的物体、墙壁有必要的隔热措施或安全间距，灶具背后与墙间距不小于 100mm，侧面与水池净距不小于 250mm。

⑤为避免燃气沉积引起爆炸，安装嵌入式燃气灶的橱柜须开通风孔。

⑥家用灶具必须进行严格的气密性检查，要求在 10kPa 的压力下，稳压 1min 无泄漏为合格。

（3）热水器安装。

①热水器安装宜在室内燃气管道系统安装完毕并经过气密性试验合格后进行。

②热水器与燃气表、灶具水平间距不得小于 300mm。

③壁挂式燃气热水器安装应保持垂直，不得倾斜。

④热水器排气罩上部应有不小于 250mm 的垂直上升烟气导管，以保证自然排烟的抽力，且烟道上不得设置闸阀。

⑤水平烟道应有 1‰ 的坡向热水器的坡度，水平烟道总长不得超过 3m。

⑥排烟管道不能加得过长，使用的弯管不能过多，否则容易造成废气排放阻力增大。

三、燃气系统质量检验与验收

1. 建筑燃气工程质量检验

为保障燃气用户安全使用天然气，在建筑燃气管道系统安装过程中及安装后需要进行质量检验与评定。建筑燃气管道及设备的检查试验的内容和程序为：吹扫→外观检查→强度试验→气密性试验。

（1）吹扫。建筑燃气管道系统一般采用气体吹扫，吹扫介质宜采用压缩空气，严禁采用氧气和可燃性气体。吹扫时应隔开燃气表和调压阀。

检验方法：当目测排气无烟尘时，应在排气口设置白布或涂白漆木靶板检验，5min 内靶上无铁锈、尘土等其他杂物为合格。

（2）外观检查。

①楼板墙壁打孔位置，大小适中，表面恢复完好。

②立管垂直偏差±10mm。

③水平管坡度不小于3‰，且坡向正确。

④管道支架及管支座、构造位置正确，埋设平整牢固。

⑤燃气引入管与室内其他管道、电气线路安全间距符合规范要求。

⑥检查套管安装质量符合设计文件或规范规定。

⑦燃气表表底距离地面允许偏差不超过±15mm，墙表背面距墙内表面距离误差不大于±5mm。

⑧燃气表前后管道坡向正确，不得反坡，进气管连接正确。

⑨阀门位置、进出口方向正确，连接牢固。

⑩管道除锈刷油：涂漆种类和刷漆遍数符合设计要求。

（3）强度试验。通常室内低压燃气管道系统不做强度试验，只有采用中压系统时才进行强度试验。试验范围以进户总阀至用具控制阀，其中燃气表以连通管连接；试验压力为设计文件规定压力。

检验方法：在试验压力下，用肥皂水检查各接口，不漏气即为合格；若发现漏气点需进行处理，处理完成后继续充气试验，直至全部接口不漏气为止。

（4）气密性试验。气密性试验范围为引入管阀门至用气阀门前的管道。

室内低压管道系统气密性试验方法：未安装燃气表前，可用7kPa的压力对引入管至表前管道进行气密性试验，10min无压力降为合格；安装完燃气表后用3kPa的压力对燃气系统进行气密性试验，5min无压力降为合格。

若建筑燃气系统安装竣工后没有及时通气，时间超过三个月，需重新做气密性试验，合格后方可通气。

（5）燃气用具质量检验。

①安装燃具的房间应符合现行国家标准《燃气燃烧器具安全技术通则》的规定。

②安装燃具房间的通风、防火等条件应符合规程的规定。

③燃气的种类和压力，以及自来水供应压力符合燃具铭牌要求。

④燃具安装完毕，各连接点不得有漏气漏水的情况。

⑤燃具运行应安装说明书要求，燃烧器燃烧应正常，各种阀门开关灵活。

⑥家用燃气燃烧器具的安装验收应按照CJJ 12—1999《家用燃气燃烧器具安装及验收规程》执行。

2. 验收

建筑燃气管道系统安装完成后，应进行复检，包括管道安装是否与设计图纸相符，工程质量是否符合相关规定等。工程竣工验收应包括下列内容：工程的各参建单位向验收组汇报工程实施的情况；验收组应对工程实体质量（功能性试验）进行抽查；对规范内容进行核查；签署工程质量验收文件。

工程竣工验收时，施工单位应提交以下技术验收资料：

（1）设计文件。

（2）设备、管道组成件、主要材料的合格证、检定证书或质量证明书。

（3）施工安装技术文件记录，包括：焊工资格备案、阀门试验记录、射线探伤检验报告、超声波试验报告、隐蔽工程记录、燃气管道安装工程检查记录、室内燃气系统压力试验记录等。

（4）质量事故处理记录。

（5）城镇燃气工程质量验收记录，包括：燃气分项工程质量验收记录、燃气分部（子分部）工程质量验收记录、燃气单位（子单位）工程竣工验收记录等。

（6）其他相关记录。

复习思考题

1. 燃气的主要组分有哪些可燃气体？
2. 建筑燃气管道系统由哪些部分组成？
3. 建筑内燃气管道有哪些具体的安装要求？
4. 室内燃气管道施工完毕应进行哪些试验？如何进行？

任务实训

进行工程实地调查，总结燃气管道及燃气用具安装完毕后，应采取哪些措施对成品进行保护？若为后期改造工程施工，对于已装饰完的房间，应采取哪些措施以保证墙面、地面不被污染？

项目五　通风与空调系统安装

【引例】

1. 建筑物内由于生产过程和人们日常生活产生的有害气体、蒸汽、灰尘、余热，使室内空气质量变坏，建筑通风与空气调节系统是保证室内空气质量、保障人体健康的重要设施。通风系统是把室内被污染的空气直接或经过净化排到室外，把室外新鲜空气或经过净化的空气补充到室内的系统，单纯的通风一般只对空气进行净化处理。空气调节则是采用人工的方法，对空气进行处理（包括过滤、加热或冷却、加湿或除湿等），使室内恒温、恒湿、高洁净度和具有一定的气流速度，以创造一个良好的生产和生活环境。那么，通风与空调系统的设备有哪些？施工现场达到什么条件时方可开始通风与空调设备的安装呢？

2. 经过通风与空调系统风管及部件的制作、固定、吊装和通风空调设备机组的安装施工，通风与空调系统工程施工结束了，而该系统的设备机组、管道及其部件等安装质量是否合格？整个系统能否达到预期效果呢？我们可以通过哪些手段和方法对此系统进行检测？

【工作任务】

1. 通风与空调系统的管路的加工制作与安装；

2. 通风与空调系统常用设备及附件的安装；

3. 根据设计要求进行通风与空调系统的试运行与调试，并填写工程系统调试验收记录表；

4. 熟悉通风与空调系统的验收标准和程序，完成系统的质量检验与验收，并填写相关验收记录。

【学习参考资料】

《采暖通风与空气调节术语标准》（GB 50155—1992）

《采暖通风与空气调节设计规范》（GB 50019—2002）

《通风与空调工程施工质量验收规范》（GB 50243—2002）

《工业设备及管道绝热工程施工及验收规范》（GB 50185—2010）

任务一　通风与空调系统认知

通风工程是送风、排风、除尘、气力输送以及防、排烟系统工程的总称。其任务是把室外的新鲜空气送入室内，把室内污浊的空气排至室外，为人们的健康和生产的正常进行提供良好的环境条件。

空调工程是空气调节、空气净化与洁净空调系统的总称。其任务是提供空气处理的方法，净化空气，保证生产工艺和人们正常生活所要求的温度、湿度、清洁度和适宜的空气流动速度。

一、通风系统认知

1. 通风系统的分类

（1）按通风系统的工作动力分类。按通风系统的工作动力不同，通风系统可分为自然通风和机械通风。

①自然通风。自然通风是依靠室内外空气密度差所造成的热压和室外风力造成的风压来实现换气的通风方式。图5-1为热压作用下的自然通风，图5-2为风压作用下的自然通风。

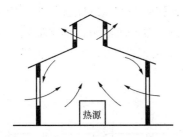
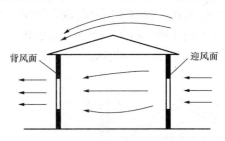

图5-1　热压作用下的自然通风　　　　图5-2　风压作用下的自然通风

影响自然通风的因素很多，如室内外空气的温度、空气的流速和风向、车间门窗孔洞以及缝隙的大小及位置等，其风量是变化的，所以要根据各种情况不断调节进、排风口的开启度来满足需要。自然通风具有投资小、经济效益好的优点，但是其作用和适用范围小，主要用于工业热车间。

②机械通风。机械通风是利用通风机产生的动力进行换气的方式，是进行有组织通风的主要技术手段。其主要特点是系统的风量和风压稳定，不随自然环境的变化而变化，作用范围大，调节方便；缺点是投资大，运行成本高。

（2）按通风系统的作用范围分类。按通风系统的作用范围不同，通风系统可分为全面通风和局部通风。

①全面通风。全面通风是在房间内全面进行通风换气，目的在于稀释房间空气中的污染物和提供房间需要的热量。其特点是作用范围广、风量大、投资和运行费用高。全面通风可以利用机械通风来实现，也可用自然通风来实现。全面通风可分为全面排风、全面送风和全面送排风。全面机械送风如图5-3所示，全面机械排风如图5-4所示。

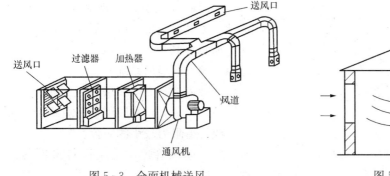

图5-3　全面机械送风　　　　　　图5-4　全面机械排风

②局部通风。局部通风可分为局部排风、局部送风和局部送排风。局部排风是将有害物

就地捕捉、净化后排放至室外。而局部送风则是将经过处理的符合要求的空气送到局部工作地点，以保证局部区域的空气条件。局部通风的特点是控制有害物效果好、风量小、投资小、运行费用低。局部机械排风如图 5-5 所示，局部机械送风如图 5-6 所示。

从技术经济角度出发，选择通风方式时，应优先考虑自然通风，当其不能满足需要时可采用机械通风；采用机械通风时应优先考虑采用局部机械通风，当其不能满足需要时可采用全面机械通风。

在实际工程中，单独采用一种通风方式往往达不到需要的效果，通常是多种通风方式联合使用。如机械通风和自然通风的联合使用，全面通风和局部通风的联合使用。如在铸造车间，一般采用局部排风捕集粉尘和有害气体。用全面的自然通风则可以消除散发到整个车间的热量及部分有害气体，同时对个别的高温工作地点（如浇注、落砂）应采用局部送风装置进行降温。

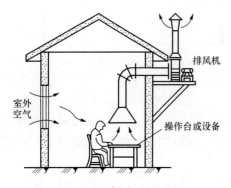

图 5-5　局部机械排风

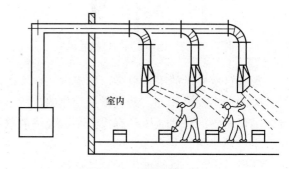

图 5-6　局部机械送风

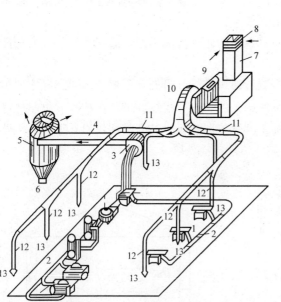

图 5-7　全面机械送、排风

1—排气口；2—排风管；3—排风机；4—总排风管；5—除尘器；6—集尘箱；7—进风井；8—百叶窗；9—进风室；10—送风机；11—风道；12—支管；13—送风口

2. 机械通风系统的组成

机械通风系统包括送风系统和排风系统，一般由通风机、通风管道、风口及空气净化处理设备等组成，如图 5-7 所示。

（1）通风机，是通风系统中提供通风动力的装置，按其作用原理可分为离心式风机和轴流式风机两种。

①离心式风机，主要由叶轮、机壳、机轴、吸气口、排气口等部件组成，如图 5-8 所示，其全压大，风量小，适用于管道阻力较大的通风系统。

②轴流式风机，如图 5-9 所示，其全压小，风量大，一般用于不需要设置管道，或管道阻力较小的场合。

（2）通风管道，是风管与风道的总称，是通风系统中的主要部件之一，其作用是用来输送空气。

图 5-8　离心式风机　　　　　　　　　图 5-9　轴流式风机

（3）风口，分为进风口、送风口和排风口。进风口主要用于采集室外新鲜空气供室内送风系统使用，如图 5-10 所示；送风口用于将风管输送来的空气以适当的速度、流量和角度送到工作地区；排风口用于将一定流量的污染空气以一定的速度排出。

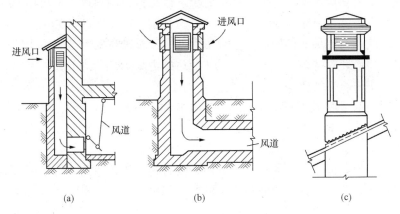

图 5-10　室外进风口
（a）墙壁式百叶进风口；（b）专业进风塔；（c）屋顶进风塔

（4）空气处理设备，指送风系统中用于处理净化室外的新鲜空气；在排风系统中对超过国家规定卫生许可标准的被污染空气在排放前进行净化处理的设备，常用的有除尘器、吸收塔等。

3. 通风管道的布置

（1）在居住建筑和公共建筑中，垂直的砖风道最好砌筑在墙内，但为避免结露和影响自然通风的作用压力，一般应设在间隔墙内。

（2）各楼层内性质相同房间的竖向排风道，可以在顶部汇合，但应符合《高层民用建筑设计防火规范》的要求。

（3）工业通风系统地面以上的风道，通常采用明装，风道用支架支撑，沿墙壁及柱子敷设，或用吊架吊在楼板或桁架下面，在不影响生产和其他设备条件下，力求短直，大型风道不得影响采光。

二、空调系统认知

1. 空调系统的分类

空气调节系统，简称空调系统，可按不同的方法进行分类。

（1）按空气处理设备的位置情况分类。按空气处理设备的位置情况，空调系统可分为集中式、半集中式和分散式空调系统三种类型。

①集中式空调系统，指空气处理设备（过滤、加热、冷却、加湿设备和风机等）集中设置在空调机房内，空气处理后，由风管送入各房间的系统。这种系统处理空气量大，有集中的冷源和热源，运行可靠，便于管理和维修，但是空调机房和风管占用地面积大。

②半集中式空调系统，指集中处理部分或全部风量，然后送往各房间，在各房间在进行处理的系统，包括集中处理新风，经诱导器送入室内或各室内有风机盘管的系统，也包括分区机组系统等。这种系统由于设有末端装置，故可满足不同空调房间的使用者对空气温、湿度的不同要求。

③分散式空调系统，也称局部系统或局部机组，是指将整体组装的空调器直接放在空调房间内或放在空调房间附近，每个机组只供一个或几个小房间使用，或一个房间内放几个机组的系统。这种系统使用灵活，安装方便，节省风管。

（2）按负担室内热湿负荷所用的介质来分类。按负担室内热湿负荷所用的介质不同，空调系统分为全空气系统、全水系统、空气—水系统和制冷剂系统四种类型。

①全空气系统，指空调房间的热、湿负荷全部由经过处理的空气来承担的空调系统。由于空气的比热较小，此系统需要较多的空气才能达到消除余热余湿的目的。因此，这种系统风道尺寸大，占用建筑空间较多。

②全水系统，指空调房间的热湿负荷全部由水来负担的空调系统。由于水的比热比空气大得多，在相同负荷情况下此系统只需要较少的水量，因而输送管道占用的空间较少。但是，这种系统解决不了空调房间的通风换气问题，室内空气品质较差，因此较少采用。

③空气—水系统，指由空气和水共同负担空调房间的热、湿负荷的空调系统。该系统既可解决全空气系统风道尺寸较大的问题，又可向空调房间提供一定的新风换气，是较常采用的一种系统。

④制冷剂系统，是把制冷系统的蒸发器直接放在室内来吸收空调房间的余热、余湿的空调系统，常用于分散安装的局部空调机组。

（3）按所使用空气的来源分类。按所使用空气的来源不同，空调系统可分为全回风系统、全新风系统和新回风混合系统。

①全回风系统，又称封闭式系统，指全部采用再循环空气的系统，如图5-11（a）所示。室内空气经处理后，再送回室内以消除室内的热、湿负荷。

②全新风系统，又称直流式系统，指全部采用室外新鲜空气（新风）的系统，如图5-11（b）所示。新风经处理后送入室内，消除室内的热、湿负荷后，再排到室外。

③新回风混合系统，又称混合式系统，指采用一部分新鲜空气和室内空气（回风）混合的全空气系统，如图5-11（c）所示。新风与回风混合并经处理后，送入室内消除室内的热、湿负荷。

2. 空调系统的组成

空调系统主要由空气处理设备、空气输送设备和空气分配装置组成，此外还有冷热源以及自动调节控制设备等。图5-12为典型的集中式空调系统，我们将以此为例说明空调系统的组成。

（1）空气处理设备。空气处理设备是对空气进行热湿处理和净化处理的主要设备。如表

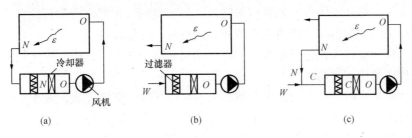

图 5-11　集中式全空气系统

（a）封闭式；（b）直流式；（c）混合式

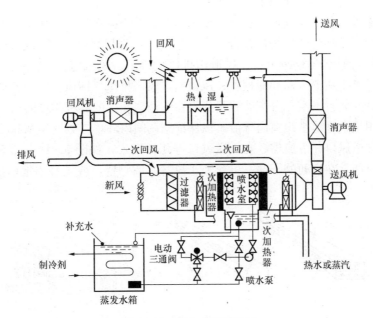

图 5-12　集中式空调系统

面式冷却器、喷水室、加热器、加湿器、空气过滤器等。集中式空调系统的空气处理部分是一个包含各种处理设备的空气处理室。可以按设计图纸在施工现场建造，也可以选用工厂制造的定型产品。图 5-13 所示为组合式空调机组，其处理部分的功能如下：

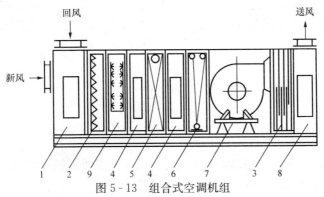

图 5-13　组合式空调机组

1—混合段；2—初效过滤段；3—消声段；4—中间段；5—表冷段；
6—电热段；7—送风机段；8—送风段；9—喷水室

①新风采入。新鲜空气自室外风口被吸入，新风与回风在混合段进行混合。在寒冷地区进风口还应设密闭的保温窗，以防止系统停止运行时，冻坏设备。

②空气净化。空气净化包括除尘、消毒、除臭和离子化等，其中除尘是最常见的处理部分。除尘处理通常使用过滤器。

③空气加湿与减湿。空气的加湿和减湿处理可以在喷水室内完成，夏季在喷水室喷低温水对空气进行冷却减湿处理，其他季节可以喷循环水对空气进行加湿处理。

④空气加热与冷却。集中式空调处理多采用以热水或蒸汽作为热媒的表面式空气加热器对送风进行加热处理，也可采用表面式空气冷却器使空气冷却。表面式空气冷却器与加热器的构造相同，只是将热媒换成冷媒（冷水）而已。

（2）空气输送设备。空气输送设备主要由风机、消声减振设备、风道以及各种阀门、附件等组成。其作用是将已经处理的符合要求的空气，由送风机通过风道送到各空调房间内，然后再把等量室内的空气经回风口、风道用排风机排出。风机包括送风机、回风机和排风机；消声减振设备采用消声器和减振器；风道指送风、排风、回风所需的管道系统。

（3）空气分配装置。空气分配装置是指设在空调房间内的各种类型的送风口、回风口和排风口。其作用是合理地组织室内气流，以保证空调间内环境参数的均衡和精度。空调房间的送风口有侧向送风口、散流器、孔板送风口等几种形式，如图 5 - 14～图 5 - 16 所示。室内排（回）风口通常在房间的下部，可安装于风管、墙侧壁，或安装于地面上，如图 5 - 17 所示。

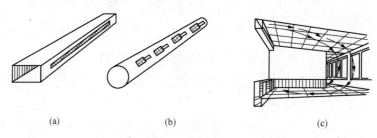

(a)　　　　　　　　　(b)　　　　　　　　　(c)

图 5 - 14　侧向送风口

（a）设在矩形风道上；（b）设在圆形风道上；（c）上送下回风气流组织

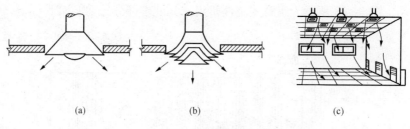

(a)　　　　　　　　　(b)　　　　　　　　　(c)

图 5 - 15　散流器

（a）盘式；（b）流线型；（c）散流器送风气流组织

（4）冷热源。冷热源为空调机组对空气进行热湿处理所需的冷热媒，如冷冻水、热水或蒸汽等，其主要设备有制冷机组、锅炉及各种附件等。

（5）自动调节控制设备。自动调节控制设备是对空调系统的运行自动控制与调节的部分，主要由温度计、压力表、流量计、信号转换器、信号传输线路以及控制柜等组成。

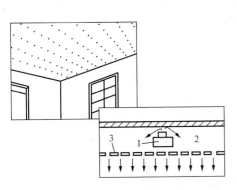

图 5-16　孔板送风口

1—风管；2—静压层；3—孔板

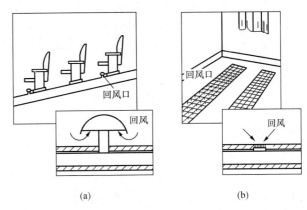

(a)　　　　　　　　　　(b)

图 5-17　地面散点式和格栅式排（回）风口

(a) 散点式排（回）风口；(b) 格栅式排（回）风口

任务二　通风与空调系统的安装

一、通风与空调管道的制作与安装

1. 通风空调管道与阀门认知

（1）常用管道材料。在通风和空气调节系统中，通风管道起着输送空气的作用，是风道与风管的总称，是通风和空调系统的重要组成部分。

风道是指用砖、钢筋混凝土、矿渣石膏板、石棉水泥或矿渣混凝土板等制成的输送空气的通道。

风管是指用金属板材、非金属板材制成的用于输送空气的管子。常用的金属板材有普通酸洗薄钢板、镀锌薄钢板、型钢、不锈钢板、铝板等；常用的非金属板材有玻璃钢板和硬聚乙烯板。近年来，由于玻璃钢材料的防火阻燃性能得到了改善，其使用日趋广泛。

（2）风管截面形状与截面积。风管的截面形状有很多，常见的有圆形和矩形两种。圆形风道的强度大，耗用材料少，但占用空间大，一般不易布置得美观，通常用于暗装风道。矩形风道易于布置，弯头及三通均比圆形风道小，可明设或暗设，故采用较为普遍。通风管道除直管外，还有弯头、三通、四通、变径等管件，如图 5-18 所示。

（3）阀门。通风与空调系统中的阀门主要是用来启动风机、调节风量和平衡系统阻力的装置，阀门的加工制作均应符合国家标准，阀门安装时应保证其制动装置动作灵活。

①斜插板阀，如图 5-19 所示。一般用于除尘系统，安装时应考虑不致积尘，因此对水平管上安装的斜插板阀应顺气流安装；而垂直安装（气流向上）时，斜插板阀就应逆气流安装。

②蝶阀，是空调通风系统中常见的一种风阀，由阀体、阀瓣和启闭装置组成，如图 5-20所示。按其断面形状不同，蝶阀有圆形、方形和矩形三种；按其调节方式有手柄式和拉链式两种形式。蝶阀可用于分支管上或风口前，起风量调节作用。由于其严密性较差，故不宜做关断阀门使用。

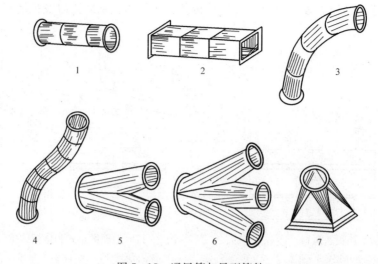

图 5 - 18　通风管与异型管件

1—圆形风管；2—矩形风管；3—弯头；4—来回弯；5—三通；6—四通；7—变径管（天圆地方）

图 5 - 19　斜插板阀　　　　　　　　　图 5 - 20　蝶阀

③多叶调节阀，有手动式和电动式两种，如图 5 - 21 所示。这种调节阀装有 2～8 个叶片，每个叶片轴端装有摇柄，各摇柄的联动杆与调节手柄相连。操作手柄，各叶片就能同步开合，调整完毕，拧紧蝶形螺母，就可以固定位置。如将调节手柄取消，把连动杆与电动执行机构相连，就成为电动式多叶调节阀，可以遥控和自动调节。

④止回阀，常装设于风机出口处，以防止风机停止运转后气流倒流，其结构如图 5 - 22 所示。

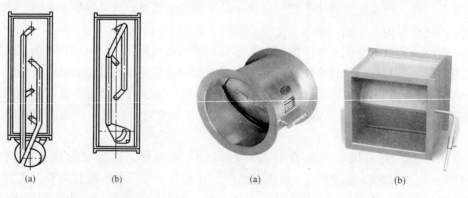

图 5 - 21　对开多叶调节阀　　　　　　　图 5 - 22　止回阀

（a）手动阀门；（b）电动阀门　　　　　（a）圆形风管止回阀；（b）矩形风管止回阀

2. 风管和配件的制作

风管和配件由平整的板材加工而成，从板材到成品的加工程序为画线→剪切→折方或卷圆→连接→制作及安装法兰→风管加固。

（1）画线。按照风管和配件的外形尺寸在板材上绘出平面展开图，展开图尺寸应留有接口余量。

（2）剪切。根据板材厚度选择剪切方式，板材厚度小于1.2mm的钢板可以用手剪手工剪切；板材厚度大于1.2mm的钢板可用剪切机剪切。

（3）折方和卷圆。折方用于矩形风管和配件的直角成形，可采用手工或机械折方；卷圆用于圆形风管和配件的加工，应使圆弧均匀成圆。

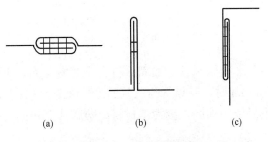

图5-23　咬口连接形式
（a）单平咬口；（b）单立咬口；（c）转角咬口

（4）连接。在制作风管和各种配件时，必须对板材进行连接。按连接的目的可分为拼接、闭合接和延长接三种。连接的方法有咬口连接（见图5-23）、铆钉连接和焊接（见图5-24）等。

图5-24　焊缝形式
（a）对接焊缝；（b）搭接焊缝；（c）扳边焊缝；（d）角焊缝

（5）制作及安装法兰。法兰主要用于风管之间、风管与配件之间的延长连接，常用的有扁钢法兰和等边角钢法兰。圆形法兰可手工弯制，也可机械卷圆；矩形法兰由4根角钢焊接而成。

法兰与风管装配连接的形式有翻边、翻边铆接和焊接三种，如图5-25所示。

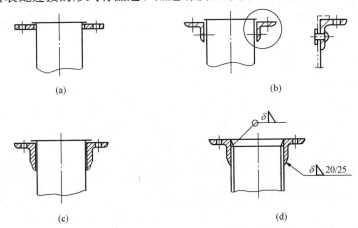

图5-25　法兰与风管、配件的连接形式
（a）翻边形式；（b）翻边铆接形式；（c）翻边点焊形式；（d）满焊形式

（6）风管加固。对于较大管径的风管，为了使其断面不变形，同时减少由于管壁振动而产生的噪声，需要对管壁加固。

金属风管的加固应符合以下规定：圆形风管（不包括螺旋风管）直径≥800mm，且其

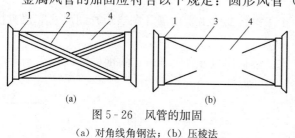

图5-26　风管的加固
(a)对角线角钢法；(b)压棱法
1—法兰；2—角钢；3—棱；4—矩形风管

管段长度＞1250mm或总表面积＞4m²；矩形风管边长＞630mm，保温风管边长＞800mm，管段长度＞1250mm；低压风管单边平面积＞1.2m²，中高压风管＞1.0m²；以上均应采取加固措施。金属风管的加固一般采用对角线角钢法和压棱法，如图5-26所示。

非金属风管的加固除符合上述规定外，还应符合：硬聚氯乙烯风管的直径或边长大于500mm时，其风管与法兰的连接处应设加强板，且间距不得大于450mm；有机及无机玻璃钢风管的加固，应为本材料或防腐性能相同的材料，并与风管成一整体。

3. 风管安装

（1）安装前的准备工作。通风空调系统的安装要在土建主体基本完成，安装位置的障碍物已清理，地面无杂物的条件下进行。安装前应做好准备工作。

①审查施工图中风管的位置、规格和标高；检查风管与其他管道、设备的位置是否冲突；

②了解土建及其他安装工程的施工计划和施工进度，按设计要求做好预埋件、预留孔工作（预留孔应比风管截面每边尺寸大100mm）；

③准备好安装工具和起重吊装设备，搭好脚手架或安装梯台，尽量利用土建的脚手架；

④安装开始前，由施工技术人员向班组人员进行技术交底，内容包括技术、标准与措施、质量、安全及注意事项等内容。

（2）风管支、吊架的安装。风管常沿着墙、柱、楼板、屋架或屋梁敷设，安装在支架或吊架上。

1）风管的支架的安装。将风管沿墙、柱敷设时，常采用支架来承托管道，风管能否安装得平直，主要取决于支架安装的是否合适。风管支架一般用角钢制作，当风管直径大于1000mm时，可用槽钢制作。支架上固定风管的抱箍用扁钢制成，钻孔后用螺栓与支架连为一体。

风管墙上支架的安装如图5-27所示，可按风管标高，定出支架与地面的距离，矩形风管为风管管底标高；圆形风管为管中心标高，安装时应注意区别。支架埋入砖墙内尺寸应不小于200mm，用水泥砂浆填实。支架要水平，且垂直于墙面。

在钢筋混凝土柱子上安装支架时，可预埋螺杆或钢板，或用型钢或圆钢做抱箍，如图5-28所示。

2）风管吊架的安装。将风管敷设在楼板、屋面大梁和屋架下面，离墙柱较远时，

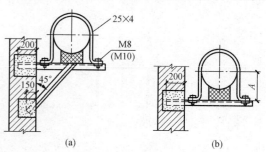

图5-27　风管墙上支架
(a)带斜支撑的悬臂型；(b)单横梁悬臂型

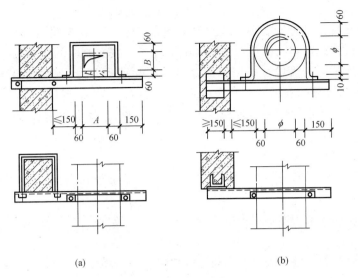

图 5 - 28 风管柱上支架

（a）抱柱法；（b）预埋件焊接法

常用吊架固定，如图 5-29 所示。

圆形风管的吊架由吊杆和抱箍组成，矩形风管的吊架由吊杆和托铁组成。吊杆用圆钢制作，下端套出 50～60mm 的丝扣，以便调整支架的高度。抱箍根据风管直径用扁钢制成两个半圆，安装时用螺栓连接在一起。托铁用角钢制作，角钢上穿吊杆的螺孔，应比风管边长宽 40～50mm。安装时，矩形风管用双吊杆或多吊杆，圆风管每隔两个单吊杆中间设一个双吊杆，以防风管摇动。吊杆上部可采用预埋法、膨胀螺栓法、射钉法与楼板、梁或屋架连接固定。

垂直安装的风管，可采用在墙上设立管卡子来固定风管，管卡子做法与吊架类似，即用扁钢做成管箍与预埋于墙中的角钢连接固定。管卡安装时，应以立管最高点管卡开始，并用线锤吊线确定下面管卡位置。

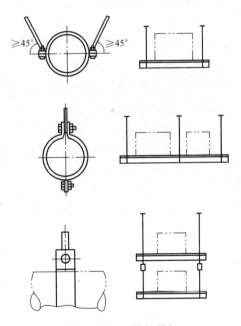

图 5 - 29 风管的吊架

3）支、吊架的间距要求。风管水平安装，直径或边长尺寸不大于 400mm 时，间距不应大于 4m；直径或边长尺寸大于 400mm 时，间距不应大于 3m；螺旋风管的支、吊架间距可分别延长到 5m 和 3.75m；对于薄钢板法兰的风管，其支、吊架间距不应大于 3m。风管垂直安装时，间距不应大于 4m，单根直管至少应有 2 个固定点；非金属风管支架间距不应大于 3m。当水平悬吊的主干风管长度超过 20m 时，应设置防止摆动的固定点，每个系统不应少于 1 个；支、吊架不宜设置在风口、阀门、检查门的自控机构处，离风口或接管的距离不宜小于 200mm。

（3）风管的安装。风管安装前，先对安装好的支、吊、托架进行检查，确保其位置正确，牢固可靠。将预制好的风管及管件运至施工现场，按预制时的编号顺序排列在平地上，并组合连接成适当长度的管段。根据施工方案确定的吊装方法（整体吊装或一节一节的吊装），按照先干管后支管的安装程序进行吊装。吊装前，应根据现场的具体情况，采用起重吊装工具进行吊装；当不便使用吊装工具时，可将风管分节用麻绳拉到脚手架上，然后再抬到支架上；对正法兰逐节进行安装。

敷设风管时，应符合以下规定：

①输送湿空气的通风管道应按设计规定的坡度和坡向进行安装，风管的底部不得设有纵向接缝。

②位于易燃易爆环境中的通风系统，安装时应尽量减少法兰接口的数量，并设可靠的接地装置。

③风管内不得敷设其他管道，不得将电线、电缆以及给水、排水和供热等管道安装在通风管道内。

④楼板和墙内不得设可拆卸口，通风管道上的所有法兰接口不得设在墙和楼板内。

⑤风管穿出屋面时应设防雨罩，防雨罩的上端以扁钢抱箍与立风管固定，下端将整个洞口罩住；穿出屋面的立风管高度超过 1.5m 时应设拉索，拉索不得固定在法兰上，并严禁拉在避雷针、网上。

⑥风管及其管件与墙、柱表面的净距，应满足设计要求或《通风与空调工程施工及验收规范》的规定。

⑦当空调面积超过 1000m² 时，空调管道所占吊顶内净空高度为 500mm；大面积空调，空调管道所占吊顶净空高度为 600～800mm，客房、办公等空调，净空高度应为 400～600mm。

风管安装就位后，可用拉线、水平尺和吊线的方法来检查风管是否横平竖直。水平安装的风管，可以用吊架的调节螺栓或在支架上用调整垫木的方法来调整水平。风管水平安装时，水平度的允许偏差每米不应大于 3mm，总偏差不应大于 20mm；风管垂直安装时，垂直度的允许偏差每米不应大于 2mm，总偏差不应大于 20mm。

二、通风与空调设备安装

1. 风机的安装

（1）安装前的准备工作。

①外观检查。风机开箱时应有出厂合格证；开箱后，检查皮带轮、皮带、电机滑轨及地脚螺栓是否齐全，是否符合设计要求，有无缺损等。

②基础验收。风机安装前应对设备基础进行全面检查，主要检查尺寸是否满足要求，标高是否正确；预埋地脚螺栓或预留地脚螺栓孔的位置及数量应与通风机及电动机上地脚螺栓孔相符。浇灌地脚螺栓应用和基础相同标号的水泥。

（2）安装风机。

①轴流式风机的安装。轴流式风机一般安装在墙壁、柱子、窗上以及顶棚下，如果安装在墙内，应在土建施工时配合预留孔洞或预埋地脚螺栓，安装在外墙上时，应装设防雨雪弯头，或装设铝制调节百叶。轴流式风机大多用角钢制作支架沿墙敷设，其安装如图 5-30 所示。支架应按图纸要求的位置和标高安装牢固，支架螺孔位置应和风机底座螺孔尺寸相符。

支架与风机底座间宜用橡胶板找平找正，然后把螺栓拧紧。连接风管时，风管中心应与风机中心对正。安装时要注意气流方向与风机叶轮转向，防止反转。

②离心式风机的安装。小型直联传动的离心风机，可以用支架安装在墙上、柱上及平台上，或者利用地脚螺栓安装在混凝土基础上，如图 5 - 31 所示。直接安装在基础上的风机，各部分的尺寸应符合设计要求，预留孔灌浆前应清除杂物，将通风机用成对斜垫铁找平，最后用豆石混凝土灌浆。灌浆所用的混凝土强度应比基础高一级，并捣固密实，地脚螺栓不准歪斜。大中型皮带传动的离心风机，一般都安装在混凝土基础上。安装完毕先进行试运转，正常后才允许投入使用。

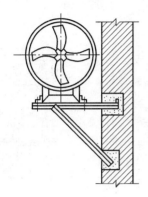

图 5 - 30　轴流式风机在支架上安装

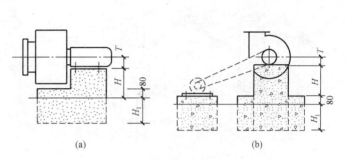

(a)　　　　　　　　(b)

图 5 - 31　离心式风机的安装

（a）直联式；（b）皮带传动式

（3）通风机的消声与减振。通风机产生的噪声主要有空气流动噪声和机械噪声，要消除或降低噪声，可选用消声设备及采取以下措施：①风机和电机最好采用直联或联轴器连接；②通风机进出口装柔性管，风机出口避免急转弯；③风机的正常工作点接近其最高效率点，效率越高，噪声越小；④尽可能使系统总风量和风压小些，风管内流速宜在 8m/s 以下；⑤采用减振基础减振，如图 5 - 32 所示。

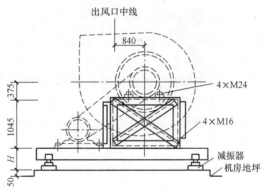

图 5 - 32　风机减振基础

2. 除尘器的安装

除尘器用于通风工程中，其作用是除去空气中的粉尘。常用的除尘器有旋风式除尘器、湿式除尘器、袋式除尘器、静电式除尘器等。因为不同除尘器的构造和工作原理不同，故其安装方法也不同，就其安装形式而言，可归纳为在地面地脚螺栓上安装，以钢结构支撑直立于地面基础上安装，在墙上安装，在楼板孔洞内安装等。

（1）除尘器安装的基本技术要求。除尘器安装时应位置正确，牢固平稳，进出口方向符合设计要求，垂直度不大于允许偏差；除尘器的排灰阀、卸料阀、排泥阀的安装必须严密，并便于操作维修；现场组装的布袋式除尘器和静电式除尘器应符合设计、产品要求和施工规范的规定。

（2）除尘器的安装。除尘器的整体安装用于湿式除尘机组和袋式除尘机组，安装时靠机组的支撑底盘或支撑脚架支撑在地面基础的地脚螺栓上。除尘器在地面钢支架上的安装的钢结构构件是由各类型钢制成，型钢类型的选择、支架的结构、尺寸等要根据除尘器的类型、规格和设计要求确定。除尘器在地面钢支架上的安装如图 5-33 所示。除尘器在墙上的安装及在楼板孔洞内的安装应符合设计要求。

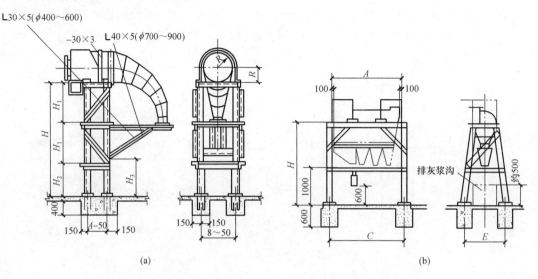

图 5-33　除尘器在地面钢支架上的安装
(a) XNX 旋风除尘器；(b) 卧式旋风除尘器

3. 空气过滤器的安装

空气过滤器是用于净化空气的处理设备。根据过滤器的过滤效率可分为粗效、中效和高效过滤器三类。粗效过滤器采用化纤组合滤料和粗中孔泡沫塑料制成，如图 5-34 所示；中效过滤器用中细孔泡沫或涤纶无纺布材料制成，如图 5-35 所示；高效过滤器则用玻璃纤维滤纸、石棉纤维滤纸等材料制成。一般的空调系统，通常只设一级粗效过滤器；有较高要求时，可设粗效和中效两级过滤器；有超净要求时，在两级过滤后，再用高效过滤器进行第三

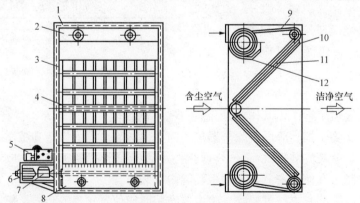

图 5-34　ZJK-1 型自动卷绕式粗效过滤器结构原理
1—连接法兰；2—上箱；3—滤料滑槽；4—改向棍；5—自动控制箱；6—支架；
7—减速器；8—下箱；9—滤料；10—挡料栏；11—压料栏；12—限位器

级过滤。

过滤器的安装应符合下列规定：

（1）过滤器串联使用时，安装应符合设计要求，应按空气依次通过粗效、中效、高效过滤器的顺序安装，同级过滤器可并联使用；

（2）空气过滤器应安装平整、牢固、方向正确，过滤器与框架、框架与围护结构之间应严密无缝隙；

（3）框架式或粗效、中效袋式空气过滤器安装时，四周与框架应均匀压紧，无可见缝隙，并应便于拆卸和更换滤料；

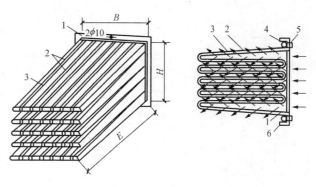

图 5 - 35　M 型泡沫塑料过滤器的外形和安装框架
1—角钢边框；2—铅丝支撑；3—泡沫塑料滤层；
4—固定螺栓；5—螺母；6—现场安装框架

（4）卷绕式过滤器安装时，框架应平整，展开的滤料应松紧适度，上下筒体应平行。

4. 风机盘管和诱导器的安装

风机盘管和诱导器是半集中式空调系统的末端装置，设于空调房间内。风机盘管的构造如图 5 - 36 所示，诱导器的构造如图 5 - 37 所示。

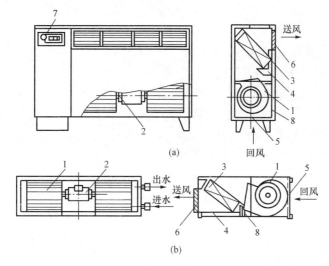

图 5 - 36　风机盘管机组
（a）立式明装；（b）卧式暗装
1—离心式风机；2—电动机；3—盘管；4—凝水盘；5—空气过滤器；
6—出风格栅；7—控制器（电动阀）；8—箱体

（1）准备工作。根据设计要求确定风机盘管和诱导器的安装位置；配合土建施工，做好预留、预埋工作，并于安装前再次进行校核；设备进场后，应查看风机盘管、诱导器的出厂合格证，确保其结构类型、安装方式、出口方向、进水位置等符合设计安装要求。

（2）风机盘管的安装。根据安装位置选择支、吊架的类型，并进行支、吊架的制作和安装；然后安装风机盘管并找平找正、固定。安装时应使风机盘管保持水平；机组凝结水管不

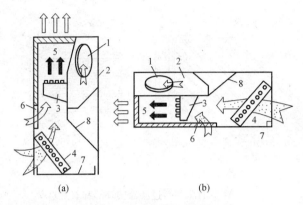

图 5 - 37　YD75 型诱导器构造

(a) 立式；(b) 卧式

1——一次风连接管；2——静压箱；3——喷嘴；4——二次盘管；

5——混合段；6——旁通风门；7——凝水盘；8——导流板

得受损，并保证坡度，以顺畅排除凝结水；各连接处应严密不渗不漏；盘管与冷、热媒管道应在连接前清污，以免堵塞。

（3）诱导器的安装。诱导器安装时应按设计要求的型号和规定位置安装，与一次风连接管处应严密无漏风；水管的接头方向和回风面的位置应符合设计要求；出风口或回风口的百叶格栅有效通风面积不能小于 80%，凝结水管应保证坡度。

5. 空气热交换器的安装

通风空调系统中常用的肋片管型空气热交换器是用无缝钢管外部缠绕或镶接铜、铝片制成的。空气热交换器有两排、四排、六排几种安装形式，安装时常用砖砌或焊制角钢支座支承，热交换器的角钢边框与预埋角钢安装框用螺栓紧固，且在中间垫以石棉橡胶板，与墙体及旁通阀连接处的所有不严密的缝隙，均应用耐热材料密封严密，如图 5 - 38 所示。用于冷却空气的表面冷却器安装时，在下部应设有排水装置。

6. 整体式空调机组的安装

（1）装配式空气处理室的安装。安装前先做好混凝土基础并检查机组外部是否完整无缺，然后将装配式空气处理室直接吊装至基础上固定。安装应水平，与冷热媒等各管道的连接应正确无误，严密不渗漏。

（2）分体式空调机组安装。分体式空调机组一般不需要专用基础，安放在平整的地面上即可运转。机组安装的场所应有良好的通风条件、无易燃易爆物品，相对湿度不应大于

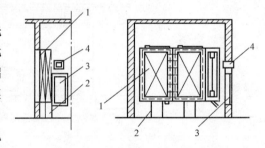

图 5 - 38　SYA 型空气加热器安装

1—空气加热器；2—加热器砖砌支架；

3—钢板密封门；4—观察孔

85%。安装前应进行外观检查。对于冷热媒流动方向，卧式机组采用下进上出，立式机组采用上进下出，冷凝水用排水管接存水弯后通下水道。与空调机连接的进出水管必须装设阀门，用以调节流量和检修时切断冷（热）水源，进出水管必须做好绝热。与机组连接的管道、风道等应设支架，其重量不得由机组承受。

（3）窗式空调器安装。窗式空调器安置于窗台或窗框上，必须固定牢固，应设遮阳板和防雨罩，但不得阻碍冷凝器排风。冷凝水盘要有坡度，以利排水。

三、空调制冷系统安装

1. 空调制冷系统认知

"制冷"是指用人工的方法将被冷却对象的热量移向周围环境介质，使得被冷却对象达到比环境介质更低的温度，并在所需要的时间内维持一定的低温。

（1）空调冷源。在空气调节工程中，经常要用制冷系统制备的低温水对空气进行冷却和

干燥（减湿）处理，因此空调冷源便成为空调系统的一个重要组成部分。空调冷源分为天然冷源和人工冷源两种。天然冷源主要有深井水和地道风，它具有廉价和无需复杂技术设备的优点，此外还可以采用天然冰、深湖水和山洞等；人工冷源是指用人工的方法制取冷量，空调工程中主要由制冷机来制备冷量。

按工作原理的不同，制冷机可分为压缩式、吸收式和蒸汽喷射式三大类。其中，压缩式制冷机应用较为广泛，有活塞式、螺杆式、旋转式和离心式等类型；吸收式制冷机根据热源的不同，可分为蒸汽热水式和直燃式两种；蒸汽喷射式制冷机根据制冷机组冷凝器的冷却方式不同，又分为水冷式和风冷式两种，机组生产的冷媒若为冷（冻）水，称为冷水机组；机组产生的冷媒是冷空气，则称直接蒸发式机组。

（2）制冷剂。制冷循环内的工作物质即工质，称为制冷剂。目前常用的制冷剂有氨和卤代烃（氟利昂）。氨具有良好的热力学性质，价格便宜，但对人体有强烈的刺激作用，并容易燃烧和爆炸；卤代烃（氟利昂）是饱和碳氢化合物的卤族衍生物的总称，根据其成分可分成氢氯氟烃、氯氟烃（不含氢）和氢氟烃（不含氯）。卤代烃无毒、无臭、无燃烧爆炸危险，可以满足各种制冷的要求，但是氯氟烃对地球的臭氧层有破坏作用，同时也加剧温室效应，因此氯氟烃已经被停止使用。氢氯氟烃也将在 2030 年全面停止生产使用。

（3）制冷的工作原理。常用的制冷方式有蒸汽压缩式制冷、吸收式制冷和蒸汽喷射式制冷。在空调系统中应用最广泛的是蒸汽压缩式制冷和吸收式制冷。

①蒸汽压缩式制冷，是利用低沸点的液体在汽化过程中要吸收周围物体的热量的物理特性，通过制冷剂的热力循环，以消耗一定量的机械能作为补偿条件来达到制冷的目的。

压缩式制冷系统由制冷压缩机、冷凝器、膨胀阀和蒸发器等主要部件组成，并用管道连接构成一个封闭的循环系统，如图 5 - 39 所示。其工作过程如下：高压液态制冷剂通过节流阀降压降温后进入蒸发器，在蒸发压力和蒸发温度下吸收被冷却物体的热量而沸腾，变成低压低温的蒸汽，随即被压缩机吸入，经压缩提高压力和温度后送入冷凝器，在冷凝压力下放出热量并传给冷却介质（水或空气），由高压过热蒸汽冷凝成液体，液化后的高压常温制冷剂又进入节流阀重复上述过程。通过制冷循环，制冷剂不断吸收周围空气和

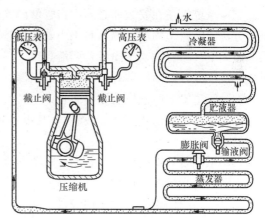

图 5 - 39 压缩式制冷循环

物体的热量，从而降低室温或物体的温度，达到制冷的目的。

②吸收式制冷，和蒸汽压缩式制冷一样，属于液体汽化法制冷，即都是利用低沸点的液体或者让液体在低温下汽化，吸收汽化潜热而产生冷效应，然而也有所不同。吸收式制冷循环是依靠消耗热能作为补偿，从而实现"逆向传热"，对热能的要求不高，它们可以是低品位的工厂余热和废热，也可以是热水、燃气或太阳能转化的热能，能源的利用范围很广，对于有余热和废热可利用的用户，吸收式制冷在首选之列。当前广泛使用的吸收式制冷机主要有氨—水吸收式和溴化锂—水两种，前者可以制取获得 0℃ 以下的冷量，用于生产工艺所需要的制冷；后者，只能制取 0℃ 以上的冷量，主要用于大型空调系统的冷源。

（4）蒸汽压缩式制冷设备。蒸汽压缩式制冷设备主要由以下几部分组成：

①制冷压缩机，是把制冷剂蒸汽从低压提升到高压，并使制冷剂在系统中循环的装置。根据工作原理的不同，可分为容积式压缩机和离心式压缩机两种。

②冷凝器，是一种热交换设备，有立式壳管型和卧式壳管型两种。这两种冷凝器都是用水作为冷却介质的。除此之外还有用空气来冷却的冷凝器，即风冷式冷凝器。

③蒸发器，是制冷装置中的另一种热交换设备，是制冷系统中制取冷量和输出冷量的设备。空调用制冷装置中的蒸发器有用于氟利昂制冷系统的直接蒸发式表面冷却器和用于氨制冷系统的水箱式蒸发器两种。

④节流装置，也称为流量控制机构，它能使高压液态制冷剂节流降压，使制冷剂一出阀孔就膨胀沸腾为蒸汽，所以也称为节流阀或膨胀阀。常用的节流装置有手动膨胀阀、浮球式膨胀阀、热力式膨胀阀以及毛细管等。

2. 制冷设备的安装

制冷机组和配件进场后应具备相应的合格证书和技术文件，并应通过上级有关技术监督部门的检查合格后方能安装。安装前先核实机组基础的混凝土强度、外形尺寸、标高、预埋件、预留孔位置是否在允许偏差值内；开箱检查核对机组的名称、型号、规格等，检查外表有无损坏、生锈，附件是否齐全。然后安装地脚螺栓，吊装机组。机组安装的位置、标高和管口方向必须符合设计要求，设有减振基础的机组，其冷却水管、冷冻水管和电气管路也必须设置减振装置。机组安装完毕，应盘动灵活，油、气、水路畅通。

3. 制冷管道的安装

制冷系统管道在安装前必须进行管壁的除锈、清洗和干燥工作。对于钢管可以用人工或机械方法清除管道内的污物，对于小管径的管道、弯头等，可用干净抹布蘸煤油擦洗，用干燥的压缩空气将管内吹干净后，两端封堵，妥善保管。所有阀门，除安全阀外逐个拆开，以煤油清洗干净，然后组装好，再以煤油试漏，时间为2h，以不渗漏为合格。

制冷管道安装时液体管路要防止产生"气囊"，其供液管的布置不应有局部向上的凸起弯曲；气体管路要防止产生"液囊"，其吸气管不应有局部向下的弯曲，否则会阻碍液体或气体的通过。

（1）氨制冷管道的连接。氨制冷管道通常采用低合金钢或合金钢无缝钢管，阀门和仪表均采用氨制冷系统的专用阀门、仪表。

氨制冷系统的干管一般采用焊接。法兰式阀门、附件及带有法兰接口的设备，采用法兰连接，并用耐油石棉橡胶垫密封。小口径支管可采用丝扣连接，填料用一氧化铅调和甘油。

（2）氟利昂制冷管道的连接。氟利昂制冷管道一般采用低合金钢无缝钢管，当管径小于或等于 $DN 20$ 时可采用紫铜管及铜管件。其管件、法兰和垫片与氨制冷管道相同；阀门和仪表，均采用氟利昂制冷系统的专用阀门和仪表。

当采用钢管时，其连接方法与氨制冷管道的连接方法相同。当采用紫铜管时，连接方法分两种：一种是铜管与铜管的连接，采用插接式锡焊；另一种是铜管与设备、附件和仪表的连接，采用螺母、锁母紧固。

（3）热力膨胀阀的安装。阀体通常设在靠近蒸发器进口的供液管道上，其安装位置应高于感温包。安装时，使气箱垂直向上，阀体不得倾斜或颠倒。感温包应安装在蒸发器末端的回汽管上，与管道接触良好，绑扎紧密，其厚度与保温层相同。

四、空调水系统管道与设备安装

1. 空调水系统认知

空调水系统包括冷冻水系统和冷却水系统两部分。

（1）空调冷冻水系统。把制冷装置产生的冷量传递给被冷却物体的媒介物称为载冷剂或冷媒，常用的载冷剂有空气、水和盐水等。空调制冷装置中的载冷剂是水，即冷冻水。

空调冷冻水系统主要由冷热源设备、供水管、空调用户、回水管、循环水泵及辅助设备组成，其中辅助设备包括膨胀水箱、集水器、分水器、除污器和过滤器等。

（2）空调冷却水系统。冷却水是冷水机组内冷凝器等设备的冷却用水，可分为直流式和循环式两种。自然通风冷却循环系统采用冷却塔，补水用自来水，其适用于当地气候条件适宜的小型冷冻机组；机械通风冷却循环系统采用机械通风冷却塔或喷射式冷却塔，适用于气温高、湿度大、采用自然通风冷却塔不能达到冷却效果的场所。

机械通风循环式冷却水系统的主要设备有制冷机、加药装置、冷却塔、除污器、循环水泵、输水管、冷却水箱及补水装置等。

2. 空调水系统管道与设备安装

（1）空调水系统管道的安装。空调水系统中的管道主要采用镀锌钢管螺纹连接，当管径大于 $DN100$ 时，可采用卡箍式、法兰或焊接连接，但应对焊缝和热影响区的表面进行防腐处理。管道安装离墙距离的要求与给排水管道安装相同。管道和设备的连接应在设备安装完毕后进行，与水泵、制冷机组的接管必须采用柔性接口。

（2）空调水系统设备的安装。

1）循环水泵的安装。循环水泵是空调水系统的动力设备，在空调工程中常用离心泵。循环水泵选择时，应根据不同的场合，依据所需要的扬程与流量，同时兼顾性能特性曲线进行选择。根据要求的流量与扬程的不同，泵可以串联或并联使用，以提高扬程和流量。

空调工程中采用的水泵大多是整体出厂，安装单位不需要对泵体的各个组成部分再进行组合。经过外观检查未发现异常时一般不进行解体检查；若发现有明显的与订货合同不符之处，需要进行解体检查时，应通知供货单位，由生产厂方进行。当安装旧水泵时，则应先对水泵进行检查，必要时要解体检修。

整体水泵的安装必须在水泵基础已达到强度的情况下进行。

2）冷却塔的安装。冷却塔在冷却水环路中为冷凝器提供水温较低的冷却水，其功能是将吸热后的热水喷成水滴或水膜，与塔中对流空气相互传热使热水降温，其构造如图 5 - 40 所示。典型的冷却塔中，布水器上分布着许多小孔，冷却水由水管送到布水器，由小孔喷出，在向下流动过程中不断蒸发冷却，从而降低水温。在冷却塔中还配有电机和叶轮，使空气产生强制对流，亲水填料层的作用主要是为了强化水的蒸发。

冷却塔在安装时应符合以下规定：基础标高应符合设计规定，允许偏差为±20mm；冷却塔安装应水平，单台冷却塔安装水平度和垂直度允许偏差均为 2‰；冷却塔的出水口及喷嘴的方向和位置应正确，积水盘应严密无渗漏，分

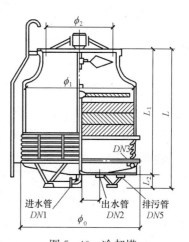

图 5 - 40　冷却塔

水器布水均匀，转动部分灵活；风机叶片端部与塔体四周的径向间隙应均匀，对于可调整角度的叶片，角度应一致。

3）平衡阀的安装。平衡阀有流量测量、流量调节、隔断和排污的功能，其主要用途是解决分支管路间的流量分配，保证各环路的流量符合设计要求，所以各个分支管路上均应安装平衡阀。平衡阀应尽可能安装在回水管上，以保证供水压力不致降低，安装时，其前后要保持 $5D$ 和 $2D$ 长度的直管段。

任务三 防 腐 与 绝 热

一、管道的防腐

管道外部直接与大气或土壤接触，将产生化学腐蚀和电化学腐蚀。影响腐蚀的因素有材料性能、空气湿度、环境中腐蚀性介质的含量、土壤的腐蚀性和均匀性以及杂散电流的强弱等。为了避免和减少这种腐蚀，延长管道的使用寿命，需对金属管道和设备进行防腐处理。

1. 常用的防腐涂料

防腐涂料主要由液体材料、固体材料和辅助材料三部分组成，用于涂覆管道、设备和附件的表面，以形成薄薄的液态膜层，干燥后附着于被涂表面起到防腐和保护作用，同时还可以起到警告及提示、区别介质种类和美观装饰作用。

涂料按其作用可分为底漆和面漆，一般施工时，先用底漆打底，再用面漆罩面。常见的涂料有：

（1）防锈漆，有硼钡酚醛防锈漆、铝粉硼酚醛防锈漆、红丹防锈漆、铁红油性防锈漆、铁红酚醛防锈漆和酚醛防锈漆等。

（2）底漆，有 7108 稳化型带锈底漆、X06-1 磷化底漆、F069 铁红纯酚醛底漆、H06-2 铁红环氧底漆等。

（3）沥青漆，常用于设备、管道表面，防止工业大气和土壤水的腐蚀。常用的沥青漆有 L501 沥青耐酸漆、L01-6 沥青漆、L04-2 铝粉沥青磁漆等。

（4）面漆，用来罩光、盖面，用做表面保护和装饰。常用的面漆有银粉漆和调和漆等。

防锈漆和底漆均能防腐，都可以用于打底。他们的区别在于底漆的颜料成分高，可以打磨；而防锈漆料偏重于耐水、耐碱等性能要求。另外，沥青漆一般用于暗装管道的防腐，而面漆则用于明装管道的防腐。

2. 涂料的选用

涂料的选用一般应考虑以下因素：①使用场合和环境是否含有化学腐蚀作用的气体，是否为潮湿的环境；②是用在钢铁上，还是用在其他材料制成的风管上；③是打底用，还是罩面用；④按工程质量要求、技术条件、耐久性、经济效果、非临时性工程等因素，来选择适当的涂料品种。

3. 涂料施工的范围

（1）表面未经处理，或在加工前已刷了一道防锈漆的碳素钢板制作的风管；

（2）虽用的是镀锌钢板，但镀锌层已有泛白现象，或在加工过程中镀锌层已被破坏的；

（3）设计要求或工程有特殊要求者。

4. 管道设备的防腐施工

防腐施工应按照表面处理→基层处理→刷面漆的程序进行。

防腐施工应掌握好涂装现场的温、湿度等环境因素。在室内涂装的适宜温度为 20～25℃，相对湿度 65% 以下。在室外施工时应无风沙、细雨，气温不宜低于 5℃，不宜高于 40℃，相对湿度不宜大于 85%，涂装现场应有防风、防火、防冻、防雨等措施；操作区域应有良好的通风及除尘设备，以防止中毒事故发生。

（1）表面处理。表面处理是指除去金属表面上的油脂、疏松氧化皮、污锈、焊渣等杂物后，再用干燥清洁的压缩空气或刷子清除粉尘的过程。表面清理除锈的方法有手工除锈、机械除锈和化学除锈。

手工除锈是用刮刀、手锤、钢丝刷以及砂布、砂纸等工具磨刷管道表面，以去除金属表面的锈皮氧化层、焊渣、毛刺及其他污物的方法；机械除锈是利用机械动力的冲击摩擦作用除去管道表面的锈蚀的方法，可用风动钢丝刷、管子除锈机、管内扫管机以及喷砂除锈；化学除锈是利用酸溶液和铁的氧化物发生反应将管子表面锈层溶解、剥离的除锈方法。

（2）基层处理。

①刷底漆。表面处理合格后，应在 3h 内罩涂第一层漆，多采用手工刷涂和喷涂的方法进行施工。

手工涂刷指用刷子将涂料均匀地刷在管道表面上，涂刷应自上而下，从左至右进行；喷涂指利用压缩空气为动力，用喷枪将涂料喷成雾状，均匀地喷涂于管道表面。

②局部刮腻子。待防锈漆干透后、将金属表面的砂眼、缺棱、凹坑、拼缝间隙等处用石膏腻子刮抹平整。

③磨光。腻子干透后，用砂布打磨平整，然后用潮布擦净表面。

（3）涂刷面漆。必须按设计和规范要求的层数进行面漆的涂刷。涂刷时应控制好涂刷间隔时间，把握涂层之间的重涂适应性，涂膜必须达到要求的厚度，一般以 150～200 μm 为宜。

二、管道的绝热

管道绝热是工程上减少系统热量向外传递的保温和减少外部热量传入系统的保冷的统称，是设备安装工程的重要施工内容之一。绝热的主要目的是减少热量、冷量的损失，节约能源，提高系统运行的经济性和安全可靠性。对于高温设备和管道，保温能改善劳动环境，防止操作人员不被烫伤，有利于安全生产；对于低温设备和管道，保冷能提高外表面温度，避免出现结露和结霜现象。

绝热施工应当按照设计规定的绝热材料、绝热层厚度和绝热结构进行施工，以确保工程质量。

1. 常用的绝热材料

空调工程中的绝热材料用量较大，而且安装于吊顶内的保温风管占多数，因此，选择绝热材料时，对其防火性能要求至为重要，必须首先考虑；其次绝热材料的导热系数要低，一般用于保温材料的热导率 $\lambda \leqslant 0.12 W/(m \cdot K)$，用于保冷材料的热导率 $\lambda \leqslant 0.064 W/(m \cdot K)$；再次，绝热材料还应具有耐水性好、吸湿性小、便于施工，不易燃烧等特点。

常见的绝热材料可分为珍珠岩类、蛭石类、硅藻土类、泡沫混凝土类、软木类、石棉类、玻璃纤维类、泡沫塑料类、矿渣棉类和岩棉类等。

2. 绝热结构形式

绝热结构由内到外一般由绝热层、防潮层、保护层组成。

（1）保温层，是管道保温结构的主体部分，根据工艺介质需要、介质温度、材料供应、经济性和施工条件来选择。

（2）防潮层，主要用于输送冷介质的保冷管道，地沟内、埋地和架空敷设的管道。常用防潮层有沥青胶或防水冷胶料玻璃布防潮层、沥青玛脂玻璃布防潮层、聚氯乙烯膜防潮层和石油沥青油毡防潮层等。

（3）保护层，其作用为保护保温层和防水，应具有重量轻，耐压强度高。化学稳定性好，不易燃烧，外形美观等特点。常用的保护层有金属保护层、包扎式复合保护层和涂抹式保护层。

3. 管道设备的绝热施工

管道设备的绝热施工应按照绝热层→防潮层→保护层的顺序进行。

（1）绝热层施工。管道绝热层的施工方法有涂抹法、绑扎法、预制块法、缠绕法、粘贴法、填充法和保温钉法等，如图 5-41 所示。保温层施工应在管道（设备）试压合格及防腐合格后进行，保温前必须除去管道（设备）表面的脏物和铁锈，刷两道防锈漆。

（2）防潮层施工。对保冷管道及室外保温管道架空露天敷设时，需增设防潮层。目前，常用的防潮材料有沥青胶或水冷胶玻璃布及沥青玛脂玻璃布和石油沥青油毡。

①沥青胶或防水冷胶玻璃布及沥青玛脂玻璃布防潮层的施工方法：先在保温层上涂抹沥青或防水冷胶料或沥青玛脂，厚度均为 3mm，再将厚度为 0.1～0.2mm 的中碱粗格平纹玻璃布贴在沥青层上，其纵向、环向缝搭接不应小于 50mm，搭接处必须粘贴密封，然后用 16～18 号镀锌钢丝捆扎玻璃布，每 300mm 捆扎一道。待干燥后在玻璃布表面再涂抹厚度为 3mm 的沥青胶或防水冷胶料，最后将玻璃布密封。

②石油沥青油毡防潮层施工方法：先在保温层上涂沥青玛脂，厚度为 3mm，再将石油沥青油毡粘在沥青玛脂上，油毡搭接宽度 50mm，然后用 17～18 号镀锌钢丝或铁箍捆扎油毡，每 300mm 捆扎一道，在油毡上涂厚度 3mm 的沥青玛脂，并将油毡封闭。

（3）保护层施工。无论是保温结构还是保冷结构，均应设置保护层。施工方法因保护层的材料不同而不同。

①包扎式复合保护层的施工。油毡玻璃布保护层施工。将 350 号石油沥青油毡卷包在保温层或防潮层外，当管径小于等于 450mm 时，用 18 号镀锌钢丝捆扎，两道钢丝间距为250～300mm；当管径为 450～1000mm 时，用宽度 15mm、厚度 0.4mm 的钢带扎紧，钢带间距 300mm。将中碱玻璃丝布以螺旋状紧绕在油毡层上，布带两端每隔 3～5m，用 18 号镀锌钢丝或宽度为 15mm、厚度为 0.4mm 的钢带捆扎。油毡玻璃布保护层外，刷涂料或冷底子油，室外管道保护层外，刷油性调和漆两道。

②金属薄板保护层的施工。金属薄板保护层常采用厚度为 0.5～0.8mm 的镀锌薄钢板或铝合金薄板。安装前金属薄板两边先压出两道半圆凸缘，对设备保温时，为加强金属薄板的强度，可在每张金属薄板的对角线上压两道交叉折线。施工时，将金属薄板按管道保温层（或防潮层）外径加工成形，再套在保温层上，使纵向横向搭接宽度均保持 30～40mm，纵向接缝朝向视觉背面，接缝一般用螺栓固定。可先用手提电钻打孔，孔径为螺栓直径的 0.8倍，再穿入螺栓固定，螺栓间距为 200mm 左右。禁止用手工冲孔。对有防潮层的保温管不

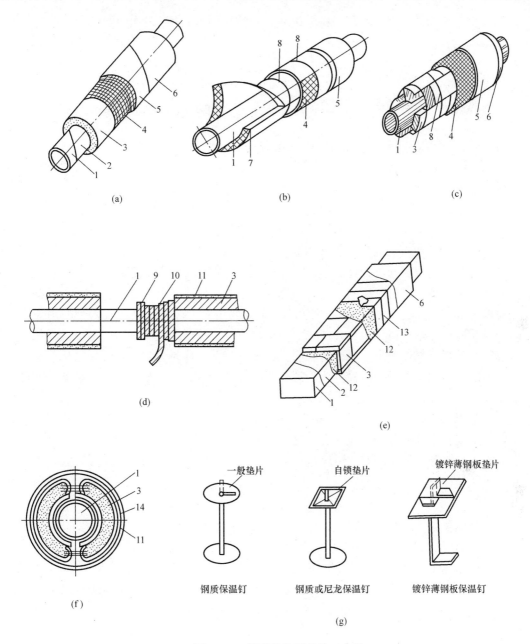

图 5-41 管道绝热层的施工方法

(a) 涂抹法；(b) 绑扎法；(c) 预制块法；(d) 缠绕法；(e) 粘贴法；(f) 填充法；(g) 保温钉法

1—管道；2—防锈漆；3—保温层；4—镀锌丝网；5—保护层；6—防腐层；7—绝热毡或布；8—镀锌钢丝；9—法兰；10—石棉绳；11—石棉水泥保护壳；12—胶粘剂；13—玻璃丝布；14—支撑环

能用自攻螺栓固定，应用镀锌皮卡具扎紧防护层接缝。

目前，在空调风管上所用的保温结构最常见的为复合铝箔玻璃纤维，其施工方法是在风管外表面按规范要求粘贴保温钉后，将玻璃纤维板钉贴在风管外表面外包扎玻璃丝布，最外层用铝箔包扎作为保护层。另外一种新型保温材料为福乐斯（Armaflex），其为难燃材料，只需用特定胶水将这种保温材料粘贴在风管外即可，因为此保温材料具有极强的隔潮隔气能力，且表面有一层光滑表层，不需另做保护层、防潮层即可起到保护作用。

任务四 通风与空调系统的调试与验收

一、通风与空调系统的检测

1. 风管的检测

风管及管件安装结束后，在管道防腐和保温前，应按照系统的压力等级进行严密性试验，合格后方能交付下一道工序。

风管系统严密性检验以主干管为主。低压风管系统的严密性检验，在加工工艺得到保证的前提下，可采用漏光法检验。抽检率为 5%，且不少于 1 个系统；中压系统风管的严密性检验，应在漏光法检验合格的基础上做漏风量的抽检，抽检率为 20%，且不少于 1 个系统；高压风管系统的严密性检验应为全系统的漏风量检验。系统风管严密性检验的被抽检系统，其检验结果全数合格视为通过；如有不合格时，应加倍抽检，直至全数合格为止。

（1）漏光法检测。风管系统的漏光法检测是利用光线对小孔的穿透力，对风管系统的严密性进行检测的方法。检测时应采用一定强度的安全光源，将光源放置于风管的内侧或外侧，其相对侧应为黑暗环境。检测光源应沿着被检测接口部位与接缝缓慢地移动。在另一侧进行观察。当发现有光线射出，则说明有明显漏风处，此时应做好记录，并做好标识。

风管系统的检测宜采用分段检测，汇总分析的方法进行。采用漏光法检测系统的严密性时，低压风管系统以每 10m 接缝漏光点不多于 2 处，且 100m 接缝平均不大于 16 处为合格；中压风管系统以每 10m 接缝漏光点不多于 1 处，且 100m 接缝平均不大于 8 处为合格。漏光检测中，对发现的条缝型漏光，应做密封处理。

（2）漏风量检测。风管的允许漏风量与风管的压力等级和空气的净化要求有关。矩形风管的允许漏风量应符合以下规定：

低压风管系统 $Q_L \leqslant 0.1056\, P^{0.65}\, \mathrm{m^3/(h \cdot m^2)}$

中压风管系统 $Q_M \leqslant 0.0352\, P^{0.65}\, \mathrm{m^3/(h \cdot m^2)}$

高压风管系统 $Q_H \leqslant 0.0117\, P^{0.65}\, \mathrm{m^3/(h \cdot m^2)}$

式中 Q_L、Q_M、Q_H——风管在相应工作压力下，单位面积风管单位时间内的允许漏风量，$\mathrm{m^3/(h \cdot m^2)}$；

P——风管系统的工作压力，Pa。

低压、中压圆形金属风管，复合材料风管及非法兰形式的非金属风管的允许漏风量，应为矩形风管规定值的 50%；砖、混凝土风道的允许漏风量不应大于矩形低压系统风管规定值的 1.5 倍；排烟、除尘、低温送风系统按中压系统风管的规定，1~5 级净化空调系统按高压系统风管的规定执行。

漏风量测试是用离心风机向系统风管内鼓风，使风管内静压上升到工作压力，测量风管内静压维持在工作压力时的进风量，此进风量即为风管系统的漏风量。试验装置可分为正压风管式和负压风管式两种，一般采用正压测试来检验。

当被测风管系统的漏风量超过设计和规范的规定时，可用听、摸、观察或用水或用烟气检漏等方法查出漏风部位，并做好标记；在进行修补后，应重新进行漏风量测试，直至合格为止。

2. 制冷系统的吹扫、气密性试验和充液试验

（1）制冷系统的吹扫。制冷系统安装完成后要进行吹扫，以将残存在系统内的铁屑、焊渣、泥沙等杂物清除，以免这些污物进入压缩机。

系统的吹扫最好使用专用的空气压缩机进行，若无专用空气压缩机，可指定一台制冷压缩机代用，但使用时排气温度不得超过 145℃，以免损坏制冷压缩机。利用制冷压缩机吹扫，其方法是将压缩机与吸气管之间断开，将吸气口扎以白布滤尘，空气从滤尘布进入压缩机。

吹扫工作可按设备、管路分段或分系统进行。吹扫前，应在系统的最低点设排污口，并以木塞塞紧。然后向管道内部充气，待压缩空气压力升至 0.6MPa 后，迅速敲掉木塞，气流迅速外排，高速气流将管内污物带出，这样反复进行几次，直到污物排净，并用贴有白纸的木板在距排污口 300～500mm 处检查，以白纸上无吹出的污物为合格。

吹扫时，排污口正前方严禁站人，以防污物吹出时伤人。系统吹扫工作结束后，应将系统中阀门的阀芯拆下清洗，再重新装配，以免影响阀门的严密性，拆洗过的阀门垫片也应更换。

（2）制冷系统的气密性试验。制冷系统在吹扫合格后进行气密性试验。气密性试验分正压试验与负压（真空）试验两部分。

①正压试验。氨系统可用干燥的压缩空气、二氧化碳或氮气作介质；氟利昂系统应用二氧化碳或氮气作介质，按设计试验压力进行。

试验时，先将充气管接系统高压段，关闭压缩机本身的吸、排气阀和系统与大气相通的所有阀门以及液位计阀门，然后向系统充气。当充气压力达到低压段的要求时，即停止充气。用肥皂水检查系统的焊口、法兰、丝扣、阀门等连接处有无漏气（气泡）。如无漏气现象，关断膨胀阀使高低压段分开，继续向高压段加压到试验压力后，再用肥皂水检漏。无漏气后，全系统在试验压力下静置 24h，在前 6h 内因系统中的气体冷却而产生的压力降，一般不超过 0.03MPa，后 18h（因环境温度变化而引起的压力升降除外）压力不降为合格。

②负压试验。即真空气密性试验，在正压气密性试验合格后进行。其目的是清除全系统的残余气体、水分，并试验系统在真空状态下的气密性，同时也可以帮助检查压缩机本身的气密性。

系统抽真空应用真空泵进行。当整个系统抽到规定的真空度后，视系统的大小，使真空泵继续运行一至数小时，以彻底消除系统中的残余水分，然后静置 24h，除去因环境温度引起的压力变化外，氨系统压力以不发生变化为合格，氟利昂系统压力以回升值不大于 533Pa 为合格。如达不到要求，需重新做正压试验，找出泄漏处并修补后，再做真空试验，直到合格为止。

（3）充液试验。在系统正式灌制冷剂前，必须进行一次充液试验，以验证系统能否耐受制冷剂的渗透性。

①对于氨制冷系统，应在真空试验进行后，在真空条件下将制冷剂充入系统，使系统压力达到 0.2MPa 后，停止充液，进行检漏。

检查方法：将酚酞试纸放到各焊口、法兰及阀门垫片等接口部位。如酚酞试纸出现玫瑰红色，即为渗漏处。对于渗漏处应做好标记，待全部检查完毕，进行补修。

②对于氟利昂制冷系统，应充液至 0.2～0.3MPa 后进行检漏。

检验方法：烧红的铜丝接触到氟利昂蒸汽时呈青绿色；卤素喷灯与氟利昂气体接触时，红色火焰变成绿色或蓝色的亮光；用卤素检漏仪接收器的端头对着检查处移动，当有氟利昂渗漏时，仪器指针偏转，渗漏越多，指针偏转越大。

系统内的渗漏处维修时，需将氟利昂排除干净，用空气吹刷系统后，更换附件或修补焊口。

3. 水压试验和冲洗

（1）系统的水压试验。空调管道系统安装完毕，正式运行之前必须进行水压试验。水压试验的目的是检查管路的机械强度与严密性。为了便于查找泄漏之处，空调系统试压可以分段，也可整个系统进行。试验压力按设计要求规定，如果设计无明确要求，对空调冷热媒系统，试验压力为系统顶点工作压力加 0.1MPa，且不小于 0.3MPa。高层建筑如果低处水压大于风机盘管或空调箱所能承受的最大试验压力时要分层试压。试压在管道刷油、保温之前进行，以便外观检查和修补。

试压一般采用手摇泵或电泵。试压前，关闭所有的排水阀，打开管路上其他阀门（包括排气阀），一般从回水干管注水，反复充水、排气，并检查无泄漏后，关闭排气阀和注水阀门，再使压力逐渐上升。在 5min 内压力降不大于 0.02MPa 为合格。如有漏水处应做好标记，修理后重新试压，直至合格为止。管道试压时要注意安全，加压要缓慢，试压完成后必须将系统内的水排尽。

（2）管路冲洗。管路使用前必须进行冲洗，以去除杂物。管路冲洗可在试压合格后进行。冲洗前应将管路上的流量孔板、滤网、温度计、止回阀等部件拆下，冲洗后再装上。空调冷热媒系统可用清水冲洗，如系统较大，管路较长，可分段冲洗，直到排出的水无色透明为止，冲洗应以管内水流可能达到的最大流量或不小于 1.5m/s 的流速进行。

二、通风与空调系统调试

通风与空调系统施工完毕后，施工单位应编制调试与运行方案报送专业监理工程师审核批准；调试结束后，必须提供完整的调试资料和报告。系统的调试应由施工单位负责，监理单位监督，设计单位与建设单位参与配合，系统调试的实施可以是施工企业本身或委托具有调试能力的其他单位进行。

1. 调试前的准备工作

（1）熟悉资料。系统调试前，调试人员应熟悉系统的全部设计图纸资料，充分领会设计意图，了解各种设计参数、系统的全貌、设备的性能及使用方法等，特别注意调节装置和检验仪表所在位置。

（2）外观检查。调试人员应会同设计、施工和建设单位，对已安装好的系统进行全面的外观质量检查，主要检查风管、管道、设备的安装质量是否符合规定，连接处及各类阀门的安装是否符合要求，操作调节是否灵活方便，系统的防腐保温工作是否符合规定等。检查中凡质量有不符合规范规定的地方，应逐一做好记录并及时处理，直到合格为止。

（3）编制调试方案。调试方案内容应包括目标要求、时间进度、调试程序和方法、安全措施、人员安排及仪器仪表的配套等。调试方案应报送专业监理工程师审核批准；调试结束后，应提供完整的调试资料和报告。

2. 调试、试运转应具备的条件

通风、空调工程安装结束后，应具备以下条件方可进行调试与试运转。各分部、分项工程经建设单位与施工单位检查，已达到工程质量验收规范的要求；已制订试运转、调试方案及日程安排计划，明确建设单位、监理单位、施工单位在试运转、调试现场的负责人和现场的各专业技术负责人；与试运转、调试有关的设计图纸及设备技术文件已齐备；试运转、调试期间所需的水、电、气、蒸汽等已接通；通风、空调设备及附属设备所在场地的土建施工已完工，门、窗齐全，场地已清扫干净；试运转、调试所需的仪器、仪表和各专业工作人员已进场。

3. 设备的单机试运转

设备的单机试运转主要包括：风机、空调机、水泵、制冷机、换热器、净化设备、冷却塔等的单机试运行。设备在单机试运转时应符合下列规定。

（1）风机叶轮的旋转方向正确，运转平稳，无异常振动与声响，运转过程中产生的噪声不超过产品性能说明书的规定值；

（2）水泵叶轮的旋转方向应正确，运转过程中不应有异常振动和声响，壳体密封处不得渗漏，紧固连接部位不应松动，轴封的温升正常。

设备的试运行要根据各种设备的操作规程进行，运转后要检查设备的减振器是否有位移的现象，并做好记录。

4. 无负荷的联合试运转

通风与空调系统的试运行分无负荷联合试运转和带负荷的综合效能试验与调整两个阶段。前一阶段的试运转由施工单位负责，是安装工程施工的组成部分；后一阶段的试验与调整由建设单位负责，设计与施工单位配合在工程验收后进行。这里重点介绍无负荷的联合试运转。

通风与空调系统工程无生产负荷的联合试运转及调试，应在制冷设备和通风与空调设备单机试运转合格后进行。试运转前，应编制无负荷联合试运转方案，并制订具体实施办法，以保证联合试运转的顺利进行。试运转的目的是检验通风与空调系统的温度、湿度、流速和洁净度等是否达到了标准的规定，也是考核设计、制造和安装质量等能否满足生产工艺的要求。空调系统带冷（热）源的正常联合试运转的时间不应少于8h，当竣工季节与设计条件相差较大时，可只做不带冷（热）源的试运转。通风、除尘系统的连续试运转时间不应少于2h。

（1）通风工程系统无负荷联合试运转及调试。试运转前，应按设计要求进行一次全面系统检查，以确保施工质量，不留隐患。检查的主要内容有：通风系统中的设备、部件和管路安装的规格、位置、尺寸和数量是否符合要求，调节装置制作与安装是否正确，连接是否牢固，风管的咬口、焊缝、法兰等处是否严密，各种阀门的开启方向和动作是否灵活、准确，风机的转动方向是否符合设计规定等。

试运转过程中应测定风机的风压、风量和转速，测定各出风口送出的空气温度，测定与调整各出风口和吸风口的风量，检测防排烟系统正压送风前室的静压。

系统联合试运转中，设备及主要部件的联动必须符合设计要求，动作协调、正确，无异常现象；系统经过平衡调整，各风口和吸风罩的风量与设计风量的允许偏差不应大于15%。

（2）空调系统无负荷联合试运转及调试。无负荷联合试运转是指空调房间没有工艺设备，或虽有工艺设备但并未投入运转，也无生产人员的情况下进行的联合试运转。

空调系统的设备和附属设备必须进行各单体设备的试运转，在单机试运转合格后，可组织有关部门和人员做好系统联合试运转的各项准备工作，特别是水、电、气、热源的接通工作。

试运转过程中应检查和检测电气设备和主回路，试运行空调设备和附属设备，测定和调整风机性能和系统风量，检测和调整空调机性能和自动调节及检测系统，测试与调整空调房间的气流组织，检验与测定室温调节性能和空调系统综合效果。

系统连续运转应达到正常、平稳；水泵的压力和水泵电机的电流不应出现大幅波动；系统平稳调整后，各空调机组的水流量应符合设计要求，允许偏差为20％；多台冷却塔并联工作时，各冷却塔的进、出水量应达到均衡一致；有环境噪声要求的场所，制冷、空调机组应按现行国家标准的规定进行测定。

三、通风与空调系统竣工验收

施工单位在空调工程竣工后、交付使用前，应先办理竣工验收手续。竣工验收由建设单位组织设计、施工、监理等有关单位共同参加，对设备安装工程进行检查，然后进行单机试运转和在无负荷情况下的联合试运转。当设备运行正常（系统连续正常运转不少于8h后），即可认为该工程已达到设计要求，可以进行竣工验收。

1. 验收时应提交的资料

施工单位在进行了无负荷联合试运转后，应向建设单位提供以下验收资料：

(1) 设计修改的证明文件、变更图和竣工图；

(2) 主要材料、设备、仪表、部件的出厂合格证或检验资料；

(3) 隐蔽工程验收单和中间验收记录；

(4) 分部、分项工程质量评定记录；

(5) 制冷系统试验记录；

(6) 空调系统无生产负荷联合试运转记录．

以上资料施工单位在施工过程中要及时存档，防止丢失或损坏，以免造成因资料不全而影响工程竣工验收；竣工验收后，将这些资料整理后移交给建设单位存档。施工单位要重视绘制竣工图的工作，特别是隐蔽工程，在隐蔽前一定要做好文字记录或绘制隐蔽工程图，并由多方签字，分别由建设单位和施工单位进行保管，以便作为竣工及结算的依据。

2. 竣工验收

由建设单位组织，在质量监督部门监督下逐项进行验收，待验收合格后方可将工程正式移交由建设单位管理。

3. 综合效能试验

空调系统应在人员进入室内及工艺设备投入运行的状态下，进行一次带生产负荷的联合试运转试验，即综合效能试验，检验各项参数是否达到设计要求。一般由建设单位负责组织，设计和施工单位配合进行。

综合效能试验主要是针对空调房间的温度、湿度、洁净度、气流组织、正压值、噪声级等进行测定，每一项空调工程都应根据工程需要对其中若干项目进行测定。如果在带生产负荷的综合效能试验时发现问题，应与建设单位，设计、施工单位共同分析，分清责任及时采取处理措施。

复 习 思 考 题

1. 解释通风和空调的含义及组成。
2. 风管与风道有何区别？
3. 矩形风管为什么要加固？加固的方法有几种？
4. 通风工程中常用的阀门有哪几种？
5. 通风管道支架有哪几种形式？间距如何考虑？
6. 通风与空调系统风管安装的基本技术要求是什么？
7. 说明通风与空调系统安装前土建应完成的进度。
8. 轴流式风机是如何安装的？
9. 空调系统的消声与减振可从几个方面入手？
10. 输冷（热）管道（设备）为什么要做防腐和绝热保温处理。
11. 通风与空调系统安装完毕后应做哪些试验以进行系统的检测？
12. 试述空调系统的试运行与调试的方法及程序。

任 务 实 训

1. 以某通风与空调工程中的子项目为例，进行漏光和漏风量检测，并填写风管系统漏风量检测记录和中、低压系统风管漏光检测记录。

2. 根据《通风与空调工程施工质量验收规范》（GB 50243—2002）的要求，以某建筑通风与空调系统为例，模拟进行工程质量验收过程，填写《风管系统安装检验批质量验收记录表》、《通风与空调设备安装检验质量验收记录表》。

项目六　建筑供配电与照明系统安装

⏰【引例】

1. 某住宅，在用电过程中经常自动断电，请分析原因。

2. 照明是人类生活、生产所必需的，可分为天然照明和人工照明。天然照明主要是利用天然光源，如太阳光、生物光等；人工照明则主要是通过人造电光源来实现的，这就是电气照明。电气照明有功能照明和装饰、艺术照明之分，不同的场所、不同的氛围，所需要的电光源的种类不同，那么常用的电光源有哪些？我们应该如何选择电光源和灯具以适应不同环境的要求呢？

3. 电力系统中，当电气设备的绝缘损坏时，外露的可导电部位将会带电，并危及人身安全。我们应该采取哪些措施，以确保人身安全和电力系统的设备平稳运行，同时能把雷电流和漏电电流及时导入大地中去？如果有人触电，那我们应该如何开展急救？

👤【工作任务】

1. 建筑供配电系统的安装及其管线的敷设；

2. 建筑照明系统的安装；

3. 建筑供配电与照明系统主要设备及其管线的质量检验；

4. 填写《建筑供配电与照明系统安装工程检验批验收记录》等验收表格。

🐼【学习参考资料】

《供配电系统设计规范》(GB 50052—2009)

《低压配电设计规范》(GB 50054—2011)

《建筑照明设计标准》(GB 50034—2004)

《建筑物防雷设计规范》(GB 50057—2010)

《建筑电气工程施工质量验收规范》(GB 50303—2002)

任务一　建筑供配电系统安装

一、建筑供配电系统认知

1. 电力系统的组成

电力系统是由发电厂、变电所、电网和电力用户组成的一个发电、输电、变电、配电的整体系统，如图 6-1 所示。

(1) 发电厂，又称发电站，是把其他形式的能量转换成电能的场所。根据一次能源的种类不同，可分为水力发电厂、火力发电厂、风力发电厂、核能发电厂、太阳能发电厂、地热发电厂等。

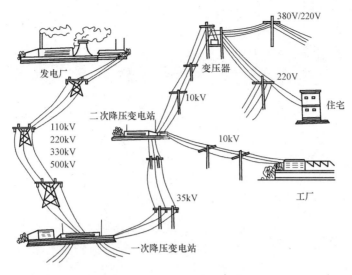

图 6-1　电力系统的组成

（2）变电站（所），是接受电能、变换电压和分配电能的场所，可分为升压变电站和降压变电站两种。升压变电站是将发电厂发出的电能进行升压处理，便于大功率和远距离的传输电能的场所。降压变电站是对电力系统的高电压进行降压处理，以便电气设备的使用的场所。

只进行电能接收和分配，没有电压变换功能的场所称为配电所。

（3）电力线路，指把发电厂生产的电能输送并分配到用户，将发电厂、变配电所和电能用户联系起来的网络，分为输电线路和配电线路两种。

（4）电力用户，也称电力负荷。在电力系统中，一切消耗电能的用电设备均称为电力用户。按其用途可分为动力用电设备、工艺用电设备、电热用电设备和照明用电设备等。

2. 电压等级

我国电力系统的额定电压等级主要有 220V、380V、6kV、10kV、35kV、110kV、220kV、330kV、500kV 等。其中，220V、380V 用于低压配电线路，6kV、10kV 用于高压配电线路，而 35kV 以上则用于输电线路。

3. 电力负荷

电力负荷有两个含义：一个是指用电设备或用电单位（用户）；另一个是指用电设备或用户所消耗的功率或电流。这里所讲的电力负荷是指前者。

（1）电力负荷的分级。根据电力负荷对供电可靠性的要求及中断供电在政治、经济上所造成的损失或影响的程度，分为三级：一级负荷、二级负荷和三级负荷。

①一级负荷，符合下列条件之一的，应视为一级负荷。中断供电将造成人身伤害；中断供电将在经济上造成重大损失；中断供电将影响重要用电单位的正常工作。

在一级负荷中，当中断供电将造成人员伤亡或重大设备损坏或发生中毒、爆炸和火灾等情况的负荷，以及特别重要场所的不允许中断供电的负荷，应视为一级负荷中特别重要的负荷。

②二级负荷，符合下列条件之一的，应视为二级负荷。中断供电将在经济上造成较大损

失时；中断供电将影响较重要用电单位的正常工作。

③三级负荷，不属于一和二级负荷者应为三级负荷。

（2）各级电力负荷对供电电源的要求。

①一级负荷应由双重电源供电，当一路电源发生故障时，另一电源不应同时受到损坏。

一级负荷中特别重要的负荷供电，除应由双重电源供电外，还应增设应急电源，并严禁将其他负荷接入应急供电系统；设备的供电电源的切换时间，应满足设备允许中断供电的要求。

②二级负荷的供电系统，宜由两回线路供电，在负荷较小或地区供电条件困难时，二级负荷可以由一回 6kV 及以上专用的架空供电线路供电。

③三级负荷对供电电源无特殊要求。

4. 建筑供电系统的基本方式

（1）对于 100kW 以下的用电负荷，一般采用 380/220V 低压供电即可，所以只需设立一个低压配电室。

（2）小型民用建筑的供电，一般设立一个降压变电所，把 6～10kV 的电源进线经过降压变压器变为 380/220V。

（3）对于用电负荷较大的民用建筑，且使用多台变压器时，一般采用 10kV 高压供电，经过高压配电所，分别送到各变压器，降为 380/220V 低压后，再配电给用电设备。

（4）大型民用建筑，供电电源进线可为 35kV，经过两次降压，先将 35kV 的电压降为 6～10kV，然后用高压配电线送到各建筑物变电所，再降为 380/220V 低压。

5. 建筑低压配电系统的配电方式

为了接受和分配电力系统送来的电能，各类建筑都需要有一个内部的供配电系统。从建筑物的配电室或配电箱，至各层分配电箱及各层用户单元开关箱之间的配电系统，称为低压配电系统。图 6-2 为三级配电系统示意图，总配电箱应设置在靠近电源处，分配电箱应设置在用电设备或负荷相对集中的区域，分配电箱与开关箱的距离不得超过 30m，开关箱与其控制的固定式用电设备的水平距离不宜超过 3m。

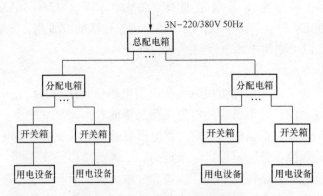

图 6-2 三级配电系统示意图

常用的配电方式有以下几种形式，如图 6-3 所示。

（1）放射式。由总低压配电装置直接供给各分配电箱或用电设备。它具有各个负荷独立受电，供电可靠性较高，故障时影响面小，配电设备集中，检修方便，电压波动相互间影响较小的优点，但系统灵活性较差，相应的投资也较大。一般用于用电设备大而集中，对供电可靠性要求较高的场所。

（2）树干式。从总低压配电装置引出一条主干线路，由主干线不同的位置分出支线并连至各分配电箱或用电设备。该方式线路简单，投资低，灵活性好，但干线故障时影响范围大。一般用于用电负荷分散、容量不大、线路较长且无特殊要求的场所。

（3）混合式。指放射式和树干式结合的配电方式。此方式综合了放射式和树干式的优点，因而在大多数情况下都采用这种配电方式。

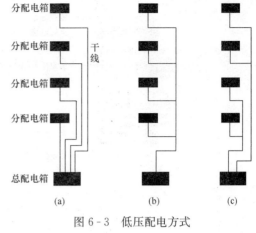

图 6-3　低压配电方式

（a）放射式；（b）树干式；（c）混合式

6.常用低压配电设备

（1）低压控制电器。

①闸刀开关。其作用是隔离电源，主要用于不频繁通断并且容量不大的电路上，如控制照明电路等，其外形如图 6-4 所示。安装闸刀开关时，手柄必须朝上，不得倒装或平装；接线时应将电源线接在上端，负载接在下端；分闸与合闸，动作要迅速。

②转换开关，又称组合开关，常用于 380V 以下电路中，主要用于控制小容量异步机或照明电路。常用的转换开关有 HZ 系列和 LW 系列两种，如图 6-5 所示，其中 LW 系列又称为万能转换开关。转换开关一般安装在配电屏、箱、柜的面板上，也可直接安装在配电板上。

图 6-4　闸刀开关

（a）　　　　　　　　　（b）

图 6-5　转换开关

（a）HZ 系列；（b）LW 系列

③低压断路器，又称自动空气开关，是一种具有失压、短路、过载保护作用并且能自动切换电路的控制电器，常用于照明回路中。

低压断路器常安装在配电箱内，宜垂直安装，其倾斜度不应大于 5°；与熔断器配合使用时，熔断器应安装在电源侧；接线应正确、可靠，电源引线接上端，负载引线接下端（上进下出）。图 6-6 为单相和三相塑壳式断路器的接线方法。

④低压熔断器，在电路中主要起短路保护作用，由熔体和绝缘器两部分组成，常串接于

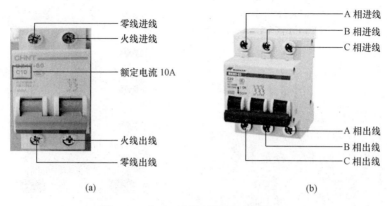

图 6-6 　塑壳式低压断路器接线方法
(a) 单相；(b) 三相

被保护电路的首端。当电路发生短路故障时，熔体被瞬时熔断而切断电路，从而起到保护作用。常用的低压熔断器有瓷插式、螺旋式和有填料密封管式三种，如图 6-7 所示。

图 6-7 　熔断器
(a) 瓷插式；(b) 螺旋式；(c) 有填料密封管式

(2) 漏电保护器。漏电保护器又称为剩余电流动作保护装置（简称 RCD），当其控制的线路或设备发生漏电或人身触电事故时，迅速自动掉闸，切断电源，从而保证线路或设备的正常运行及人身安全，因而民用建筑和施工现场必须使用。

漏电保护器只能做漏电保护，不得兼做断路、短路、过载保护开关使用。用于住宅单相回路时，应选用漏电电流 30mA 以下和动作时间小于 0.1s 的漏电保护器。其仅装设在负荷末端，以保护插座回路为主。图 6-8 为漏电保护器的接线方法。

(3) 电能表。电能表即电度表，是用来计量交流电能用电量的仪表，如图 6-9 所示。电能表按其测量的相数可分为单相电能表和三相电能表；按结构及工作原理可分为感应式电能表和电子式电能表。

单相电能表的接线有顺入式和跳入式两种，如图 6-10 所示。在单相电能表接线盒里，端子的排列顺序总是左为首端 1，右为尾端 4。顺入式接线方法是相线 1 进 3 出，零线 2 进 4 出；跳入式接线方法是相线 1 进 2 出，零线 3 进 4 出。

220V 进线

L　N

L　N

220V 出线

图 6-8　漏电保护器的接线方法

图 6-9　电能表

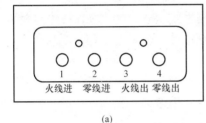

火线进　零线进　火线出　零线出

(a)

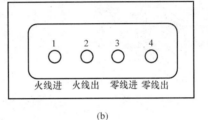

火线进　火线出　零线进　零线出

(b)

图 6-10　电能表的接线方法

(a) 顺入式；(b) 跳入式

电能表一般安装在配电箱的左边或上边，与上下进线孔的距离约 80mm，距其他仪表的距离约 60mm；安装时电能表必须与地面垂直。

7. 常用导线

导线截面积选择过大，必定造成线路投资浪费，过小则不安全，故合理选择配电导线影响到投资，更影响线路的安全，应综合考虑。

(1) 导线的种类。

①普通导线，又称为电线。常用导线有绝缘导线和裸导线之分，其导电材料有铜、铝、钢三种，其中，铜的导电性能优于铝和钢。绝缘导线按其绝缘材料又可分为橡皮绝缘和聚氯乙烯绝缘两种。

常用绝缘导线的型号及用途见表 6-1。

表 6-1　　　　　　　　　　　　常用绝缘导线的型号及用途

型　号	名　称	用　途
BX（BLX）	铜（铝）芯橡皮绝缘线	适用于交流 500V 及以下，或直流 1000V 及以下的电气设备及照明装置
BXF（BLXF）	铜（铝）芯氯丁橡皮绝缘线	
BXR	铜芯橡皮绝缘软线	

型　号	名　称	用　途
BV（BLV）	铜（铝）芯聚氯乙烯绝缘线	适用于各种交、直流电器装置，电工仪表，仪器，电讯设备，动力及照明线路固定敷设
BVV（BLVV）	铜（铝）芯聚氯乙烯绝缘聚氯乙烯护套圆型电线	
BVVB（BLVVB）	铜（铝）芯聚氯乙烯绝缘聚氯乙烯护套平型电线	
BVR	铜芯聚氯乙烯绝缘软线	
BR-105	铜芯耐热105℃聚氯乙烯绝缘电线	
RV	铜芯聚氯乙烯绝缘软线	适用于各种交、直流电器，电工仪表，家用电器，小型电动工具，动力及照明装置
RVB	铜芯聚氯乙烯绝缘平行软线	
RVS	铜芯聚氯乙烯绝缘绞型软线	
RXS	铜芯橡皮绝缘棉纱编织绞型软电线	
RX	铜芯橡皮绝缘棉纱编织圆型软电线	

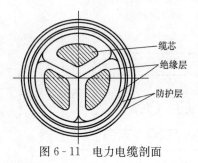

图 6-11　电力电缆剖面

　　②电缆，是一种多芯导线，即在一个绝缘软套内裹有多根相互绝缘的线芯。电缆的种类较多，按用途可分为电力电缆、控制电缆、通信电缆等；按绝缘材料可分为橡胶绝缘、油浸纸绝缘、塑料绝缘等；按芯数可分为单芯、双芯、三芯及多芯电缆。不论何种电缆其基本结构均由缆芯、绝缘层、保护层三部分组成，如图6-11所示。常用电力电缆型号及用途见表6-2。

表 6-2　　　　　　　　　　**常用电力电缆的型号及用途**

型　号		名　称	用　途
铜芯	铝芯		
VV	VLV	聚氯乙烯绝缘及护套电力电缆	敷设在室内、沟道中及管子内，耐腐蚀，不延燃，但不能承受机械外力
VY	VLY	聚氯乙烯绝缘聚乙烯护套电力电缆	
VV22	VLV22	聚氯乙烯绝缘钢带铠装聚氯乙烯护套电力电缆	敷设在室内、沟道中、管子内及土壤中，耐腐蚀，不延燃，能承受一定机械外力，但不能承受压力
VV23	VLV23	聚氯乙烯绝缘细钢带铠装聚氯乙烯护套电力电缆	
VV32	VLV32	聚氯乙烯绝缘细钢带铠装聚氯乙烯套电力电缆	可用于垂直及高落差处，敷设在水下或土壤中耐腐蚀，不延燃，能承受一定机械压力和拉力
VV33	VLV33	聚氯乙烯绝缘细钢带铠装聚乙烯套电力电缆	
YJV	YJLV	交联聚氯乙烯绝缘聚氯乙烯护套电力电缆	敷设于室内、隧道、电缆沟及管道中，也可埋在松散的土壤中，不能承受机械外力，但可承受一定敷设牵引力
YJY	YJLY	交联聚氯乙烯绝缘聚乙烯护套电力电缆	
YJV22	YJLV22	交联聚氯乙烯绝缘聚钢带铠装聚氯乙烯护套电力电缆	适用于室内、隧道、电缆沟及地下直埋敷设，能承受机械外力，但不能承受大的拉力
YJV23	YJLV23	交联聚氯乙烯绝缘聚钢带铠装聚乙烯护套电力电缆	

③母排，又称汇流排，是大截面积载流导体，用来汇集和分配电流。按材质可分为铜母线、铝母线、钢母线和母线槽，按其软硬程度可分为硬母线和软母线。一般硬母线用在工厂高低压配电装置中，软母线用在 35kV 及以上的高压配电装置中。

（2）导线的选择。导线选择应首先保证供电的安全可靠，其次是经济性与安装维护方便。

一般 380/220V 配电系统应选择 500V 以下绝缘电缆；有易燃、易爆、易腐蚀或有移动设备的配电系统，常选用铜芯导线、橡胶绝缘线；塑料绝缘导线虽然价格低，但易老化，不适于室外敷设。

导线选用时，相线 L、零线 N 和保护零线 PE 应采用不同颜色的导线，一般情况下，相线可选用黄、绿、红三色，零线或中性线应选用浅蓝色，保护接地线应选用绿黄双色线。

二、低压配电箱的安装

低压配电箱分为照明配电箱和动力配电箱两大类，其安装方法基本相同。

（一）施工准备

施工前应做好技术准备、材料准备和机具准备，具体如下：

1. 技术与材料准备

（1）施工图纸、技术标准、规范、标准图、施工组织设计、工法等技术资料应齐全。施工技术交底编制完毕，并经过审批；施工前应组织班组人员熟悉图纸，并学习技术交底书及工法；参与施工的作业人员应具备相应的技术等级和资质，持证上岗作业。

（2）用于检测、调试的计量器具量程、精确度应符合要求，并在规定的有效计量器具检定周期内。

（3）配电箱、绝缘导线应符合国家颁布的现行技术标准和技术要求，并有产品出厂合格证、生产许可证、检测报告、"CCC"认证书。箱体应有铭牌，附件齐全，无机械损伤、变形、油漆脱落等现象。箱体材料、尺寸、颜色，箱内元器件等符合设计要求。配电箱进入工地，应组织相关人员进行验收，核对数量，检查是否符合订货要求，并收集相关资料，以备接线和调试时使用。

2. 施工机具

（1）机具及工具：电工组合工具、压线钳、套筒扳手、开孔器、热风机、台钻、电钻、电锤、电焊机、钢锯、扁锉、圆锉、手锤、锡锅、台钳、活扳手、六棱扳手、錾子等。

（2）监测装置：兆欧表、万用表、试电笔、卷尺、角尺、水平尺、钢板尺等。

3. 作业条件

（1）混凝土内预埋配电箱体处的钢筋绑扎完毕，并确保配电箱处无模板拉杆穿过。

（2）配电箱的预留洞与预埋件的标高、尺寸均符合设计要求。

（3）安装明配电箱及暗配电箱的箱面时，土建装修完毕。

（4）屋顶、楼板施工完毕，不得渗漏。

（二）配电箱的安装

配电箱的安装程序：弹线定位→配合土建预埋箱体（或安装明装配电箱）→管与箱连接→安装盘面与接线→装盖板→绝缘测量。

1. 箱体的安装

如图 6-12 所示，配电箱的安装方式有悬挂明装和嵌入暗装两种。

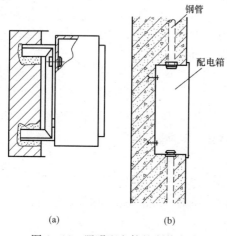

图 6-12　照明配电箱的安装方式

(a) 悬挂明装；(b) 嵌入暗装

（1）明装配电箱的安装。在混凝土墙或砖墙上安装配电箱，先量好配电箱安装孔的尺寸，在墙上画好孔位，然后打洞，埋设固定螺栓或膨胀螺栓。安装配电箱时，要用水平尺放在箱顶上，测量箱体是否水平，如果不水平，可调整配电箱的位置达到要求。

（2）暗装配电箱的安装。配电箱的暗装应在土建砌墙时进行。配电箱到现场后应根据配管情况用开孔器开孔。如果为配电箱体一次预埋，则配电箱体钢板厚度应符合预埋要求。配电箱放置时应保持水平和垂直，箱体面板应紧贴墙面，箱体与墙体接触部分应刷防腐漆。配电箱的安装高度，一般为底边距地 1.5m。

2. 管路与配电箱的连接

（1）管路进入配电箱应一管一孔，严禁开长孔，杜绝使用电气焊开孔。

（2）钢管与配电箱进行连接时，应先将管口套螺纹，拧入锁紧螺母，然后插入箱体内，再拧上锁紧螺母，露出 2～4 牙的长度拧上护圈帽，并焊好接地跨接线。

（3）管口露出箱体长度应小于 5mm。

3. 箱内配线

（1）进入配电箱的导线或电缆应预留箱体半周的长度，线色应严格按接地保护线为黄绿相间色，零线为淡蓝色，相线 A 相为黄色，B 相为绿色，C 相为红色进行配置。

（2）垂直装设的刀闸及熔断器上端接电源，下端接负荷；横装者左侧（面对盘面）接电源，右侧接负荷。

（3）配电箱内导线与电气元件采用螺栓连接、插接、焊接或压接等均应牢固可靠。配电箱内的导线不应有接头，导线芯线应无损伤。导线剥削处不应过长，导线压头应牢固可靠，多股导线必须搪锡且不得减少导线股数。

（4）配电箱的箱体、箱门及箱底盘均应采用铜编织带或黄绿相间色铜芯软线可靠接于 PE 端子排上。

4. 绝缘摇测

配电箱全部电器安装完毕后，用 500V 兆欧表对线路进行绝缘摇测，绝缘电阻值不小于 0.5 MΩ。摇测项目包括相线与相线之间，相线与中性线之间，相线与保护地线之间，中性线与保护地线之间。绝缘摇测至少两人进行摇测，同时做好记录，作为技术资料存档。

5. 成品保护

配电箱箱体安装后，应采取保护措施，避免土建刮腻子、喷浆、刷油漆时污染箱体内壁；箱体内各个线管管口应堵塞严密，以防杂物进入线管内；安装箱盘盘芯、面板或贴脸时，应注意保持墙面整洁；安装后应锁好箱门，以防箱内电具、仪表损坏。

三、室内配电线路敷设

室内配线是指建筑物外墙以内的电气线路敷设，也称内线工程，包括动力、照明、控制及其他电气线路。室内配线有明配和暗配两种。明配是导线沿墙壁、天花板、梁及柱子等表面敷设的安装方法；暗配是敷设于墙壁、顶棚、地面及楼板等处内部的安装方法，一般是先预埋管子，以后再向管内穿线。室内配线工程的具体要求如下：

（1）所用导线的额定电压应大于线路的工作电压；导线的绝缘应符合线路安装方式和敷设环境的条件；导线截面应满足供电负荷和机械强度的要求。

（2）导线敷设时，应尽量避免接头。若必须接头，应把接头放在接线盒、灯头盒或开关盒内，且保证接头牢靠，接触良好；导线在连接处或分支处，不应受机械外力作用。

（3）导线穿越墙体、楼板时，应加装保护管。穿越墙体时，保护管的两端出线口伸出墙面距离不应小于10mm；穿越楼板时，保护管上端距地面不小于1.8m，下端口到楼板为止。

（4）各种明配线应垂直和水平敷设，要求横平竖直；暗配线要求管路短、弯曲少、不外露，便于穿线。

（一）明配线敷设

室内线路的明敷设常采用塑料护套线配线、明管配线和线槽配线。

1. 塑料护套线配线

采用铝片线卡固定塑料护套线的配线方式，称为塑料护套线配线。塑料护套线多用于照明线路，可直接敷设在楼板、墙壁灯建筑物表面，但不得直接埋入抹灰层内暗设或建筑物顶棚内。

塑料护套线配线的安装程序：测位→划线→打眼→埋螺栓→埋过墙管→固定卡子→安装线盒→配线→焊接线头。

塑料护套线敷设时，分支接头和中间接头应做在接线盒中。当护套线穿过建筑物的伸缩缝、沉降缝时，在跨缝的一段导线两端，应可靠固定，并做成弯曲状留有一定余量，如图6-13所示。塑料护套线配线穿过墙壁和楼板时，应加保护管，保护管可用钢管、塑料管或瓷管。

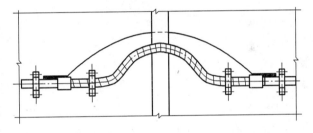

图6-13　线管明敷时经过伸缩缝、沉降缝的做法

2. 明管配线

把绝缘导线穿入在墙、梁、柱表面敷设的保护管的敷设方式，称为明管配线。这种配线方式比较安全可靠，更换电线方便，适用于潮湿、有粉尘、有防爆要求，又不能采用暗敷设的车间、实验室等场所。明管配线的保护管常采用钢管和硬塑料管。

明管配线的安装程序：测位→线管加工→线管连接→线管固定→焊接地跨接线→管内穿线。

钢管加工主要包括锯管、套丝、弯管等。如图6-14所示，明配钢管与盒（箱）连接应采用锁紧螺母或护圈帽固定，用锁紧螺母固定的管端螺纹宜外露锁紧螺母2～3扣。钢管与钢管的连接用螺纹连接（也称丝扣连接）或套管连接两种方法。采用螺纹连接时，管端螺纹长度不应小于管接头长度的1/2；连接后，其螺纹宜外露2～3扣。采用套管连接时，套管长度宜为管外径的1.5～3倍，管与管的对口处应牢固严密。钢管配线与设备连接时，应将钢管敷设到设备内。

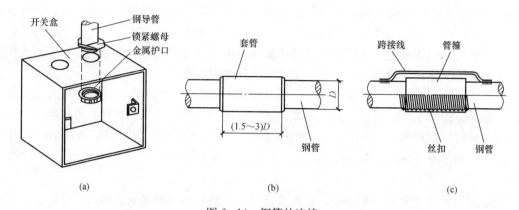

图 6-14　钢管的连接

（a）钢管与盒（箱）连接；（b）钢管的套管连接；（c）钢管的丝扣连接

　　硬塑料管做保护套管时，硬质塑料管之间以及与盒（箱）等器件的连接应采用插入法，连接处结合面应涂专用胶合剂，接口应牢固密封。管与管之间采用套管连接时，套管长度宜为管外径的 2.5～3 倍，管与管的对口处应位于套管的中心，如图 6-15 所示。

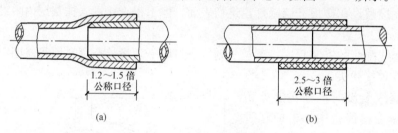

图 6-15　硬塑料管的连接

（a）插入连接；（b）套管连接

　　3. 线槽配线

　　线槽配线施工的程序：线槽安装固定→线槽内导线敷设。

　　（1）金属线槽的安装固定。金属线槽一般由厚度为 0.4～1.5mm 的钢板制成，这类线槽适合于明敷线路。金属线槽在墙上安装时，可采用 $\phi 8 \times 35$mm 半圆头木螺钉配木砖或半圆头木螺钉配塑料胀管。当线槽的宽度小于或等于 100mm 时，可采用一个胀管固定，若线槽的宽度大于 100mm，则用两个胀管并列固定，如图 6-16 所示。金属线槽应可靠接地或接零，但不应作为设备的接地导体。

　　（2）塑料线槽的安装固定。塑料线槽敷设时，宜沿建筑物顶棚与墙壁交角处的墙上及墙角和踢脚板上端边敷设。安装时，先固定槽底，在分支时应做成"T"字分支，在转角处槽底应锯成 45°角对接，对接连接面应严密平整，无缝隙。在线路连接、转角、分支及终端处应采用相应附件，如图 6-17 所示。

　　4. 线槽内导线敷设

　　导线敷入线槽前，应清扫线槽内残余的杂物，使线槽保持清洁。按规定将导线放好，并将导线按回路（或按系统）用尼龙绑扎带或线绳绑扎成捆，分层排放在线槽内并做好永久性编号标志。

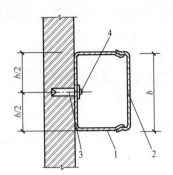
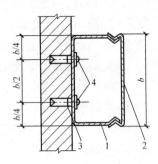

图 6-16　金属线槽在墙上安装

1—金属线槽；2—槽盖；3—塑料胀管；4—半圆头木螺丝

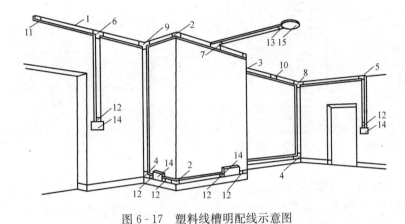

图 6-17　塑料线槽明配线示意图

1—直线线槽；2—阳角；3—阴角；4—直转角；5—平转角；6—平三通；7—顶三通；

8—左三通；9—右三通；10—连接头；11—终端头；12—开关盒插口；13—灯位盒插口；

14—开关盒及盖板；15—灯位盒及盖板

导线的规格和数量应符合设计规定。当设计无规定时，包括绝缘层在内的导线总截面积不应大于线槽内空截面积的 60%，电线、电缆在线槽内不宜接头。在不易拆卸盖板的线槽内，导线的接头应置于线槽的分线盒内或线槽出线盒内。

（二）暗配线敷设

暗配线常采用穿管暗敷，常用的管材有焊接钢管（又称水煤气管）、硬塑料管和半硬塑料管。

线管配线工程的施工程序：线管加工→线管的连接→线管敷设→管内穿线。

（1）线管的加工。需要敷设的线管，应在敷设前进行一系列的加工，如钢管的防腐、线管的切割、套丝和弯曲等。

（2）线管的连接。线管的连接方法与线管明配线相同。

（3）线管敷设。一般从配电箱下口皮开始，将管子逐段配至用电设备处，也可从用电设备端开始，逐段配至配电箱的下口皮。

对于现浇混凝土结构的电气配管主要采用预埋方式。例如现浇混凝土楼板内配管，当模板支好后，在敷设钢筋前进行测位画线，待钢筋底网绑扎垫起后开始敷设管、盒，然后把管路与钢筋固定好，将盒与模板固定牢。预埋在混凝土内的管子外径不能超过混凝土厚度的 1/2，并列敷设的管子间距不应小于 25mm，管子周围均应有混凝土包裹。

管子与盒的连接应一管一孔，镀锌钢管与盒（箱）连接应采用锁紧螺母或护圈帽固定。配管时，应先敷设带弯曲的管子，后敷设直管段的管子。对于金属管，还应随时连接（或焊）好接地跨接线，如图 6-18 所示。

当电线管路遇到建筑物伸缩缝、沉降缝时，必须相应做伸缩、沉降处理。一般是装设补偿盒，在补偿盒的侧面开一个长孔，将管端穿入长孔中，无须固定，而另一端则要用六角螺母与接线盒拧紧固定，如图 6-19 所示。

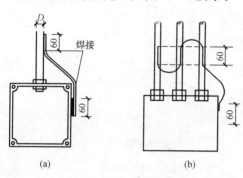

图 6-18　接地跨接线
（a）管与盒跨接地线；（b）多根管进盒跨接地线

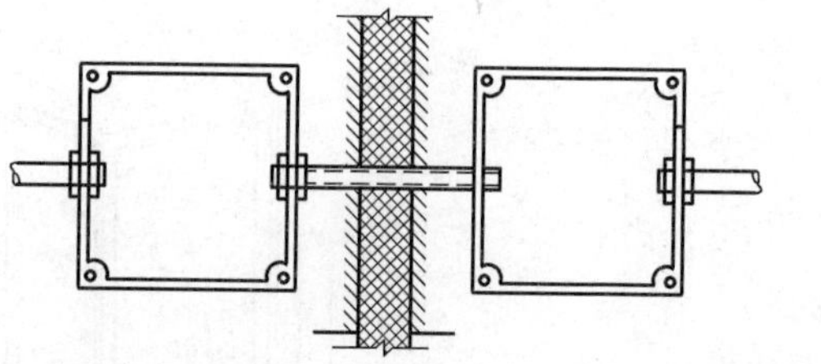

图 6-19　暗敷线管经过伸缩缝、沉降缝的做法

（4）导线的连接。绝缘导线连接的基本操作步骤为：剥切绝缘层、线芯连接和恢复绝缘。在室内配线工程中应尽量减少导线的接头，并应特别注意接头的质量。因为导线多数因接头不牢而发生故障。为了保证导线接头的质量，当设计无特殊规定时，应采用焊接、压板压接或套管连接。导线连接应接触紧密，导线接头处的电阻不得大于导线本身的电阻；接头的机械强度应不小于导线机械强度的 80%；导线接头处应耐腐蚀；接头的绝缘层强度应与导线的绝缘强度相同。

（5）管内穿线。线管敷设完毕，即可进行管内穿线工作。导线穿管时，应先穿一根钢线作为引线（当管线较长，弯曲较多时，也可在配管时就将引线穿入管中），利用钢引线将导线穿入管内。多根导线穿入同一根管内时，应将导线分段绑扎。拉线时应由两人操作，一人送线，一人拉线，两人送拉动作应配合协调，不可强送强拉，防止将引线或导线拉断。

导线穿入钢管后，管口处应装设保护导线的护线套，穿线后的管口应临时封堵。

四、建筑供配电系统施工质量检验

1. 低压配电箱

（1）低压配电箱内的电气元件必须符合有关质量标准的规定，资料齐全。箱、盘的金属框架及基础型钢必须接地（PE）或接零（PEN）可靠；装有电器的可开启门和框架的接地端应用裸编织铜线连接，且有标识。

（2）照明配电箱（盘）安装应符合下列规定：

①箱（盘）内配线整齐，无绞接现象。导线连接紧密，不伤芯线，不断股。垫圈下螺丝两侧压的导线截面积相同，同一端子上导线接不多于 2 根，防松垫圈等零件齐全。

②箱（盘）内开关动作灵活可靠，带有漏电保护的回路，漏电保护装置动作电流不大于

30mA，动作时间不大于 0.1s。

③照明箱（盘）内，分别设置零线（N）和保护地线（PE 线）汇流排，零线和保护地线经汇流排配出。

④位置正确，部件齐全，箱体开孔与导管管径适配，暗装配电箱箱盖紧贴墙面，箱（盘）涂层完整。中性线经汇流排（N 线端子）连接，无绞接现象。盘内外清洁，箱盖、开关灵活，回路编号齐全，接线整齐，PE 保护地线不串接。安装牢固，导线截面、线色符合规范规定。

⑤照明配电板底边距地面不小于 1.8m。在同一建筑物内，同类盘的高度应一致，允许偏差为 10mm。照明配电箱（板）应安装牢固、平正、其垂直偏差不应大于 3mm。

（3）箱、盘安装垂直度允许偏差为 1.5‰。

（4）其他质量控制要求：

①室内进入落地式柜、台、箱、盘内的导管管口，应高出柜、台、箱、盘的基础面 50～80mm。

②进入配电箱的明配管在柜、台、箱、盘边缘的距离 150～500mm 范围内设置管卡。

③进入配电箱的明配管应排列整齐，间距均匀，接地可靠，美观。

④混凝土内预埋配电箱体的钢板厚度应符合表 6-3 的要求。

表 6-3　　　　　　　　　　混凝土内暗埋配电箱箱体厚度要求

箱体大边长度 L（mm）	$L \leqslant 200$	$200 < L < 600$	$600 \leqslant L \leqslant 800$
箱体钢板厚度 δ（mm）	1.2	1.5	2

⑤固定配电箱的固定件应采用镀锌制品。

⑥不宜在成品配电盘上开孔，确需开孔时，应保护好电器元件，严禁铁屑进入电器元件，并应及时清除盘面铁屑，以免形成短路。

2. 线管、线槽敷线

（1）不同回路、不同电压等级和交流与直流的电线，不应穿于同一线管内；同一交流回路的电线应穿于同一金属线管内，且管内电线不得有接头。

（2）电线穿管前，应清除管内杂物和积水。管口应有保护措施，不进入接线盒（箱）的垂直管口穿入电线后，管口应密封。

（3）当采用多相供电时，同一建筑物、构筑物的电线绝缘层颜色选择应一致。即保护地线（PE 线）应是黄绿相间色，零线用淡蓝色；相线中，A 相用黄色，B 相用绿色，C 相用红色。

（4）线槽敷线应符合下列规定：

①在线槽内有一定余量，不得有接头。电线按回路编号分段绑扎，绑扎点间距不应大于 2m。

②同一回路的相线和零线，敷设于同一线槽内。

③同一电源的不同回路无抗干扰要求的线路可敷设于同一线槽内；敷设于同一线槽内有抗干扰要求的线路用隔板隔离，或采用屏蔽电线且屏蔽护套一端接地。

任务二　建筑电气照明系统安装

一、建筑电气照明系统认知

1. 常用电气照明术语

（1）光通量，表示光源的发光能力，指光源在单位时间内，向空间发射出引起人视觉的能量，也称为发光量，符号为 ϕ，单位为 lm（流明）。

（2）发光强度，简称光强，指光线的强弱程度，用发光体在给定方向的立体角内传输的光通量与该立体角之比，即单位立体角的光通量表示，符号为 I，单位为 cd（坎德拉）。

（3）亮度，表示物体的明亮程度，指发光体在给定方向上向单位投影面积发射的发光强度，符号为 L，单位为 cd/m^2（坎德拉/米^2）。

（4）照度，表示被照物体表面的被照亮程度，指单位面积上接收到的光通量，符号为 E，单位为 lx（勒克斯）。

（5）显色性，指电光源发出的光照射在物体上，对物体呈现颜色的真实程度。

2. 照明质量基本要求

良好的照明质量不仅靠光通量的大小，还取决于照度、亮度等多个方面，依照《建筑照明设计标准》（GB 50034—2004）的规定主要反映在以下几个方面。

（1）照度均匀。合适的照度有利于保护视力并且能够提高工作和学习效率，但一定要均匀。照度均匀可用最低照度与平均照度的比值来衡量。

（2）亮度均匀。适当的亮度分布能营造良好的视觉环境，亮度过大或过小都容易引起视觉疲劳，过于均匀又会造成室内气氛呆板。

（3）限制眩光。眩光是指光源对眼的强烈刺激作用以致引起不舒适感觉或降低观察细部目标的能力。

（4）光源显色性。照明光源对物体色表的影响称为光源显色性。在光照下物体颜色不改变，则光源显色性好。

（5）照度稳定性。照度不稳定主要由电源电压波动引起光源变化所致，可采取将动力与照明两种负荷分开供电，或采取相应稳压措施的方法保证照度的稳定。

（6）消除频闪效应。气体电光源的光通量随交流电的频率做周期性变化，会产生失真现象，这就是频闪效应。故气体放电光源不能用于快速转动或移动物体等场所。

3. 照明的分类

（1）按照明范围区分，照明可分为一般照明、局部照明、混合照明三种方式，如图 6-20 所示。

（2）按照明的功能特点，房屋照明可分为以下几类。

①正常照明：保证工作场所正常工作的室内外照明。

②应急照明：在正常照明电源因故障失效的情况下，供人员疏散、保障安全或继续工作用的照明。应急照明包括疏散照明、安全照明和备用照明。

③值班照明：在非工作时间内供值班人员使用的照明。在非三班制生产的重要车间和仓库、商场等场所，通常设置值班照明。

④警卫照明：用于警卫地区周围的照明。警卫照明应尽量与区域照明合用。

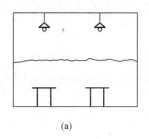
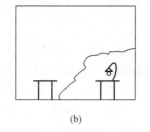
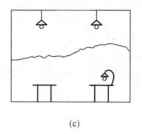

（a）　　　　　　　　　　（b）　　　　　　　　　　（c）

图 6-20　照明分布示意图

（a）一般照明；（b）局部照明；（c）混合照明

⑤障碍照明：装设在建筑物或构筑物上作为障碍标志用的照明。障碍灯应为红色或闪光灯，并且接入应急电源回路中。

⑥装饰艺术照明：为美化和装饰某一特定空间的照明，可以是正常照明的一部分，也可以是为营造特定气氛的纯装饰性照明。

二、常用电光源及灯具的选择

1. 常用电光源

工程上把将电能转化为光能的设备称为电光源，按照光源发光的原理不同可分为热辐射光源和气体放电光源两大类。

（1）热辐射光源。热辐射光源也称为固体发光光源，是利用物体通电到白炽状态而辐射发光的产品，主要有白炽灯、卤钨灯等。

①白炽灯，结构如图 6-21 所示。它具有结构简单、价格低廉，显色性好的优点，因而广泛应用于照度要求较低，开关次数频繁的场所。但目前 100W 及以上的白炽灯已禁止销售。

②卤钨灯，是在白炽灯泡内充以少量的卤化物（如溴、碘），利用卤钨循环原理来提高灯的发光效率和寿命，故发光效率比白炽灯高 30％。

卤钨灯有管形和柱形两种，其功率较大，适用于体育场、广场、机场等场所。其中，管型卤钨灯工作时需水平安装，倾角不得大于±4°，并且不允许采用任何人工冷却措施，否则将严重影响灯管的寿命。卤钨灯的结构如图 6-22 所示。

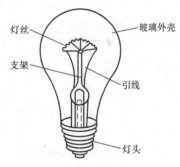

图 6-21　白炽灯的结构图

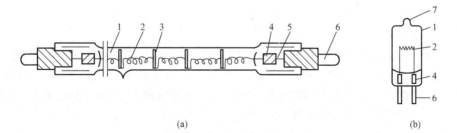

（a）　　　　　　　　　　　　　　　　（b）

图 6-22　卤钨灯结构图

（a）管形卤钨灯；（b）柱形卤钨灯

1—石英玻璃管；2—灯丝；3—支架；4—钼箔；5—导丝；6—电极；7—封装口

（2）气体放电光源。气体放电光源是指利用气体通电后以原子辐射形式产生光辐射的电光源，其代表为荧光灯。

①荧光灯，又称日光灯，是靠汞蒸气放电时发出可见光和紫外线，后者又激发管内壁的荧光粉而发光的电光源，二者混合后的光色接近于白色。由于荧光粉的化学成分不同，常见的荧光灯有日光色、冷光色、白色、暖色和三基色等。

如图 6-23 所示，荧光灯一般由灯管、启辉器、镇流器和补偿电容组成。常用的荧光灯有直管型、异型（环形、2D 形等）、紧凑型（U 形、2U 形、多 U 形、螺旋形等）等多种形式。荧光灯因其发光效率高，显色性好，光线柔和，寿命长的优点，而广泛应用于家庭、宾馆、办公室等不用频繁开关的场所，紧凑型荧光灯还具有体积小、光效高、造型美观、安装方便等特点，并且有逐渐代替白炽灯的发展趋势。

②高压汞灯，也称高压水银灯，多用于车间、礼堂、展览馆等室内照明，或道路、广场的室外照明，有外镇流和自镇流两种形式，其中外镇流式结构如图 6-24 所示。

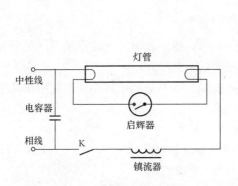

图 6-23　荧光灯的结构图

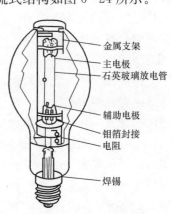

图 6-24　高压汞灯结构图

高压汞灯具有光效高、耐震、耐热、寿命长等特点，但启动时间较长，不能单独作为事故照明光源。

③高压钠灯，它是利用高压钠蒸汽放电的原理制成，其发光效率高，结构简单，平均寿命长，紫外线辐射小，透雾性能和耐震性能好，特别适合交通道路照明，但是其启动时间较长。

④金属卤化物灯，它是在荧光高压汞灯的基础上为改善光色而发展起来的新一代光源，与荧光高压汞灯类似，但在放电管中，除充有汞和氩气外，另加入能发光的以碘化物为主的金属卤化物。金属卤化物灯主要有钠铊铟灯、镝灯，适合用于室内空间较大、较高的场所使用，最适合用于户外庭院照明、广场照明、展览中心和各类商业场所的照明。

⑤氙灯，通过高压氙气的放电产生强白光的光源，其显色性好，光效高，功率大，能够瞬时点燃，又被称为"小太阳"，适用于广场、飞机场等大面积照明。但其工作时会辐射出强紫外线，所以安装高度不宜低于 20m。

⑥半导体发光二极管，又称为发光二极管，简称为 LED，是一种无灯丝的电光源，它是靠半导体化合物制成的特殊结构把电能转换成光能的光源。LED 灯具有光效高、反应速度快、无冲击电流、可靠性高、寿命长等优点，适用于家庭、工业、商业等场所照明。

（3）电光源的选择。选择电光源首先应符合国家现行的相关标准和有关规定，其次应满足照明要求，再有就是考虑使用环境，最后考虑投资与运行费用。具体如下：

①在照明开关频繁、需要及时点亮、需要调光的场所，或因频闪效应影响视觉效果以及需要防止电磁波干扰的场所，均宜采用白炽灯或卤钨灯而不宜选用气体光源。

②识别颜色要求较高、视看条件要求较好的场所，宜采用日光色荧光灯、紧凑型荧光灯、白炽灯和卤钨灯。

③振动较大的场所、照度要求高但对光色无特殊要求的场所，宜采用荧光高压汞灯或高压钠灯；有高挂条件、照明条件要求较高的大面积照明场所，宜采用金属卤化物灯或氙灯而不宜选用高压钠灯。

④选用光源时应考虑灯具的安装高度。白炽灯适用于 6～12m 悬挂，荧光灯适用于 2～4m 悬挂，荧光高压汞灯适用于 5～18m 安装高度，卤钨灯适用于 6～24m 安装高度。

⑤同一场所，当采用一种光源光色较差时，一般均考虑采用两种或多种光源混光的方法加以改善。

2. 照明灯具

灯具是能透光、分配和改变光线分布的器具，包括除光源外所有用于固定和保护光源所需的全部零部件，以及与电源连接所必需的线路附件。

（1）按光通量在空间中的分配特性，灯具可分为以下几种类型。

①直接型灯具：向灯具下部发射 90%～100% 直接光通量的灯具。这种灯具的特点是灯的上半部分几乎没有光线，光通量利用率最高；但顶棚很暗，与明亮的灯具易形成对比眩光；光线集中且方向性强，易产生较浓重阴影。

②半直接型灯具：向灯具下部发射 60%～90% 直接光通量的灯具。这种灯具的特点是下射光供作业照明，上射光供环境照明，减少了灯具与顶棚间的强烈对比，使室内环境亮度适宜、缓解阴影。

③漫射型灯具：向灯具下部发射 40%～60% 直接光通量的灯具。这种灯具适当安装可使直接眩光最小，光线柔和均匀，但光通量损失较多。

④半间接型灯具：向灯具下部发射 10%～40% 直接光通量的灯具。这种灯具增加散射光照明效果，光线更加柔和均匀，但光通损失更多，经济性差，灯具易积尘而影响其效率。

⑤间接型灯具：向灯具下部发射 10% 以下的直接光通量的灯具，大部分光线投向顶棚。这种灯具运用反射光照明，无阴影和眩光，但光损失大，缺乏立体感。

（2）按照安装方式，灯具可分为以下几种。

①吸顶式。灯具直接安装在顶棚上，主要用于没有吊顶的房间内。

②嵌入顶棚式。将灯具嵌入吊顶内安装，适用于有吊顶的房间。

③壁挂式。将灯具安装在墙壁或庭柱上，主要用于局部和装饰照明及不适宜在顶棚安装灯具的场所。

④悬挂式。将灯具用吊绳、吊链、吊管等悬挂在顶棚上，适用于顶棚较高的餐厅、会议、大展厅、办公室等。

⑤嵌墙式。将灯具暗装于距地高度为 0.2～0.4m 的墙体内，适用于医院病房、宾馆客房、公共走廊、卧室等场所。

⑥移动式。可以自由移动以获得局部高照度的灯具，往往作为辅助性照明使用。

（3）灯具的选择。灯具的种类繁多，我们要根据建筑物的不同用途，来选择不同形式的灯具。选择灯具要从实际出发，既要适用，又要经济，在可能的条件下注意美观。选择灯具可以从以下几个方面来考虑。

①配光选择。即室内照明是否达到规定的照度，工作面上的照度是否均匀，有无眩光等。例如在高大厂房中，为了使光线能集中在工作面上，就应该选择深照型直射灯具。

②经济效益。即在满足室内一定照度的情况下，电功率的消耗，设备投资、运行费用的消耗都应该适当控制，使其获得较好的经济效益。

③灯具选择。选择灯具时，还需要考虑周围的环境条件，如有爆炸危险的场所，应选用防爆型灯具，同时还要考虑灯具的外形与建筑物是否协调。

总之，灯具的选择要根据实际条件进行综合考虑。例如，对于一般生活用房和公共建筑多采用半直射型或漫射型灯具，这样可以使室内和顶棚均有一定的光照，整个室内空间照度分布比较均匀；在生产厂房多采用直射型灯具，可以使光通量全部或大部分投射到下方的工作面上；在特殊的工作环境下，要采用特殊灯具，潮湿的房间要采用防潮灯具，室外采用防雨式灯具等。

三、灯具的安装

（一）施工准备

1. 技术与材料准备

①施工前应进行技术交底工作。

②注意核对灯具的标称型号等参数是否符合要求，并应有产品合格证，普通灯具有安全认证标志。

③灯具所使用灯泡的功率应符合安装说明的要求。

④其他辅材齐全，并符合相关质量要求，主要有膨胀螺钉、尼龙胀管、尼龙扎带、螺钉、安全压接帽、焊锡、绝缘胶带等。

2. 主要机具

①手电钻、电锤、压接帽专用压接钳、常用电工工具、大功率电烙铁、数字式万用表等。

②铅笔、卷尺、钢锯、纱线手套、人字梯等。

3. 作业条件

①施工图纸及技术资料齐全。

②顶棚、墙面的抹灰，室内装饰涂刷及地面清理工作已完成，门窗齐全。

③有关预埋件及预留孔符合设计要求。

④相关回路管线敷设到位、穿线检查完毕。

（二）灯具的安装

灯具安装的工艺流程：检查灯具→组装灯具→安装灯具→灯具接线→安全检查→通电试运行。

1. 吊灯的安装

在混凝土顶棚上安装，要事先预埋铁件或置放穿透螺栓，还可以用胀管螺栓紧固，如图6-25所示。然后在铁件上设过渡连接件，以便调整预埋误差，最后吊杆、吊链等与过渡连接件连接。

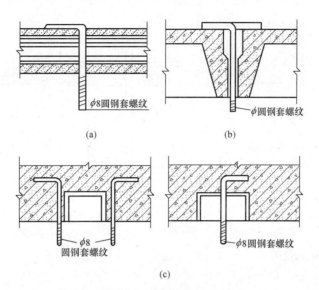

图 6 - 25　吊灯在混凝土顶棚上安装

（a）预制板吊挂螺栓；（b）楼板缝里放置螺栓；（c）现浇板里预埋螺栓

2. 吸顶灯的安装

在混凝土顶棚上安装时，可以在浇筑混凝土前，根据图纸要求把木砖预埋在里面，也可以安装金属胀管螺栓，如图 6 - 26 所示。

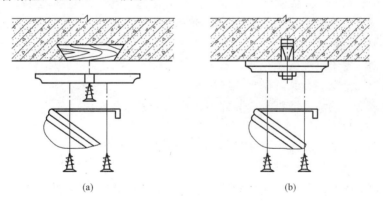

图 6 - 26　吸顶灯的安装

（a）预埋木砖；（b）胀管螺栓

3. 壁灯的安装

壁灯可安装在墙上或柱子上。安装在墙上时，一般在砌墙时应预埋木砖，也可用膨胀螺栓固定。安装在柱子上时，一般在柱子上预埋金属构件或用抱箍将金属构件固定在柱子上，然后再将壁灯固定在金属构件上，如图 6 - 27 所示。

4. 嵌入式灯具的安装

小型嵌入式灯具应安装在吊顶的顶板上或吊顶内龙骨上，大型嵌入式灯具应安装在混凝土梁、板中伸出的支撑铁架、铁件上。大面积的嵌入式灯具，一般是预留洞口。嵌入式灯具与吊顶板材连接固定，如图 6 - 28 所示。

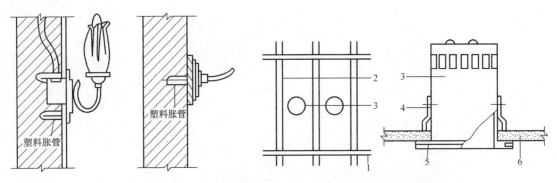

图 6-27　壁灯的安装　　　　　　　　图 6-28　嵌入式灯具安装

1—大龙骨；2—中龙骨；3—灯具；4—卡件；

5—压边；6—吊顶板材

四、插座与开关的安装

（一）施工准备

1. 材料要求

①各类开关、插座的规格型号必须符合设计要求，并有产品合格证。

②塑料（台）板应平整，有足够的强度，无弯翘变形等现象，并有产品合格证。

③其他材料：金属膨胀螺栓、塑料胀管、镀锌木螺丝、木砖等。

2. 主要工具

手锤、錾子、剥线钳、尖嘴钳、扎锥、丝锥、套管、电钻、电锤、射钉枪、红铅笔、卷尺、水平尺、线坠、绝缘手套、工具袋、高凳等。

3. 作业条件

①各种管路、盒子已经敷设完毕，盒子收口平整。

②线路的导线已穿完，并已做完绝缘摇测。

③墙面的浆活、油漆及壁纸等内装修工作均已完成。

（二）安装工艺

开关与插座的安装工艺流程：清理→接线→安装。

1. 清理

用錾子轻轻地将盒内残存的灰块剔掉，同时将其他杂物一并清出盒外，再用湿布将盒内灰尘擦净。

2. 接线

①开关接线要求：同一场所的开关切断位置一致，且操作灵活，接点接触可靠。电器、灯具的相线应经开关控制。多联开关不允许拱头连接，应采用 LC 型压接帽压接总头后，再进行分支连接。

②插座接线要求：交、直流或不同电压的插座安装在同一场所时，应有明显区别，且其插头与插座配套，均不能互相代用。插座箱多个插座导线连接时，不允许拱头连接，应采用 LC 型压接帽压接总头后，再进行分支线连接。

③接线方法：先将盒内甩出的导线留出维修长度，削出线芯，注意不要碰伤线芯。将导线按顺时针方向盘绕在开关、插座对应的接线柱上，然后旋紧压头。如果是单芯导线，也可将线芯直接插入接线孔内，再用顶丝将其压紧，注意线芯不得外露。

3. 插座、开关安装

①插座的安装。插座有明装和暗装两种方式。

插座明装：先将从盒内甩出的导线从塑料圆木的出线孔中穿出，再将塑料圆木紧贴于墙面用螺丝固定在盒子或木砖上，如图 6-29（a）所示。塑料圆木固定后，将甩出的相线、地（零）线按各自的位置从插座的线孔中穿出，按接线要求将导线压牢。然后将插座贴于塑料台上，对中找正，用木螺丝固定好，如图 6-29（b）所示。最后再把插座的盖板上好。

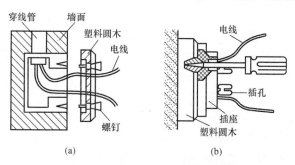

图 6-29　明装插座的安装

（a）穿线并安装塑料圆木；（b）接线并安装插座

插座暗装：先将插座盒按要求位置埋在墙内，如图 6-30（a）所示。然后按接线要求，将盒内甩出的导线与插座的面板连接好，将插座推入盒内，对正盒眼，用螺丝固定牢固。固定时要使面板端正，与墙面平齐，如图 6-30（b）所示。面板安装孔上有装饰帽的应一并装好。

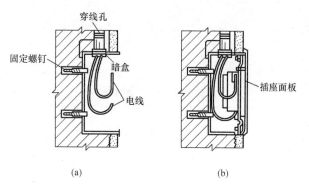

图 6-30　暗装插座的安装

（a）穿线并安装暗盒；（b）接线并安装插座面板

②开关的安装。常用的翘板开关有明装和暗装两种，安装方法与插座的安装方法类似。

4. 成品保护

①安装开关、插座时不得碰坏墙面，要保持墙面的清洁。

②开关、插座安装完毕后，不得再次进行喷浆，以保持面板的清洁。

③其他工种在施工时，不要碰坏和碰歪开关、插座。

五、照明系统调试

照明系统调试工艺流程：通电调试前检查→层间配电箱试通电→室内配电箱试通电→分

回路试通电→故障检查整改→系统通电连续试运行。

1. 通电调试前检查

(1) 复查层间配电箱、室内配电箱以及各回路开关接线是否正确。

(2) 层间配电箱、室内配电箱及回路标识应正确一致。

(3) 配电箱内的总开关、分开关是否能分、合闸正常。

2. 将各配电箱内的开关及用电设备的开关全部置于断开状态，然后合上层间配电箱开关，再合上室内配电箱开关，最后合上分回路或灯具控制开关，逐级试通电、调试

漏电保护开关合上后，要按下漏电试验按钮，检查漏电开关是否灵敏有效；插座送电后，要检测插座接线是否正确。发现故障应及时排除，然后重新通电调试。

3. 照明系统通电试验连续运行时间应为 8h，调试应做好相关记录

六、建筑照明系统质量检验与验收

1. 普通灯具

(1) 灯具的固定应符合下列规定：

①灯具重量大于 3kg 时，固定在螺栓或预埋吊钩上。

②软线吊灯，灯具重量在 0.5kg 及以下时，采用软电线自身吊装；大于 0.5kg 的灯具采用吊链，且软电线编叉在吊链内，使电线不受力。

(2) 灯具固定牢固可靠，不使用木楔。每个灯具固定用螺钉或螺栓不少于 2 个；当绝缘台直径在 75mm 及以下时，采用 1 个螺钉或螺栓固定。

花灯吊钩圆钢直径不应小于灯具挂销直径，且不应小于 6mm。大型花灯的固定及悬吊装置，应按灯具重量的 2 倍做过载试验。

(3) 当钢管做灯杆时，钢管内径不应小于 10mm，钢管厚度不应小于 1.5mm。

(4) 固定灯具带电部件的绝缘材料以及提供防触电保护的绝缘材料，应耐燃烧和防明火。

(5) 引向每个灯具的导线线芯最小截面积应符合表 6-4 规定。

表 6-4   **导线线芯最小截面积**   mm²

灯具安装的场所及用途		线芯最小截面积		
		铜芯软线	铜线	铝线
灯头线	民用建筑室内	0.5	0.5	2.5
	工业建筑室内	0.5	1.0	2.5
	室外	1.0	1.0	2.5

(6) 灯具的外形、灯头及其接线应符合下列规定：

①灯具及其配件齐全，无机械损伤、变形、涂层剥落和灯罩破裂等缺陷。

②软线吊灯的软线两端做保护扣，两端芯线搪锡；当装升降器时，套塑料软管，采用安全灯头。

③除敞开式灯具外，其他各类灯具灯泡容量在 100W 及以上者采用瓷质灯头。

④连接灯具的软线盘扣、搪锡压线；当采用螺口灯头时，相线接于螺口灯头中间的端子上。

⑤灯头的绝缘外壳不破损和漏电；带有开关的灯头，开关手柄无裸露的金属部分。

（7）变电所内，高低压配电设备及裸母线的正上方不应安装灯具。

（8）装有白炽灯泡的吸顶灯具，灯泡不应紧贴灯罩；当灯泡与绝缘台间距离小于 5mm时，灯泡与绝缘台间应采用隔热措施。

（9）安装在重要场所的大型灯具的玻璃罩，应采取防止玻璃罩破裂后向下溅落的措施。

2. 开关与插座

（1）当交流、直流或不同电压等级的插座安装在同一场所时，应有明显的区别，且必须选择不同结构、不同规格和不能互换的插座；配套的插头应按交流、直流或不同电压等级区别使用。

（2）插座接线应符合下列规定：

①单相两孔插座，面对插座的右孔或上孔与相线连接，左孔或下孔与零线连接；单相三孔插座，面对插座的右孔与相线连接，左孔与零线连接。

②单相三孔、三相四孔及三相五孔插座的接地（PE）或接零（PEN）线接在上孔。插座的接地端子不与零线端子连接。同一场所的三相插座，接线的相序一致。

③接地（PE）或接零（PEN）线在插座间不串联连接。

（3）特殊情况下插座安装应符合下列规定：

①当接插有触电危险家用电器的电源时，采用能断开电源的带开关插座，开关断开相线。

②潮湿场所采用密封型并带保护地线触头的保护型插座，安装高度不低于 1.5m。

（4）插座安装应符合下列规定：

①当不采用安全型插座时，托儿所、幼儿园及小学等儿童活动场所安装高度不小于 1.8m。

②暗装的插座面板紧贴墙面，四周无缝隙，安装牢固，表面光滑整洁，无碎裂、划伤，装饰帽齐全。

③车间及试（实）验室的插座安装高度距地面不小于 0.3m；特殊场所暗装的插座不小于 0.15m；同一室内插座安装高度一致。

④地插座面板与地面齐平或紧贴地面，盖板固定牢固，密封良好。

（5）照明开关安装应符合下列规定：

①同一建筑物、构筑物的开关采用同一系列的产品，开关的通断位置一致，操作灵活，接触可靠。

②相线经开关控制；民用住宅无软线引至床边的床头开关。

③开关安装位置便于操作，开关边缘距门框边缘的距离 0.15～0.2m，开关距地面高度 1.3m；拉线开关距地面高度 2～3m，层高小于 3m 时，拉线开关距顶板不小于 100mm，拉线出口垂直向下。

④相同型号并列安装于同一室内的开关，安装高度一致，且控制有序不错位，并列安装的拉线开关的相邻间距不小于 20mm。

⑤暗装的开关面板应紧贴墙面，四周无缝隙，安装牢固，表面光滑整洁，无碎裂、划伤，装饰帽齐全。

3. 验收时应提交的资料

（1）变更设计部分的实际图纸。

（2）变更设计的证明文件。

（3）生产厂家提供的产品说明书、试验记录、合格证及安装图纸等技术文件。

（4）安装技术记录，包括隐蔽工程记录。

（5）试验记录，包括大型灯具过载起吊试验记录。

任务三　建筑防雷与安全用电

一、建筑防雷系统的安装

（一）建筑防雷认知

1. 雷电的形成及分类

雷电是带有电荷的"雷云"间或"雷云"对大地或物体之间产生急剧放电的一种自然现象。雷电主要有以下形式：

（1）直击雷。雷云与大地之间直接通过建（构）筑物、电气设备或树木等放电称为直击雷。直击雷往往会引起火灾或爆炸，造成建筑物倒塌、设备毁坏及人身伤害等重大事故。在所有雷电中直击雷的破坏最为严重。

（2）感应雷。感应雷由静电感应与电磁感应引起。感应雷会引起过电压，可能引起火花放电，造成火灾或爆炸，并危及人身安全。

（3）雷电波侵入。架空线路、金属管道受直击雷或产生雷电感应后会感应出过电压，若不能及时将大量电荷导入大地，雷电过电压就会沿导体快速流动而侵入建筑物内，破坏建筑物和电气设备，并会造成人身触电。

（4）球状雷电。球状雷电又称滚地雷或球雷，是雷电放电时形成的一团处在特殊状态下的带电气团。球状雷电直径一般为20cm，存在时间3～5s，移动速度快，通常在距地面1m处移动或滚动，能通过门窗、烟囱等通道侵入室内，释放能量，并造成人、畜烧伤，引发火灾。

2. 建筑物防雷的分类

根据建筑物的重要性、使用性质、发生雷击事故的可能性和后果，参照《建筑物防雷设计规范》（GB 50057—2010）的规定，将建筑物防雷等级分为三类：

（1）第一类防雷建筑物，指具有爆炸物质或具有爆炸危险环境的建筑物。

（2）第二类防雷建筑物，指国家级的重点建筑、具有爆炸危险环境的建筑物以及可能遭受雷击的建筑物。

（3）第三类防雷建筑物，指省级的重点建筑、可能遭受雷击的建筑物。

3. 防雷装置的组成

建筑物防雷装置由接闪器、引下线和接地装置三部分组成。其作用是将雷电引向自身并安全导入大地内，从而使被保护的建筑物免遭雷击。

（1）接闪器。接闪器是专门用来引导雷击的金属导体，可分为避雷针、避雷带（线）、避雷网等。

避雷针是安装在建筑物突出部位或独立装设的针形导体，通常采用镀锌圆钢或镀锌钢管制成。

避雷带是用于建筑物易遭雷击的部位，如屋脊、屋檐、屋角、女儿墙和山墙等的条形长带，如图 6-31 所示。

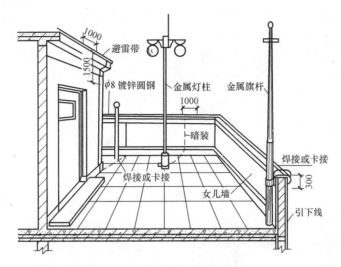

图 6-31 有女儿墙平屋顶的避雷带

避雷网是纵横交错的避雷带叠加在一起，形成多个网孔，它既是接闪器，又是防感应雷的装置，因此是接近全部保护的方法，一般用于重要的建筑物。

避雷带、网可以采用镀锌圆钢或扁钢制成，圆钢直径不应小于 8mm；扁钢截面积不应小于 48mm²，其厚度不得小于 4mm；装设在烟囱顶端的避雷环，其圆钢直径不应小于 12mm；扁钢截面积不得小于 100mm²，其厚度不得小于 4mm。

（2）引下线。引下线是连接接闪器和接地装置的金属导体。采用圆钢时，直径不应小于 8mm；采用扁钢时，其截面积不应小于 48mm²，厚度不应小于 4mm。烟囱上安装的引下线，圆钢直径不应小于 12mm；扁钢截面积不应小于 100mm²，厚度不应小于 4mm。

（3）接地装置。接地装置是接地体（或称接地极）和接地线的合称，它的作用是把引下线引下的雷电流迅速流散到大地土壤中去。

接地体是指埋入土壤中或混凝土基础中作散流用的金属导体。接地体分人工接地体和自然接地体两种。自然接地体即兼做接地用的直接与大地接触的各种金属构件，如建筑物的钢结构、行车钢轨、埋地的金属管道（可燃液体和可燃气体管道除外）等。人工接地体即直接打入地下专做接地用的经加工的各种型钢或钢管等。按其敷设方式可分为垂直接地体和水平接地体。

埋入土壤中的人工垂直接地体宜采用角钢、钢管或圆钢；人工水平接地体宜采用扁钢或圆钢。圆钢直径不应小于 10mm；扁钢截面积不应小于 100mm²，其厚度不应小于 4mm。角钢厚度不应小于 4mm；钢管壁厚不应小于 3.5mm。

接地线是从引下线断接卡或换线处至接地体的连接导体，是引下线与接地体之间的连接导体。

（二）防雷系统的安装

1. 接闪器的安装

避雷针可以安装在电杆（支柱）、构架或建筑上，下端经引下线与接地装置焊接。

避雷带和避雷网的安装可分为明装和暗装两种方式。明装适用于安装在建筑物的屋脊、屋檐（坡屋顶）或屋顶边缘及女儿墙（平屋顶）等处，对建筑物易受雷击部位进行重点保护。暗装避雷网是利用建筑物内的钢筋做避雷网，它较明装避雷网美观，尤其是在工业厂房和高层建筑中应用较多。建筑物全部为钢筋混凝土结构时，可将结构圈梁钢筋与柱内充当引下线的钢筋进行连接（焊接）作为均压环。当建筑物为砖混结构但有钢筋混凝土组合柱和圈梁时，均压环做法同钢筋混凝土结构。没有组合柱和圈梁的建筑物，应每3层在建筑物外墙内敷设一圈12mm镀锌圆钢作为均压环，并与防雷装置的所有引下线连接。

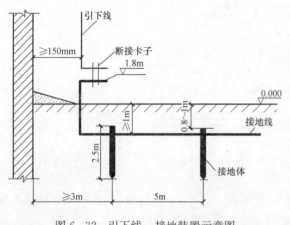

图 6 - 32　引下线、接地装置示意图

2. 引下线的安装

如图 6 - 32 所示，引下线应沿建筑物外墙明敷，距墙面 150mm，支持卡间距保持 1.5～2m，并经最短路径接地；建筑艺术要求较高者可暗敷。明敷的引下线应镀锌，焊接处应涂防腐漆。引下线至少应有两根。

3. 断接卡安装

设置断接卡的目的是为了便于运行、维护和检测接地电阻。采用多根专设引下线时，为了便于测量接地电阻以及检查引下线、接地线连接状况，宜在各引下线距地面 0.3m 至 1.7m 之间设置断接卡。当利用混凝土内钢筋、钢柱等自然引下线并同时采用基础接地体时，可不设断接卡。

4. 接地体的安装

人工垂直接地体的长度宜为 2.5m，接地体间的距离宜为 5m，当受地方限制时可适当减小。人工接地体在土壤中的埋设深度不应小于 0.5m。

（三）防雷装置的质量检验

（1）建筑物顶部的避雷针、避雷带等必须与顶部外露的其他金属物体连成一个整体的电气通路，且与引下线连接可靠。

（2）避雷针、避雷带应位置正确，焊接固定的焊缝饱满无遗漏，螺栓固定的应备帽等防松零件齐全，焊接部分补刷的防腐油漆完整。

（3）避雷带应平正顺直，固定点支持件间距均匀、固定可靠，每个支持件应能承受大于 49N（5kg）的垂直拉力。

（4）暗敷在建筑物抹灰层内的引下线应有卡钉分段固定；明敷的引下线应平直、无急弯，与支架焊接处，油漆防腐，且无遗漏。

（5）明敷接地引下线的支持件间距应均匀，水平直线部分 0.5～1.5m，垂直直线部分 1.5～3m，弯曲部分 0.3～0.5m。

（四）防雷系统验收资料

（1）设计变更证明文件；

（2）生产厂家提供的产品说明书、试验记录、合格证件及安装图纸等技术文件；

（3）安装技术记录；

（4）调整试验记录。

二、安全用电

1. 触电危害

从触电造成后果的严重程度不同，触电可分为电击与电伤。电击是指电流流过人体内部而对呼吸、内脏、神经系统造成一定影响，并导致人体器官受到损伤，甚至造成人体残废或伤亡。电伤是指触电时电流的热效应、化学效应以及引起的生物效应对人体造成的伤害。电击会造成人体内部受伤，而在人体外表无明显痕迹，绝大部分的触电死亡事故都是电击造成的；电伤则多见于人体表面，常见的电伤有电灼伤、电烙印和皮肤金属化。

人体触电的危害程度与下列因素有关：

（1）触电电流。通过人体的电流越大，人体生理反应越明显，引起心室颤动所需的时间越短，致命的危险越大。

（2）持续时间。国际上目前公认为人体通过 30mA 的电流，时间为 1s 时便能受到伤害。

（3）电流频率。交流电危险性比直流电大；0～60Hz 的工频交流电对人体的伤害最严重。

（4）电流途径。电流通过心脏、呼吸系统和中枢神经时，其危害程度较其他途径大。

（5）人体健康情况。触电伤害程度与人体健康及精神状况有密切关系。

2. 触电方式

（1）单相触电。人体的一部分直接或间接触及带电设备其中的一相时，电流通过人体流入大地，使电源和人体及大地之间形成了一个电流通路，这种触电方式称为单相触电。

（2）两相触电。人体两部分直接或间接同时触及带电设备或电源的两相，或在高压系统中人体同时接近两相带电导体，发生电弧放电，在电源与人体之间构成电流通路，这种触电方式称为两相触电。

（3）跨步电压触电。当电气设备或线路发生接地故障，接地电流从接地点向大地流散，在地面形成分布电位，若人体进入地面带电区域时，其两脚之间存在电位差，即为跨步电压，见图 6-33 中的 U_{step}。由跨步电压引起的人体触电，称为跨步电压触电。

（4）接触电压触电。电气设备由于绝缘损坏、安装不良等原因致使设备金属外壳带电，在身体可同时触及的不同部位之间出现电位差，人若触及带电外壳，便会发生触电事故，这种触电称为接触电压触电，接触电压见图 6-33 中的 U_{tou}。

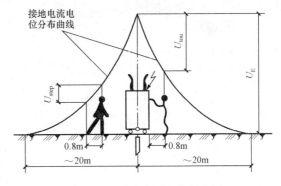

图 6-33　跨步电压和接触电压

3. 电气设备的接地与接零

为了避免触电危险，保证人身安全和电气系统、电气设备的正常工作，而采取各种安全保护措施很有必要。保护接地和保护接零是最简单可靠的技术保护措施，主要有以下几种类型。

（1）工作接地。在正常情况下，为保证电气设备的可靠运行并提供部分电气设备和装置所需要的相电压，将电力系统中的变压器低压侧中性点通过接地装置与大地直接相连，该接地方式称为工作接地，如图 6-34 所示。

（2）保护接地。为了防止电气设备由于绝缘损坏而造成的触电事故，将电气设备在正常情况下不带电的金属外壳或构架通过接地线与接地体连接起来的方式称为保护接地，如图 6-35 所示。其连接于接地装置与电气设备之间的金属导线称为保护线（PE）或接地线，与土壤直接接触的金属称为接地体或接地极。接地线和接地体合称接地装置，一般要求接地电阻不大于 4Ω。保护接地适用于中性点不接地的三相三线制供电系统中。

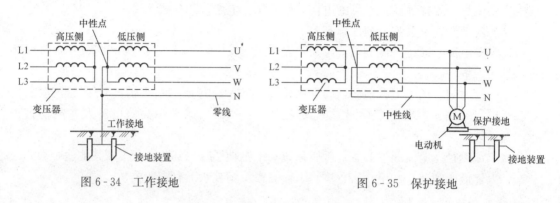

图 6-34   工作接地   图 6-35   保护接地

（3）工作接零。当单相用电设备为获取单相电压而接的零线，称为工作接零，如图 6-36 所示。其连接线称中性线（N）或零线，与保护线共用时称为 PEN 线。

（4）保护接零。在中性点直接接地的三相四线制供电系统中，为防止电气设备因绝缘损坏而使人身遭受触电危险，将电气设备在正常情况下不带电的金属外壳与电源的中性线相连接的方式称为保护接零，如图 6-37 所示。其连接线称为保护线（PE）或保护零线。

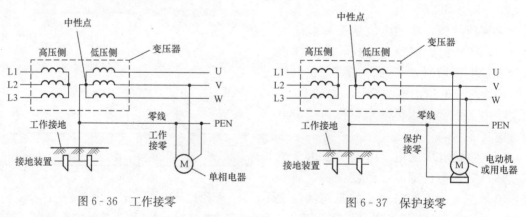

图 6-36   工作接零   图 6-37   保护接零

（5）重复接地。当线路较长或要求接地电阻较低时，为尽可能降低零线的接地电阻，除变压器低压侧中性点直接接地外，将零线上一处或多处再进行接地，则称为重复接地，如图 6-38 所示。

4. 等电位联结

等电位联结是将建筑物中各电气装置和其他装置外露的金属及可导电部分与人工或自然接地体用导体连接起来以达到减少电位差的目的。等电位联结有总等电位联结（MEB）、局部等电位联结（LEB）和辅助等电位联结（SEB）三种形式。

（1）总等电位联结（MEB）。总等电位联结的作用在于降低建筑物内间接接触电压和不同金属部件间的电位差，并消除自建筑物外经电气线路和各种金属管道引入的危险故障电压的危害。

总等电位联结可以通过进线配电箱近旁的总等电位联结端子板（接地母排）将进线配电箱的 PE（PEN）母排与公用设施的金属管道，如上下水、热力、煤气管道等互相连通，如果可能，还应包括建筑物金属结构，如果做了人工接地，也包括其接地极引线，如图 6-39 所示。

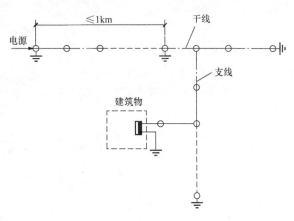

图 6-38　重复接地

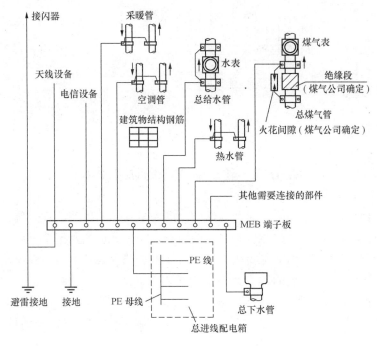

图 6-39　总等电位连接

建筑物每一电源进线都应做总等电位联结，各个总等电位联结端子板应互相连通。

（2）局部等电位联结（LEB）。当需在一局部场所范围内做多个辅助等电位联结时，可通过局部等电位联结端子板将下列部分互相连通，以简便地实现该局部范围内的多个辅助等电位联结，被称作局部等电位联结，如图 6-40 所示。

（3）辅助等电位联结（SEB）。辅助等电位联结是将两个金属物体用导体直接连接起来，进一步降低两个物体间可能产生的电位差。

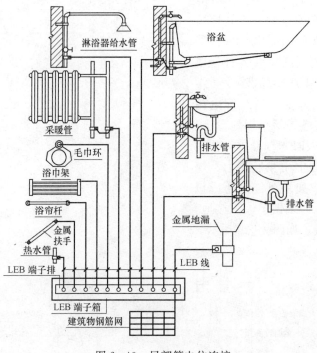

图 6-40　局部等电位连接

任务四　建筑施工现场临时用电

建筑施工现场的供电和用电是保证高速度、高质量施工的重要前提，施工现场的用电设施一般都是临时设施，但它对整体建筑施工的质量、安全、进度及整个工程的造价构成直接影响。建筑施工现场的临时用电主要集中在动力设备和照明设备上，为保障施工现场用电安全可靠，防止触电和火灾事故的发生，施工现场供电方式采用电源中性点直接接地的380/220V 三相五线制供电。该供电方式既可满足施工现场用电需求，又有利于现场临时用电设备采用保护接零和重复接地等保护措施，符合建设部制定的《施工现场临时用电安全技术规范》。

施工现场临时用电具有以下特点：

①用电设备移动性大，用电量大、负荷变化量大，主体施工较基础施工及装修和收尾阶段用电量大；

②施工环境复杂，施工现场多工种交叉作业，安全性差，发生触电事故多；

③用电设备、设施多且分散，供电线路长，临时性强，施工及用电管理难度大；

④供电电源引入受限，引线及接线标准低，安全隐患大。

一、施工现场的临时电源设施

施工现场临时电源应遵循以下原则：①低压供电能满足要求时，尽量不再另设变压器；②当施工用电能进行复核调度时，应尽量减少申报的需用电源容量；③工期较长的工程，应做分期增设及拆除电源设施的规划方案，力求结合施工总进度合理配置。施工现场常用临时供电的具体要求如下：

（1）建立永久性的供电设施。对于较大工程，其工期较长，应考虑将临时供电与长期供电统一规划，在全面开工前，完成永久性供电设施建设，包括变压器选择、变电站建设、供电线路敷设等。临时电源由永久性供电系统引出，以避免浪费。

（2）利用就近供电设施。对于较小工程或施工现场用电量少，附近有能力向其供电，并能满足临时用电要求的设施，应尽量加以利用。

（3）建立临时变配电所。对于施工用电量大，附近又无可利用电源时，应建立临时变配电所。其位置应靠近高压配电网和用电负荷中心，但不宜将高压电源直接引至施工现场，以保证施工的安全。

（4）安装柴油发电机。对于边远地区或移动较大的市政建设工程，常采用安装柴油发电机以解决临时供电电源问题。

二、施工现场低压配电线路和电气设备安装

1. 施工现场配电线路的敷设及要求

（1）架空线路必须敷设在专用的电杆上，严禁架设在树木、脚手架及其他设施上。电杆宜采用钢筋混凝土杆或木杆。采用钢筋混凝土杆时，电杆不能有露筋、宽度大于 0.4mm 的裂纹或扭曲；采用木杆时，木杆不能腐朽。

（2）电杆应完全无损，不得倾斜、下沉及扭曲。两个电线杆相距不大于 35m，线间距不小于 30cm。终点杆和分支杆的零线应重复接地，以减小接地电阻和防止零线断线而引发触电事故。

（3）施工现场临时用电架空线路的导线不得使用裸导线，一般采用绝缘铜芯导线。小区建筑施工若利用原有的架空线路为裸导线时，应根据施工情况采取保护措施。外电架空线路的边线与在建筑工程（含脚手架具）的外侧边缘之间必须保持安全操作距离。

（4）施工现场的机动车道与外电架空线路交叉时，架空线路的最低点与路面的垂直距离不小于表 6-5 所列数值。

表 6-5　　　　　　　　　　　　架空线路的最低点与路面的垂直距离

外电线路电压等级（kV）	<1	1～10	35
最小垂直距离（m）	6.0	7.0	7.0

（5）旋转臂架式起重机任何部位或被吊物边缘与 10kV 以下的架空线路边线最小水平距离不小于 2m。

（6）架空线路导线截面应符合电流要求、电压降要求和机械强度要求。

（7）无条件做架空线路的工程地段，应采用护套电缆线敷设。电缆敷设地点应能保护电缆不受机械损伤及其他热辐射，要尽量避开建筑物和交通要道。缆线易受损伤的线段应采取防护措施，所有固定设备的配电线路不得沿地面敷设，埋地敷设必须穿管（直埋电缆除外）。

（8）临时线路架设时，应先安装用电设备一端，再安装电源侧一端。拆的时候顺序与此相反。严禁利用大地做中心线或零线。

2. 施工现场电气设备安装及要求

（1）配电箱的安装和使用要求。

①建筑施工现场用电采取分级配电制度。配电箱一般分总配电箱、分配电箱和开关箱三

级设置。总配电箱应尽可能设置在负荷中心,靠近电源的地方,箱内应装设总隔离开关、分路隔离开关和总熔断器、分路熔断器或总自动开关和分路自动开关,以及漏电保护器。

②分配电箱应装设在用电设备相对集中的地方。分配电箱与开关箱的距离不超过30m。动力、照明公用的配电箱内要装设四极漏电开关或防零线断线的安全保护装置。

③开关箱应由末级分配电箱配电。应做到每台机械有专用的开关箱,即"一机、一闸、一漏、一箱"。严禁用同一个开关箱直接控制2台及2台以上用电设备(含插座)。开关箱与其控制的固定电气相距不得超过3m。设备进入开关箱的电源线严禁采用插销连接。

④施工用电气设备的配电箱要装设在干燥、通风、常温、无气体侵害、无振动的场所。露天配电箱应有防雨防尘措施。暂时停用的线路应及时切断电源。工程竣工后,配电线应随即拆除。

⑤配电箱和开关箱不得用木材等易燃材料制作,箱内的连接线应采用绝缘导线,不应有外露带电部分,工作零线应通过接线端子板连接,并与保护零线端子板分开装设。金属箱体、金属电器安装板和箱内电器不应带电的金属底座、外壳等必须做保护接零。

⑥配电箱内的总开关和熔断器后面可按容量和用途的不同设置数条分支架路,并标以回路名称,每条支路也应设置容量合适的开关和熔断器。

⑦施工现场配电箱颜色设置如下:消防箱为红色,照明箱为浅驼色,动力箱为灰色,普通低压配电屏也为浅驼色。

⑧所有配电箱、开关箱在使用中必须按照下述顺序进行。

通电顺序为:总配电箱→分配电箱→开关箱。停电顺序为:开关箱→分配电箱→总配电箱(出现电气故障的紧急情况例外)。配电屏(盘)或配电线路维修时,应悬挂停电标志牌,停送电必须由专人负责。

(2)移动式设备及手持电动工具的使用要求。

①移动式设备及手持电动工具,必须装设漏电保护装置,应做到一机一漏保,并且要定期检查。

②设备及工具的电源线必须使用三芯(单相)或三相四芯橡套缆线,电缆不得有接头,不能随意加长或随意调换。接线时,缆线护套应在设备的接线盒固定,施工时不要硬拉电缆线。

③电焊机一次侧电源应采用橡胶套电缆,其长度不得大于5m,进线处必须设防护罩。

3. 施工现场安全用电

(1)建立完善的安全施工制度。凡属电气安装与维护工作均应由专业电气技术人员进行,持证上岗。电气作业时,必须遵守行业标准和安全规程、规范的要求,依规范制订出相应的完备安全组织措施和技术措施。对电气设备及工具应定期检查和试验,发现不合格的立即停止使用。一切手持式或移动式电动工具均应采用国家的标准产品,并要安装漏电保护装置,所有机电设备应做接零和重复接地保护,并有定期检查的制度。

施工现场必须采取"三级供电、两级漏保"的安全措施。

(2)施工现场的防雷措施。建筑施工工地中,15m以上的施工建筑和临时设施,由于雷击的可能性很高,必须采取防雷措施。一般采取的防雷措施如下:

①施工时首先做好全部永久性的接地装置。随时将混凝土柱内的主筋与接地装置连接,将其作为引下线,对施工的建筑本身进行保护。对各层地面的配筋,应随时使其成为一个等

电位面并与混凝土主筋相连。

②在脚手架上做树根避雷针，杉木的顶针至少高于杉木 300mm，并直接连接到接地装置上。

③施工用起重机最上端务必装设避雷针，并将其下部的钢架连接于接地装置上，移动式起重机须将其两条滑行用钢轨接到接地装置上。

（3）触电急救。万一发生触电事故，能否获救的关键有两点：

①使触电者尽快脱离电源。要注意施救者的安全，还要注意触电者脱离电源后可能造成摔伤，特别是在高处应有具体防护措施。

②就地急救处理。依具体情况对症急救：①若触电者伤害不严重没有丧失知觉，可就地静卧休息，严密细致观察病变，不能走动；②若伤害较重且失去知觉但心跳、呼吸均有者，应安静平卧、解开衣服，保持周围空气流通，若天气寒冷要注意保暖，并速请医生；③若呼吸、心跳均停止者，须立即进行人工呼吸和胸外心脏挤压，千万不要认为已死而停止抢救。

口对口吹气是最有效的人工呼吸。操作时应迅速解开受害者的衣扣，使胸腹部能自由扩张，成人吹气大约 16 次/分，儿童 24 次/分，但要观察受害者的胸部，不要使其过分膨胀，防止吹破肺泡。嘴掰不开可向鼻孔里吹气。心脏挤压又称心脏按摩，挤压用力要均匀，成人挤压 60 次/分，儿童为 100 次/分。吹气与挤压为 1∶4，最好两个人共同进行。若现场只有一人抢救时，可交替操作，先挤压 4～8 次，再吹气 2～3 次，再挤压，循环连续动作。抢救往往需 2 小时，应连续进行不得间断，直到心跳呼吸恢复、瞳孔缩小、嘴唇红润方为抢救成功。

无论采用何种抢救方式，决不许打强心针。

复 习 思 考 题

1. 电力系统由几个部分组成？其作用是什么？
2. 简述低压配电系统接地的分类。
3. 简述低压配电箱的安装工艺流程。
4. 简述开关与插座的安装要求。
5. 简述照明系统的调试工艺流程。
6. 建筑物防雷如何分类？
7. 触电方式有哪些？如何做好防护工作？
8. 什么是总等电位连接、辅助等电位连接及局部等电位连接？
9. 简述施工现场配电箱的安装要求。

任 务 实 训

选定某一工程，查阅相关资料或进行工程调查，填写室内低压配电及照明系统的质量验收记录表。包括《照明配电箱（盘）安装检验批质量验收记录表》、《室内电线导管和线槽敷设检验批质量验收记录表》、《普通灯具安装检验批质量验收记录表》、《开关及插座安装检验批质量验收记录表》。

项目七 建筑智能化系统安装

【引例】

智能建筑（IB）已成为现代建筑的重要标志之一。智能建筑是以建筑为平台，利用系统集成的方法，将计算机技术、通信技术、控制技术与建筑技术有机地结合起来的系统，它集结构、系统、服务、管理为一体，以向人们提供一个高效、舒适、便利、安全的建筑环境，以达到资源共享、高度自控的目的。

建筑智能化系统是建筑设备自动化系统（BAS）、办公自动化系统（OAS）和通信自动化系统（CAS）的有机结合，简称为 3A 系统。其中，BAS 主要用于对建筑内部各机电设施进行自动控制与管理，包括空调与通风、供配电、照明、给排水、消防、安保、电梯等系统，以实现监视、检测、调节，使之处于最佳运行状态。OAS 主要用于具体办公业务的人机信息交互系统，包括服务于建筑本身的物业管理等公共部分和服务于用户具体业务领域的文字处理等部门专用部分，以为用户提供最佳的办公条件为目的。CAS 主要用于建筑内外各种通信联系，并提供相应的网络支持，是建筑物内语音、数据、图像传输的基础设施，通过 CAS，可确保信息畅通和实现信息共享。

智能建筑的实现还与建筑中的布线方式有关。建筑中的网络系统庞杂，若采用传统的布线方式，各系统互不兼容，很难协调，故应采用综合布线系统（GCS），该系统可提供开放式标准接口，实现建筑物间或内部间的信号传输。

那么，建筑智能化系统包括哪些子系统，它们在设计、施工、验收过程中有哪些需要我们注意的地方呢？

【工作任务】

1. 建筑智能化各子系统主要设备的安装及其管线的敷设；
2. 建筑智能化各子系统主要设备的质量检验；
3. 填写智能化各子系统安装工程检验批质量验收记录。

【学习参考资料】

《安全防范工程技术规范》（GB 50348—2004）

《入侵报警系统工程设计标准》（GB 50394—2007）

《视频安防监控系统工程设计标准》（GB 50395—2007）

《合布线系统工程验收规范》（GB/T 50312—2007）

《智能建筑工程质量验收标准》（GB 50339—2003）

《建筑电气工程施工质量验收规范》（GB 50303—2011）

《基于以太网技术的局域网系统验收测评规范》（GB/T 2671—2008）

任务一 建筑通信网络系统安装

建筑通信网络系统是在建筑或建筑群内传输语音、数据、图像且与外部网络相连接的系统，其目的是确保信息畅通和信息共享。建筑通信网络系统包括通信系统、卫星数字电视及有线电视系统、公共广播及紧急广播系统等各子系统及相关设施，其中通信系统包括电话交换系统、会议电视系统及接入网设备。

一、电话交换系统

（一）电话交换系统的认知

1.电话交换系统的组成

电话通信的基本目标是实现某一地区任意两个终端用户之间的通话，因此电话系统必须具备发送和接收语音信号、传输语音信号和语音信号交换的功能，因此电话交换系统主要由电话交换设备、传输系统和用户终端设备三大部分组成，如图7-1所示。

（1）电话交换设备，是电话交换系统的核心，主要指电话交换机，是接通电话用户之间通信线路的专用设备。现在使用的电话交换机是存储程序控制交换机（简称程控交换机）。

（2）电话传输系统，包括用户线和中继线，用户线负责用户电话机与交换机之间的传递信息；中继线负责交换机之间传递信息。

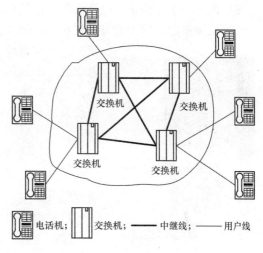

图7-1 电话交换系统的组成

（3）用户终端设备，主要指电话机、传真机等。随着数字通信与交换技术的发展，各种新的终端设备如数字电话机、计算机等也逐步加入到电话通信系统中。

2.电话通信线路组成

如图7-2所示，电话通信线路由引入管路、上升管路、楼层管路和用户线管路组成。

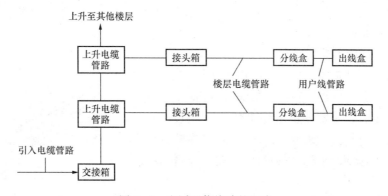

图7-2 电话通信线路的组成

（二）电话交换系统安装

1. 进户（引入）管线施工

进户管线有两种方式，即地下进户方式和外墙进户方式。

（1）地下进户方式。这种方式是为了市政管网美观要求而将管线转入地下。地下进户管线又分为两种敷设方式，一种是建筑物设有地下层，地下进户管直接进入地下层，采用直管进户；另一种是建筑物无地下层，地下进户管只能直接引入设在底层的配线设备或分线箱，采用弯管进户。

（2）外墙进户方式。这种方式是在建筑物第二层预埋进户管至配线设备间或配线箱（架）内。进户管应呈内高外低倾斜状，并做防水弯头。进户点应靠近配线设施，并尽量选在建筑物后面或侧面。这种方式适合于架空或挂墙的电缆进线。

2. 落地式交接箱的安装

交接箱是用于连接主干电缆和配线电缆的设备，是连接内外线的汇集点。

安装交接箱前，应先检查交接箱是否完好，然后安放在底座上，箱体下边的地脚孔应对

正4个地脚螺栓，并用锁紧螺母加以固定。然后将箱体底边与基础底座四周用水泥砂浆抹平，以防止水进入底座。交接箱底座高度不应小于200mm，且在底座中央留置适当的长方洞作电缆及电缆保护管的出入口。落地式交接箱外形如图7-3所示。

3. 上升管路的安装

上升电缆可采用直接敷设或在墙内敷设的方式，也可以设置电缆井。

（1）电缆竖井的设置。

图7-3 落地式交接箱

①高层建筑物电缆竖井宜单独设置，宜设置在建筑物的公共部位；电缆竖井的宽度不宜小于600mm，深度宜为300～400mm。电缆竖井的外壁在每层楼都应装设阻燃防火操作门，门的高度不低于1.85m；每层楼的楼面洞口应按消防规范设防火隔板。电缆竖井内壁应设置铁支架用以固定电缆，支架应为预埋件，铁支架间隔宜为0.5～1m。

②电缆竖井也可与其他弱电电缆综合考虑设置。电缆竖井分线箱可以明装在竖井内，也可暗装于竖井外墙上，竖井内电缆要与支架间使用钢丝绑扎，也可用管卡固定。

（2）电缆穿管敷设。

①做好穿管的除污防腐工作。

②暗管的出入口必须光滑；一根电缆管应穿放一根电缆，电缆管不得穿用户线，管内严禁穿放电力或广播线。

③暗敷电缆时，应富裕配电箱半周或一周长的电缆，以便拆焊接口。电缆经过暗装线箱时，应接在箱内四壁，不得占用中心。暗装线箱分线时，可安装端子板或分线盒。

④在一个工程中必须采用同一型号的市话电缆，常用的市话电缆（HYA电缆）如图7-4所示。

图7-4 HYA电缆

4. 楼层管路的安装

(1) 分线箱（盒）的安装。分线箱（盒）是连接配线电缆和用户线的设备。在弱电竖井内装设的电话分线箱为明装挂墙，其他情况下电话分线箱大多为墙上暗装（壁龛分线箱），以适应用户暗管的引入及美观要求。住宅楼房电话分线盒安装高度应为上边距顶棚 0.3m。

(2) 过路盒与用户出线盒的安装。

①过路盒的安装。直线敷设的电缆管和用户线管，当长度超过 30m 时，应加装过路盒（箱）；管路弯曲敷设两次时，应加装过路盒（箱）。过路盒（箱）应设置在建筑物内的公共部位，宜安装在底边距地面 0.3～0.4m 或距顶 0.3m 处。

②出线盒的安装。出线盒连接电话线路与电话机。一般为暗装，其底边距地 0.3m。

（三）质量检验

(1) 通信系统的检测。通信系统检测由系统检查测试、初验测试和试运行验收测试三个阶段组成。

1）系统检查测试，包括硬件通电测试和系统功能测试。

2）初验测试，主要检测的内容有：可靠性，接通率，基本功能（如通信系统的业务呼叫与接续、计费、系统负荷能力、传输指标、维护管理、故障诊断及环境条件适应能力）等。

3）试运行验收测试，主要指联网运行和故障率测试。

(2) 通信系统试运行验收测试应从初验测试合格后开始，试运行周期可按合同规定执行，但不应少于 3 个月。

(3) 通信系统检测应按国家现行标准和规范、工程设计文件和产品技术要求进行，其测试方法、操作程序及步骤应根据国家现行标准的有关规定，经建设单位与生产厂商共同协商确定。

(4) 主控项目，包括：

1）智能建筑通信系统安装工程的检测阶段、检测内容、检测方法及性能指标应符合《固定电话交换设备安装工程验收规范》（YD/T 5077—2005）等有关国家现行标准的要求。

2）通信系统接入公用通信网信道的传输速率、信号方式、物理接口和接口协议应符合设计要求。

3）通信系统的工程实施及质量控制和系统检测的内容应符合要求。

二、卫星数字电视及有线电视系统

卫星电视是利用地球同步卫星将数字编码压缩的电视信号传输到客户端的一种广播电视形式，主要有两种方式：一种是将数字电视信号传送到有线电视前端，再由有线电视台转换成模拟电视信号传送到用户家中；另一种方式是将数字电视信号直接传送到用户家中，即 DTH 方式。与第一种方式相比，DTH 方式卫星发射功率大，可用较小的天线接收，普通家庭即可使用。

（一）卫星数字电视及有线电视系统的组成

卫星数字电视及有线电视系统又称为 CATV，一般由前端、干线传输和用户分配三个部分组成，如图 7-5 所示。

(1) 前端部分，又可分为信号源和信号处理部分。信号源部分主要用于接收信号；信号处理部分是整个系统核心，主要是对信号源提供的信号进行必要处理及控制，提高信号质

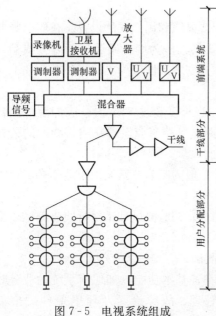

图 7-5　电视系统组成

量，并将各路处理好的信号用混合器混合成一路，以频分复用方式传输给干线部分。

（2）干线传输部分，是把前端接收、处理、混合后的电视信号传输给用户分配部分的一系列传输设备。

（3）用户分配部分，是 CATV 系统的末端部分，其最终目的是向所有用户提供电平大致相等的优质电视信号，主要包括放大器、分配器、分支器、系统输出端以及电缆线路等。

（二）卫星数字电视及有线电视系统安装

1. 卫星接收天线的安装

卫星电视接收系统通常由接收天线、高频头和卫星接收机三大部分组成，如图 7-6 所示。接收天线与天线馈源相连的高频头通常放置在室外，所以又合称为室外单元设备。卫星接收机一般放置在室内，与电视机相连，所以又称为室内单元设备。室外单元设备与室内单元设备之间通过一根同轴电缆相连，将接收的信号由室外单元设备送给室内单元设备（即接收机）。

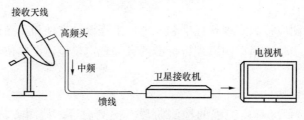

图 7-6　卫星电视接收系统

2. 传输线缆敷设

传输线缆主要有同轴电缆和光纤两种。同轴电缆传输方式主要适用于系统规模较小、传输距离近、不大于 2000 户的系统。光纤、同轴电缆混合传输方式是指主干线采用光纤，分配网络采用同轴电缆的传输方式。这是当前住宅小区有线电视系统的主要传输方式。全光纤传输方式是指主干线和分配网络均采用光纤。我国目前应用较少，今后是一种必然趋势。

目前，卫星数字电视及有线电视系统常采用 SYWV 型同轴电缆，如图 7-7 所示。干线一般采用 SYWV-75-12 型（或光缆），支干线和分支干线多用 SYWV-75-12 或 SYWV-75-9 型，用户配线多用 SYWV-75-5 型。

新建或有内装饰的改建工程应采用暗管敷设方式，在已建建筑物内可采用明敷方式；在强磁场区，应穿钢导管；室内管路宜敷设于弱电竖井及室内的吊顶内。

3. 分配器与分支器的安装

分配器是将一路输入信号均等地分配为

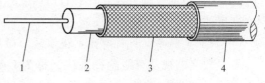

图 7-7　同轴电缆
1—内导体；2—绝缘层（聚乙烯）；
3—外导体屏蔽网；4—绝缘保护层

两路以上信号的部件，如图7-8所示。

分支器是将射频电信号功率不等地分配给各路，即从一根同轴电缆中提取一小部分信号功率供给一个或几个用户终端的部件，如图7-9所示。

图7-8　分配器　　　　　　　　　　　　图7-9　分支器

分支器的安装有明装和暗装两种方式。

（1）明装。按照部件的安装孔位，用6mm合金钻头打孔后，塞进塑料胀管，再用木螺丝对准安装孔加以紧固。对于非防水性分配器和分支器，明装的位置一般应在分配共用箱内或走廊、阳台下面，必须注意防止雨淋及受潮，连接电缆水平部分应留出25～300mm的余量，导线应向下弯曲，以防雨水顺电缆流入器件内部。

（2）暗装。其暗装箱体有木箱和铁箱两种，并有单扇或双扇箱门之分，箱体颜色应与墙面相同。在木箱上装分配器或分支器时，可按安装孔位置，直接用木螺丝固定。采用铁箱结构时，可利用二层板将分配器或分支器固定在二层板上，再将二层板固定在铁箱上。

4. 用户盒（插座）安装

用户盒是系统与用户设备之间的接口，通过用户电缆将系统信号直接送到用户设备的输入端口。用户盒分明装与暗装两种，明装用户盒只有塑料盒一种，暗装盒有塑料盒和铁盒两种。应根据施工图要求进行安装，一般盒底边距地0.3～1.8m，用户盒宜靠近电源插座，间距一般为0.25m。

（1）明装用户盒，直接用塑料胀管和木螺丝固定在墙上，因盒突出墙体，施工时应注意保护，以免碰坏。

（2）暗装用户盒，应在土建主体施工时将盒与电缆保护管预先埋入墙体内，盒口应与墙体抹灰面平齐，待装饰工程结束后，再穿放电缆，如图7-10所示。

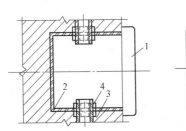
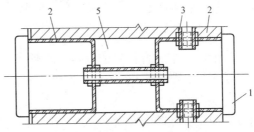

图7-10　接线盒在实体墙上暗装

1—面板；2—预埋盒；3—穿线管；4—护口；5—隔声填料

（三）卫星数字电视及有线电视系统的质量检验

（1）卫星数字电视及有线电视系统的安装质量检查应符合国家现行标准的有关规定。

（2）在工程实施及质量控制阶段，应检查卫星天线的安装质量、高频头至室内单元的线距、功放器及接收站位置、缆线连接的可靠性。

（3）卫星数字电视的输出电平应符合国家现行标准的有关规定。

（4）采用主观评测检查有线电视系统的性能，主要技术指标应符合相关规定。

（5）电视图像质量的主观评价应不低于4分。

三、公共广播及紧急广播系统

公共广播及紧急广播系统是指单位内部或某一建筑物（群）自成体系的独立有线广播系统，是一种娱乐、宣传和通信的工具。公共广播及紧急广播系统常用于公共场所，平时播放背景音乐、通知，报告本单位新闻、生产经营状况及召开广播会议等，在特殊情况下还可以做应急广播，如事故、火警疏散的抢救指挥等。此外，还可以转播中央和当地电台的无线广播节目、自办文娱节目等。

（一）公共广播及紧急广播系统的组成

公共广播及紧急广播系统由音源设备、声频信号处理设备、传输线路和扩声设备四部分组成，如图7-11所示。

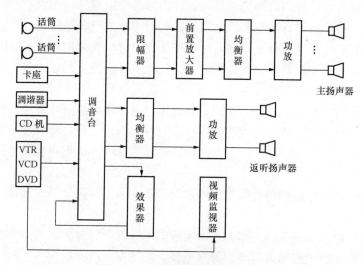

图7-11　典型广播系统的组成

1. 音源设备

音源设备指能够产生声音信号的设备，其频率为20~20 000Hz。目前主要的音源设备有话筒、卡座录音机、激光唱机（CD机）等。

2. 声频信号处理设备

声频信号处理设备有两个作用：一是对声频信号进行修饰，使音色得以美化或取得某些特殊效果；二是改进传输通道质量，减少失真和噪声。声频信号处理设备有调音台、均衡器、压限器等。

3. 传输线路

对于厅堂扩声系统，由于功率放大器与扬声器的距离不远，一般采用低阻抗式大电流的直接馈送方式。对于公共广播系统，由于服务区域广、距离长，为了减少传输线路引起的损耗，往往采用高压传输方式。

4. 扩声设备

扩声设备主要包括功率放大器（简称功放）、线间变压器（音频变压器）和扬声器（音箱）等。扬声器一般可集中布置，也可分散布置。

（二）公共广播及紧急广播系统安装

1. 扬声器的安装

在门厅、电梯厅、休息厅顶棚安装的扬声器间距为安装高度的 2～2.5 倍，在走廊顶棚安装的扬声器间距为安装高度的 3～3.5 倍。走廊、大厅等处的扬声器一般嵌入顶棚安装，室内扬声器箱可明装，但安装高度（扬声器箱的底边距地面）不宜低于 2.2m。

2. 有线广播控制室的设置

有线广播控制室应根据建筑物类别、用途的不同而设置，宜靠近主管业务部门（如办公楼），并宜与电视监控室合并设置（如宾馆）。有线广播控制室也可和消防控制室合用，但此时应满足消防控制室的有关要求。

控制室内功放设备的布置应满足以下要求：柜前净距离应不小于 1.5m；柜侧与墙以及柜背与墙的净距应不小于 0.8m；在柜侧需要维修时，柜间距离应不小于 1m。

3. 线路敷设

广播线路一般采用穿管或线槽敷设，在走廊里可以和电话线路共槽在吊顶内敷设。

（三）公共广播与紧急广播系统质量检验

（1）系统的输入输出不平衡度、音频线的敷设、接地形式及安装质量应符合设计要求，设备之间阻抗匹配应合理。

（2）扬声系统应分布合理，符合设计要求。

（3）最高输出电平、输出信噪比、声压级和频宽的技术指标应符合设计要求。

（4）通过对响度、音色和音质的主观评价，评定系统的音响效果。

（5）功能检测应包括以下内容：

1）业务宣传、背景音乐和公共寻呼插播功能。

2）紧急广播与公共广播共用设备时，其紧急广播由消防分机控制，具有最高优先权；在火灾和突发事故发生时，应能强制切换为紧急广播并以最大音量播出。

3）功率放大器应冗余配置，并在主机故障时，备用机能够自动投入运行。

4）公共广播系统应分区控制，分区的划分不得与消防分区的划分产生矛盾。

任务二　计算机网络系统安装

一、计算机网络系统认知

计算机网络系统能够将分散的多台计算机、终端和外部设备互相联系起来，彼此之间实现通信互相和资源共享。

1. 计算机网络系统的分类

（1）按网络覆盖区域不同分类。按照网络覆盖区域的不同，计算机网络系统可分为局域网、广域网和城域网。

①局域网，一般是指在有限的地理区域内构成的计算机网络。分布范围通常在几十米至几千米不等，例如，把分散在一间或几间办公室、一幢楼或相邻几幢楼内的若干计算机连接起来，实现相互通信，共享资源，从而组成一个计算机网络。

②广域网，是由远程通信线路，将地理位置不同甚至相隔很远的两个或多个局域网的计算机连接起来的网络。广域网的分布范围通常在不同的城市甚至覆盖全球，其典型代表就是因特网（Internet）。

③城域网，城域网所涉及的范围介于局域网和广域网之间。其主导思想是利用城市较好的基础通信设施构造一个尽可能高速的小型广域网，以适应一个城市或一个地区的信息化发展。

（2）按计算机网络的拓扑结构分类。网络拓扑是指网络连接的方式，或者是网络在物理上的连通性。计算机网络的拓扑结构一般分为总线型、星型、环型、树型和网状型。

2. 计算机网络的基本组成

计算机网络由硬件和软件两大部分组成，其中，硬件主要有服务器、工作站、网络连接设备（包括网卡、中继器、集线器、网桥、交换机、路由器、网关等）、传输介质等。传输介质主要有双绞线和光纤、光缆。

（1）双绞线，是把一对绝缘的铜导线按一定密度互相绞在一起的导线，每根铜线直径大约为 1mm。两根铜导线在传输中辐射的电波会相互抵消，从而可降低信号干扰的程度，保证传输速率。

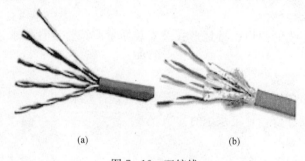

(a)   (b)

图 7 - 12 双绞线

(a) 非屏蔽双绞线；(b) 屏蔽双绞线

双绞线分为屏蔽双绞线（STP）和非屏蔽双绞线（UTP）。实际使用时，往往将多对双绞线一起包在一个绝缘的套管里，最典型的是 4 对双绞线，如图 7 - 12 所示。

双绞线按其传输速率分为一类、二类、三类、四类、五类、超五类和六类、超六类、七类双绞线，现在常用的为 5 类非屏蔽双绞线。

（2）光纤、光缆。光纤也叫光导纤维，由直径为 0.1mm 的细玻璃丝组成；光缆则由一捆光纤组成，如图 7 - 13 所示。

(a)   (b)

图 7 - 13 光纤与光缆

(a) 光纤；(b) 光缆

　　光纤由折射较高的纤芯和折射率较低的包层组成，可分为单模光纤（SMF）和多模光纤（MMF）。通常为了保护光纤，包层外还往往覆盖涂覆层加以保护，如图 7-14 所示。其中纤芯的芯径有 $8.3\mu m$、$50\mu m$、$62.5\mu m$ 三种，包层直径一般为 $125\mu m$。光纤通信的优点是传输频带宽，通信容量大，损耗低，不受电磁干扰，在使用中，必须考虑光纤的单向特性，如果要进行双向通信，就要使用两根光纤。

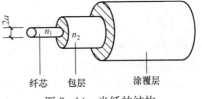

图 7-14　光纤的结构

二、计算机网络系统安装

1. 双绞线跳线的制作和测试

跳线是指将双绞线连接至 RJ-45 水晶头的制作过程。

RJ-45 水晶头由金属触片和塑料外壳构成，其前端有 8 个凹槽，简称"8P"，凹槽内有 8 个金属触点，简称"8C"，因此 RJ-45 水晶头又称为"8P8C"接头。端接水晶头时，要注意它的引脚次序，当金属片朝上时，从左至右为 1～8。RJ-45 水晶头连接的排序有 T568A 和 T568B 两种方式，T568A 的线序为白绿、绿、白橙、蓝、白蓝、橙、白棕、棕；T568B 的线序为白橙、橙、白绿、蓝、白蓝、绿、白棕、棕。

如图 7-15 所示，以 T568A 为例，RJ-45 水晶头的端接步骤如下。

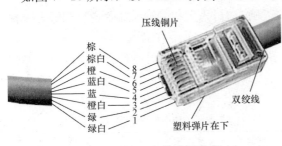

图 7-15　T568A 接线示意图

（1）剥线：用双绞线网线钳将双绞线塑料外皮剥去 2～3cm。

（2）排线：将蓝色线对与橙色线对放在中间位置，而绿色线对与棕色线对放在靠外的位置，形成由左至右绿、橙、蓝、棕的线对次序。

（3）理线：小心地剥开每一线对（开绞），并将线芯按 T568A 标准排序、特别是要将白橙芯从蓝和白蓝线对上交叉至 3 号位置，将线芯拉直压平、挤紧理顺（朝一个方向紧靠）。

（4）剪切：将裸露出的双绞线芯用压线钳、剪刀、斜口钳等工具整齐地剪切，只剩下约 13mm 的长度。

（5）插入：一手以拇指和中指捏住水晶头，并用食指抵住，水晶头的方向是金属引脚朝上、弹片朝下。另一只手捏住双绞线，用力缓缓将双绞线 8 条导线依序插入水晶头，并一直插到 8 个凹槽顶端。

（6）检查：检查水晶头正面，查看线序是否正确；检查水晶头顶部，查看 8 根线芯是否都顶到顶部。

（7）压接：确认无误后，将水晶头推入压线钳夹槽后，用力握紧压线钳，将突出在外面的针脚全部压入水晶头内，水晶头连接完成。用同一标准安装另一侧水晶头，完成直通网线的制作。

（8）测试：将做好的网线的两头分别插入网线测试仪中，并启动开关，如果两边的指示灯同步亮，则表示网线制作成功。

2. 线缆敷设

计算机网络线缆宜采用在吊顶、墙体内穿管或设置金属密封线槽及开放式（电缆桥架、吊挂环等）敷设。当缆线在地面布放时，应根据环境条件选用地板下线槽、网络地板、高架（活动）地板布线等安装方式。

垂直通道穿过楼板时宜采用电缆竖井敷设，也可采用电缆孔、管槽的方式，电缆竖井的位置应上下对齐。建筑物之间的缆线宜采用地下管道或电缆沟敷设方式。

三、计算机网络系统质量检验与验收

计算机网络系统的检测应包括连通性检测、路由检测、容错功能检测、网络管理功能检测。

（1）连通性检测。连通性检测方法可采用相关测试命令进行测试，或根据设计要求使用网络测试仪测试网络的连通性。

1）根据网络设备的连通图，网管工作站应能够和任何一台网络设备通信。

2）各子网（虚拟专网）内用户之间的通信功能检测。根据网络配置方案要求，允许通信的计算机之间可以进行资源共享和信息交换，不允许通信的计算机之间无法通信，并保证网络节点符合设计规定的通讯协议和适用标准。

3）根据配置方案的要求，检测局域网内的用户与公用网之间的通信能力。

（2）对计算机网络进行路由检测，路由检测方法可采用相关测试命令逆行测试，或根据设计要求使用网络测试仪测试网络路由设置的正确性。

（3）容错功能的检测方法应采用人为设置网络故障，检测系统正确判断故障及故障排除后系统自动恢复的功能；切换时间应符合设计要求。

（4）网络管理功能检测应符合下列要求：

1）网管系统应能够搜索到整个网络系统的拓扑结构图和网络设备连接图。

2）网络系统应具备自诊断功能，当某台网络设备或线路发生故障后，网管系统应能够及时报警和定位故障点。

3）应对网络设备进行远程配置和网络性能检测，提供网络节点的流量、广播率和错误率等参数。

任务三　安全防范系统安装

安全防范系统的全称是公共安全防范系统，它的作用是保护社会公共安全和人身财产安全，降低损失，预防犯罪。

安全防范系统的主要内容包括入侵报警系统、出入口控制系统、视频监控系统、楼宇对讲系统、电子巡更系统、停车场车辆管理系统、安全防范综合管理系统等。其中，安全防范综合管理系统是指采用标准的通信协议，通过统一的管理平台和软件将各子系统联网，从而实现对全系统的集中监视、集中控制和集中管理，甚至可通过网络进行远程监控和远程控制。

一、入侵报警系统

入侵报警系统又称防盗报警系统，是指采用各类探测器，对周界、建筑物内区域或某些实物目标进行防护的系统。

（一）入侵报警系统的组成

入侵报警系统一般由前端设备，传输部分，处理、控制、管理设备和显示、记录设备组成。

1. 前端设备

前端设备是指各种报警探测器和紧急报警装置。其中，探测器是专门用来探测入侵者的移动或其他动作的由电子及机械部件组成的装置，主要有以下几种。

（1）红外线报警探测器。红外线报警探测器是利用红外线的辐射和接收技术构成的报警装置。根据其工作原理又可分为主动式和被动式两种类型。

主动式红外报警探测器由收、发装置两部分组成，如图 7-16 所示。发射装置向装在几米甚至几百米的接收装置辐射一束红外线，当红外线被遮挡时，接收装置即发出报警信号。

被动式红外报警探测器不向空间辐射能量，而是依靠接收人发出的红外辐射来报警的，如图 7-17 所示。被动式红外报警探测器目前用得最多的是热释电探测器。

图 7-16　主动式红外报警探测器　　　　图 7-17　被动式红外报警探测器

（2）玻璃破碎报警探测器。当玻璃门破碎时，探测器就会产生报警信号。玻璃破碎报警探测器外形如图 7-18 所示。

（3）门磁开关。门磁开关是用来探测门、窗、抽屉等是否被非法打开或移动的一种开关，一般作为位置传感器使用。如图 7-19 所示，门磁开关由干簧管和磁铁组成。干簧管是一个充有惰性气体的封闭玻璃管，其中有两个带金属触点的簧片，带金属触点的两

图 7-18　玻璃破碎报警探测器

个簧片封装在充有惰性气体的玻璃管。当磁铁靠近干簧管时，管中的两个金属触点簧片，在磁场作用下被吸合，a、b 接通；磁铁非法远离干簧管达一定距离时干簧管附近磁场消失或减弱，簧片自身靠弹性作用恢复到原位置，a、b 断开，发出报警。门磁开关外形如图 7-20 所示。

2. 传输部分

传输部分就是把探测器中的探测信号送到控制器去进行处理、判别，确认有无入侵行为的线路。

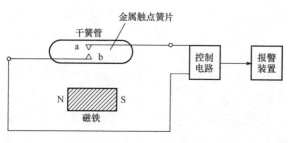

图 7-19 门磁开关的结构

图 7-20 门磁开关

3. 处理、控制、管理设备

处理、控制、管理设备主要是报警控制器。报警控制器置于用户端的值班中心，是报警系统的主控部分。具有布防与撤防、入侵报警、联动、通信等功能。

4. 显示、记录设备

显示、记录设备主要包括声光显示装置（声光报警器）和报警记录装置。

（二）入侵报警系统的安装

1. 探测器的安装

（1）主动红外报警探测器。一般设置在围墙上或围墙内侧构成电子篱笆警戒。探测器安装时，红外光路中不能有阻挡物，安装方位应严禁阳光直射接收机透镜，室外应注意隐蔽安装，如图 7-21 所示。

（2）被动红外报警探测器。可以安装在顶棚上，也可以安装在墙面或墙角，安装高度通常为 2～2.5m，但要注意探测器的窗口与警戒的相对角度，防止死角。探测器对横向切割（即垂直于）探测器方向的人体运动最敏感，故布置时应尽量利用此特性达到最佳效果。如图 7-22 中 A 点布置的效果好，B 点正对大门，其效果差。

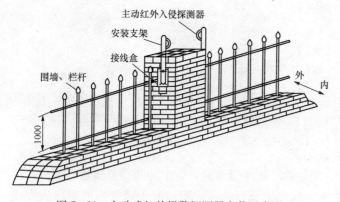

图 7-21 主动式红外报警探测器安装示意图

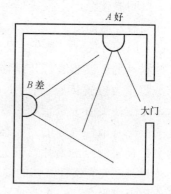

图 7-22 被动式红外报警探测器的布置

（3）玻璃破碎报警探测器。宜安装在镶嵌着玻璃的硬墙上或天花板上，如图 7-23 的 A、B、C、D 等位置。探测器与被防范玻璃之间的距离不应超过探测器的探测距离；探测器与被防范玻璃之间，不要放置障碍物，以免影响声波的传播；也不要安装在过强振荡的环境中。

（4）门磁开关。一般是把磁铁安装在被防范物体（如门、窗等）的活动部位（门扇、窗扇），干簧管装在固定部位（如门框、窗框），如图 7 - 24 所示。磁铁与干簧管的位置需保持适当距离，以保证门、窗的正常关闭。

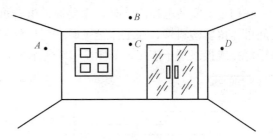

图 7 - 23　玻璃破碎报警探测器的布置

2. 传输线路敷设

无机械损伤的线缆在改建和扩建项目中可采用沿墙明敷方式，在新建项目中应采用暗敷设，以达到隐蔽的效果。

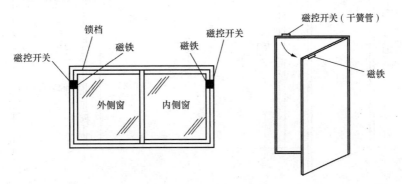

图 7 - 24　门磁开关的安装位置

二、出入口控制系统

出入口控制系统也称为门禁系统，它集自动识别技术和安全管理措施为一体，主要解决出入口安全防范管理的问题，实现对人、物的出入控制和管理。常见的门禁系统有独立式密码门禁系统、非接触卡式门禁系统和生物识别门禁系统。

（一）出入口控制系统的组成

出入口控制系统主要由识读、执行、传输和管理、控制四部分组成。

（1）身份识读，是门禁系统的重要组成部分，起到对通行人员的身份进行识别和确认的作用。实现身份识别的方式和种类很多，主要有卡证类、密码类、生物识别类以及复合类身份识别方式。

（2）执行部分，包括各种电子锁具等控制设备。这些设备动作灵敏，执行可靠，具有足够的机械强度和防破坏的能力。电子锁具种类繁多，按工作原理不同可分为电插锁、磁力锁、阴极锁、阳极锁和剪力锁等，可以满足各种木门、玻璃门、金属门的安装需求。

（3）传输部分，是门禁控制系统设备间传感信号和控制信号的通路，它负责把身份识读、电锁执行和管理、控制有机地串接起来。

（4）管理、控制系统，通常是指通过门禁控制主机对系统进行处理与控制的部分，门禁控制主机将出入口目标识别装置提取的目标身份等信息，通过识别、对比，以便进行各种控制处理。并能对允许出入者的有关信息，出入检验过程等进行记录，还可随时打印和查阅。

（二）出入口控制系统的安装

出入口控制系统的设备布置如图 7 - 25 所示。电控门锁的类型应根据门的材质、开启方向来确定，安装时，读卡器距地 1.4m。

在门扇上安装电控门锁时，需要通过电合页进行导线的连接，门扇上电控门锁与电合页之间可预留软塑料管，在主体施工时在门框外侧电合页处预埋导线管及接线盒，导线连接应采用焊接或接线端子连接。如图 7‐26 所示。

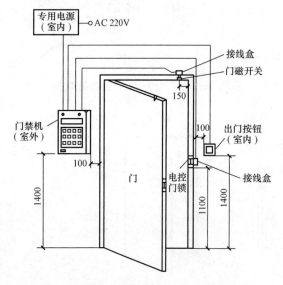

图 7‐25　出入口控制系统设备安装示意图

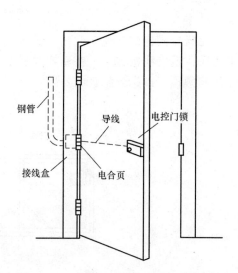

图 7‐26　电控门锁与电合页安装示意图

三、电子巡更系统

电子巡更系统是指通过预先在控制中心计算机上编制的巡逻软件，确定巡更路线和方式，以对巡逻人员的运动状态进行记录、监督，并对意外情况及时报警的系统。在指定的巡逻线上，安装巡更按钮或读卡器，保安人员在巡逻时依次输入信息，并在指定的时间和地点向中央控制站发回信号以表示正常。如果在指定的时间内，信号没有发到中央控制站，或不按规定的次序出现信号，系统将认为异常。通过巡更系统，可确保巡逻人员的安全，从而提高了建筑的安全性。

（一）电子巡更系统的分类

电子巡更系统按系统结构形式可分为离线式和在线式两大类。

1. 离线式电子巡更系统

离线式电子巡更系统如图 7‐27（a）所示。它无需布线，只需巡更人员手持巡更器到每个巡更信息钮处采集信息即可，其安装简易、性能可靠。目前离线式电子巡更系统最为广泛。

感应式巡更信息钮及巡更器外形如图 7‐28 所示。

2. 在线式电子巡更系统

在线式电子巡更系统如图 7‐27（b）所示，因其需要布线，故施工量大，成本较高；在室外安装传输数据的线路容易遭到人为的破坏，需设专人值守监控管理主机，系统维护费用高；但实时性好。

（二）电子巡更系统的安装

图 7‐29 为读卡器、信息钮安装示意图。其中，（a）为在线式电子巡更系统前端设备安装示意图，（b）至（e）为离线式电子巡更系统前端设备安装示意图。

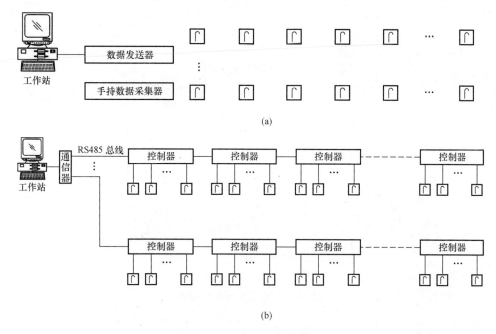

图 7-27　巡更系统示意图

（a）离线式；（b）在线式

　　信息钮应尽量远离金属物安装，其安装高度应距地 1.3～1.5m。

四、视频监控系统

　　现代智能建筑中，视频监控系统可以将关键部位或重要场所实时、形象和不失真地显示出来。目前视频监控系统已成为现代生产、管理和生活中实施监视、控制和安全防范的有效工具之一。

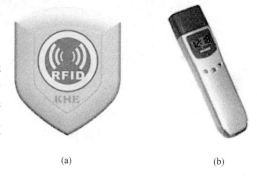

图 7-28　感应式巡更设备

（a）巡更信息按钮；（b）巡更器

　　（一）视频监控系统的组成

　　视频监控系统一般由四部分组成，即摄像部分、传输部分、显示和记录部分、控制部分。

　1. 摄像部分

　　摄像部分是视频监控系统的前沿部分，是系统的"眼睛"，是整个视频监控系统的原始信号源。它布置在被监视场所的某一位置或几个位置，其视场角能覆盖整个被监视场所的各个部位。其功能是通过监视区域摄像获取实时图像信息并将图像信息转换为电信号输出。

　　摄像部分的主要部件有摄像机、支承设备及摄像机防护罩。

　　（1）摄像机。其作用是把图像信息转变为电信号，它的关键部件是摄像器件。常见的摄像机如图 7-30 所示。

　　（2）摄像机的支承设备，指固定和安装摄像机的支承件。常见的摄像机支承设备有三脚架、摄像机托架和云台。三脚架是最普通的摄像机支承设备，根据支承摄像机的不同有各种规格和型号。摄像机托架安装在吊顶或墙壁上。云台是目前最常用的摄像机支承设备，它可

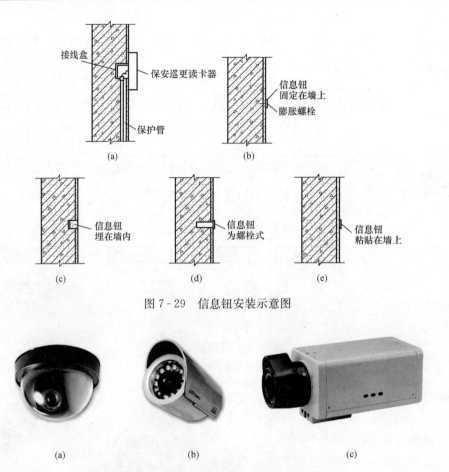

图 7-29　信息钮安装示意图

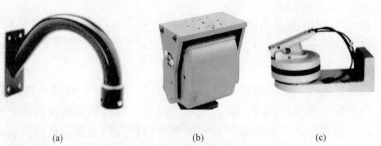

图 7-30　常见电视监视系统用摄像机
(a) 半球式监控摄像机；(b) 红外一体摄像机；(c) 枪型摄像机

带动摄像机进行水平方位和垂直方位的旋转，从而扩大了摄像机的监视范围，如图 7-31 所示。

图 7-31　摄像机托架和云台
(a) 鹅颈管型球型摄像机安装托架；(b) 电动云台；(c) 室内壁装云台

(3) 摄像机防护罩。由于电视监控系统设置的环境不同，有时需要对摄像机加装防护外罩，确保摄像机正常工作，延长其使用寿命。

2. 传输部分

传输部分用于将监控系统的前端设备与终端设备联系起来。常用同轴电缆和光纤连接，也可以通过无线传输方式。

3. 显示和记录部分

显示和记录部分一般安装在控制室，主要有监视器、录像机和一些视频处理设备组成。

4. 控制部分

控制部分是视频监控系统的"心脏"和"大脑"，是指挥整个系统正常运行的中心。控制部分主要指总控制台，其主要功能包括图像信号的校正与补偿、视频信号的放大与分配、图像信号的切换与记录、摄像机及其辅助部件的控制等。

（二）视频监控系统的安装

1. 摄像机的安装

摄像机的安装如图7-32所示。具体安装要求如下：

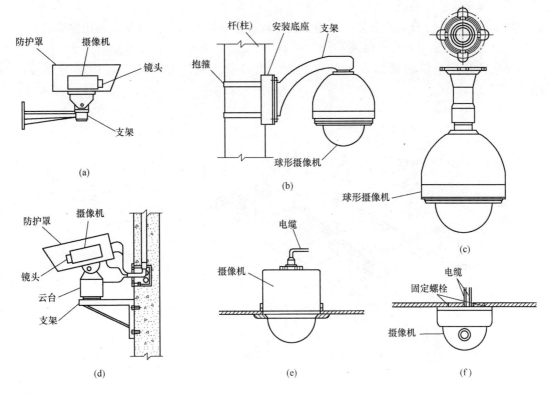

图 7-32　摄像机的安装示意图
(a)、(d) 支架安装方式；(b) 杆（柱）上安装方式；(c) 吊装安装方式；
(e) 嵌入吊顶内安装方式；(f) 吸顶安装方式

（1）摄像机的安装部位有主要出入口、总服务台、电梯（轿厢或电梯厅）、停车场、车库、避难所、底层休息大厅、贵重商品柜台、主要通道和自动扶梯等。

（2）摄像机宜安装在监视目标附近且不易受外界损伤的地方，安装位置不应影响现场设备运行和人员正常活动。安装高度，室内宜距地2.5～5m，室外宜距地3.5～10m。

（3）电梯轿厢内摄像机应安装在厢顶部，电梯操作盘的对角处，摄像机视角应能覆盖电梯轿厢内全景。

（4）摄像机镜头应避免强光直射，镜头视场内不得有遮挡监视目标的物体。摄像机镜头应从光源方向对准监视目标，避免逆光安装；当需要逆光安装时，应降低监视区域的对比度。

2. 传输线路的敷设

（1）视频监控系统一般采用同轴电缆作为视频线，常用型号为 SYV-75-9、SYV-75-5。

（2）传输线路一般采用穿钢管暗敷设的方式，一根钢管一般只穿一根电缆；SYV-75-9型电缆应采用直径大于或等于 25mm 的钢管敷设，SYV-75-5 型电缆应采用直径大于或等于20mm 的钢管敷设。电缆与电力线平行或交叉敷设时，其间距不得小于 0.3m；与通信线平行或交叉敷设时，其间距不得小于 0.1m。电缆弯曲半径应大于电缆外径的 15 倍。

（3）长距离传输或需避免强电磁场干扰的传输线宜采用光缆，因为光缆抗干扰性强，可传输十几千米而不用补偿。

五、停车场管理系统

停车场管理系统分为两部分，一部分是车辆进停车场，另一部分是车辆出停车场。

（一）停车场管理系统的组成

停车场管理系统通常由入口管理系统、出口管理系统和管理中心等部分组成，如图 7-33 所示。

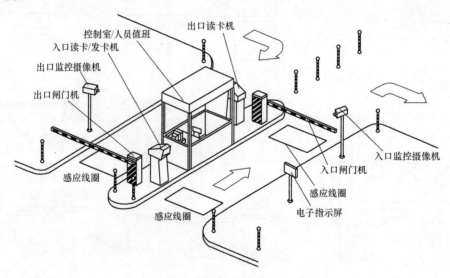

图 7-33　停车场管理系统的组成

1. 车辆探测器

车辆探测器由感应数字电路板和传感器组成，传感器多采用地感线圈，由多股铜芯绝缘软线按要求规格现场制作，线圈一般埋于栏杆前后地下 5～10cm。

2. 读卡机

读卡机有 IC 卡机、磁卡机、出票读卡机、验票卡机等。

3. 通行卡

通行卡包括 ID 卡、接触式 IC 卡、非接触式 IC 卡等。

4. 控制器

控制器的作用是根据读卡机对合法卡的识别和非法卡的拒绝，符合放行条件时，应控制自动道闸抬起放行车辆。

5. 自动道闸

自动道闸一般长 3~4m，通常有直臂和曲臂两种形式。其动作由控制器控制，并具有防砸车功能。

（二）停车场管理系统的安装

1. 感应线圈的安装

感应线圈是利用电缆或绝缘电线做成环形，埋在车路地下，当车辆驶过时，其金属车体使线圈发生短路效应而形成检测信号。所以，线圈埋入车路时，应特别注意有否碰触周围金属，环形线圈周围 0.5m 平面范围内不可有其他金属物。感应线圈至检测器间线缆配管应采用金属管，配管敷设应固定牢固，如图 7-34 所示。

2. 读卡机的安装

读卡机要求安装平稳、牢固，应保持与水平面垂直，不得倾斜。读卡机与自动道闸的中心间距应符合设计要求和产品安装使用要求。读卡机与自动道闸宜在室内安装，当需安装在室外时应做好防水、防尘和防撞措施。

3. 信号指示器的安装

信号指示器包括满位显示器与车位引导指示器。满位显示器

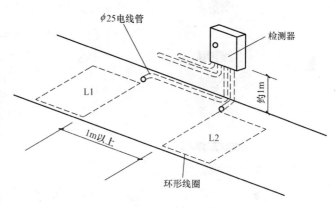

图 7-34　感应线圈的安装

用于车位状况显示，应安装在车道出入口的明显位置；车位引导指示器宜安装在车位上方，便于识别引导。

六、楼宇对讲系统

楼宇对讲系统是智能楼宇、智能住宅最基本的防范措施。来访者要通过可视或非可视对讲系统，由住宅的主人确认无误后，遥控电控锁开启，来访者才能进入楼宇大门。

（一）楼宇对讲系统的组成

1. 管理中心机

管理中心机用于管理人员综合管理，接受单元主机、室内分机的呼叫，接受各联动报警探测器的报警求助。管理人员可以通过管理中心机呼叫与之相连的单元主机、室内分机，可以通过管理中心机监视与之相连接的单元主机门前图像，如图 7-35 所示。

2. 单元主机

单元主机及室外主机，是供访客、用户输入欲访问的房号、密码的设备，是楼宇对讲系统中的前端公用设备，可以供访客、用户、管理员等与该单元内用户通话，也可供用户、管理员输入密码，实现密码开锁。单元主

图 7-35　管理中心机

机可以增配内置，外置 ID、IC 卡门禁模块，从而供用户刷卡开锁，如图 7 - 36（a）所示。

3. 室内分机

室内分机一般的功能是联网呼叫、遥控开锁、双向对讲，其次还可以增加户户通功能（任意两用户互相通话对讲称户户通）、与安防报警器探头联动的功能（如外接红外、门磁、烟感、煤气等）、免打扰功能（当设置为免打扰时，该用户的访客呼叫将被转移到管理中心处，但是，管理中心处可以随时呼通设置免打扰的用户）、信息接收功能（主要是接收管理处发布的管理信息）和集成电话机功能（将电话与对讲系统的室内分机集成在一台机上）等。

室内机可分为普通室内机、可视室内机、多功能室内机等，如图 7 - 36（b）和（c）所示。

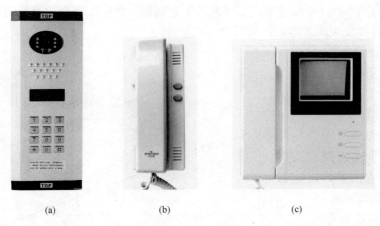

（a）   （b）   （c）

图 7 - 36　单元主机与室内分机

（a）单元主机；（b）普通室内机；（c）可视室内机

4. 层间分配器

层间分配器是用于连接室外主机与室内分机的设备，并给室内分机提供电源，负责切换室外主机与同一层的不同室内分机间的音视频通道，同时它还隔离着室外主机与室内分机，具有短路保护功能，如图 7 - 37（a）所示。

5. 联网器

联网器主要功能是切换联网系统与单元系统的视频信号、音频信号，转发系统报警信息、故障信息、管理处发布的管理信息等其他信息，如图 7 - 37（b）所示。

（二）访客对讲系统的安装

1. 设备安装

（1）单元主机的安装高度宜为 1.5～1.7m，且面向访客。同时，对可视机内置摄像机的方位和视角做调整，对不具有逆光补偿功能的摄像机，安装时宜做环境亮度处理。

（2）管理中心主机宜安装在保安人员值班室的工作台上，安装时应牢固。

（3）室内分机宜安装在用户出入口的内墙上，安装高度宜为 1.3～1.5m。

2. 传输线路的敷设

住宅楼内配线线路一般采用暗配管线。对普通住宅，一般采用楼内墙和楼板内敷设电线管或 PVC 管的方式，在墙上应预留安装配、出线箱（盒）。

(a)　　　　　　　　　　　　　　　(b)

图 7-37　楼宇对讲系统的设备

(a) 层间分配器；(b) 联网器

七、安全防范系统的质量检验与验收

（一）质量检验

安全防范系统的检测应由国家或行业授权的检测机构进行检测，并出具相关的检测报告。检测内容、合格判据应符合国家公共安全行业的相关标准。安全防范系统检测应依据工程合同技术文件、施工图设计文件、工程设计变更说明和洽商记录、产品的技术文件进行。安全防范系统进行系统检测时应提供设备材料进场检验记录、隐蔽工程和过程检查验收记录、工程安装质量和观感质量验收记录、设备及系统自检测记录及系统试运行记录。

1. 入侵报警系统的检测

（1）检测内容。

①探测器的盲区检测、防动物功能检测、灵敏度检测。

②探测器的防破坏功能检测，包括报警器的防拆报警功能，信号线开路、短路报警功能，电源线被剪的报警功能。

③系统控制功能检测，包括系统的撤防、布防功能，关机报警功能，系统后备电源自动切换功能等。

④系统通信功能检测，包括报警信息传输、报警响应功能。

⑤现场设备的接入率及完好率测试、管理软件（含电子地图）功能检测、报警信号联网上传功能检测。

⑥系统的联动功能检测，包括报警信号对相关报警现场照明系统的自动触发，对监控摄像机的自动启动、视频安防监视画面的自动调入，相关出入口的自动启闭，录像设备的自动启动等。

⑦报警系统报警事件存储记录的保存时间应满足管理要求。

（2）探测器抽检的数量应不低于 20％且不少于 3 台，探测器数量少于 3 台时应全部检测；被抽检设备的合格率 100％时为合格。

2. 出入口控制系统的检测

（1）检测内容。

①出入口控制系统的功能检测，包括：系统主机在离线、在线、断电等情况下，出入口控制器独立工作的准确性、实时性和储存信息的功能；通过系统主机、出入口控制器及其他

控制终端，实时监控出入控制点的人员状况；系统对非法强行入侵及时报警；检测本系统与消防系统报警时的联动功能；现场设备的接入率及完好率测试；出入口管理系统的数据存储记录保存时间应满足管理要求。

②系统的软件检测，包括：演示软件的所有功能，以证明软件功能与任务书或合同书要求一致；根据说明书中规定的性能要求，对软件连项进行测试；对软件系统操作的安全性进行测试；在软件测试的基础上，对被验收的软件进行综合评审，给出综合评审结论。

（2）出入口控制器抽检的数量应不低于20%且不少于3台，数量少于3台时应全部检测；被抽检设备的合格率100%时为合格。

3. 巡更管理系统的检测

（1）检测内容。

①按照巡更路线图检查系统的巡更终端、读卡机的响应功能。

②现场设备的接入率及完好率测试。

③检查巡更管理系统编程、修改功能以及撤防、布防功能。

④检查系统的运行状态、信息传输、故障报警和指示故障位置的功能。

⑤检查巡更管理系统对巡更人员的监督和记录情况、安全保障措施和对意外情况及时报警的能力。

⑥对在线联网式巡更管理系统还需要检查电子地图上的显示信息，遇有故障时的报警信号以及和视频安防监控系统等的联动功能。

⑦巡更系统的数据存储记录保存时间应满足管理要求。

（2）巡更终端抽检的数量应不低于20%且不少于3台，探测器数量少于3台时应全部检测；被抽检设备的合格率100%时为合格。

4. 视频监控系统的检测

（1）检测内容。

①系统功能检测：云台转动，镜头、光圈的调节，调焦、变倍，图像切换，防护罩功能的检测。

②图像质量检测：在摄像机的标准照度下进行图像的清晰度及抗干扰能力的检测。

③系统整体功能检测，包括：视频安防监控系统的监控范围、现场设备的接入及完好率；矩阵监控主机的切换、控制、编程、巡检、记录等功能；对数字视频录像式监控系统还应检查主机死机记录、图像显示和记录速度、图像质量、对前端设备的控制功能以及通信接口功能、远端联网功能等；对数字硬盘录像监控系统除检测其记录速度外，还应检测记录的检索、回放等功能。

④系统联动功能检测，包括：与出入口管理系统、入侵报警系统、巡更管理系统、停车场（库）管理系统等的联动控制功能。

⑤视频安防监控系统的图像记录保存时间应满足管理要求。

（2）摄像机抽检的数量应不低于20%且不少于3台，摄像机数量少于3台时应全部检测；被抽检设备的合格率100%时为合格。

5. 停车场管理系统的检测

（1）检测内容。

停车场管理系统功能检测应分别对入口管理系统、出口管理系统和管理中心的功能进行检测。

①车辆探测器对出入车辆的探测灵敏度检测，抗干扰性能检测。

②自动栅栏升降功能检测，防砸车功能检测。

③读卡器功能检测，对无效卡的识别功能；对非接触 IC 卡读卡器还应检测读卡距离和灵敏度。

④发卡（票）器功能检测，出卡功能是否正常，入场日期、时间等记录是否正确。

⑤满位显示器功能是否正常。

⑥管理中心的计费、显示、收费、统计、信息储存等功能的检测。

⑦出入口管理监控站及与管理中心站的通信是否正常。

⑧管理系统的其他功能，如"防折返"功能检测。

⑨对具有图像对比功能的停车场管理系统应分别检测出入口车牌和车辆图像记录的清晰度、调用图像信息的符合情况。

⑩检测停车场管理系统与消防系统报警时的联动功能，电视监控系统摄像机对进出停车场车辆的监视，空车位及收费显示，管理中心监控站的车辆出入数据记录保存时间应满足管理要求。

（2）车牌识别系统对车牌的识别率达 98% 时为合格。

6.安全防范综合管理系统的检测

（1）检测内容。

①防范范围、重点防范部位和要害部门的设防情况、防范功能，以及安防设备的运行是否达到设计要求，有无防范盲区。

②各种防范子系统之间的联动是否达到设计要求。

③监控中心系统记录（包括监控的图像记录和报警记录）的质量和保存时间是否达到设计要求。

④安全防范系统与其他系统进行系统集成时，应按有关规定检查系统的接口、通信功能和传输的信息等是否达到设计要求。

（2）综合管理系统功能应全部检测，功能符合设计要求为合格，合格率为 100% 时为系统功能检测合格。

（二）竣工验收

智能建筑工程中的安全防范系统工程的验收应按照《安全防范系统验收规则》（GA308）的规定执行。以管理为主的电视监控系统、出入口控制系统、停车场管理系统等系统的竣工验收按相关规定执行。

（1）竣工验收应在系统正常连续投运 1 个月后进行。

（2）系统验收的资料。

①工程设计说明，包括：系统选型论证，系统监控方案和规模容量说明，系统功能说明和性能指标等。

②工程竣工图纸，包括：系统结构图、各子系统原理图、施工平面图、设备电气端子接线图、中央控制室设备布置图、接线图、设备清单等。

③系统的产品说明书、操作手册和维护手册。

④工程实施及质量控制记录。

⑤设备及系统测试记录。

⑥相关工程质量事故报告、工程设计变更单等。

（3）必要时各子系统可分别进行验收，验收时应做好验收记录，签署验收意见。

任务四 建筑设备自动化系统

建筑设备自动化系统（BAS）也称为建筑设备监控系统，是指对给排水系统、空调系统、电梯控制系统、照明及供配电系统等进行统一管理、监测和控制的系统，如图7-38所示。

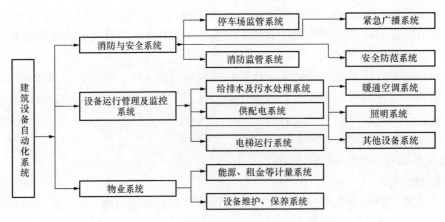

图7-38 BAS系统组成示意图

BAS是通过计算机控制系统对设备进行监控，以确保提供优质的环境，其基本功能应具备以下几点：

（1）自动监控各种设备的启与停，并能自动检测它们的运行状态，当运行参数超过设定值后，能立即自动报警，并能按预定程序迅速处理，避免事故进一步扩大。

（2）对建筑物内所有机电设备实行统一管理，协调控制，对设备进行统一维护。

（3）依外界条件、运载状况自动调节设备的运行，使其工作在最经济状态中。

（4）能对资源实现自动化、人性化管理。

一、建筑设备自动化系统的组成

建筑设备自动化系统通常由监控计算机、现场控制器、仪表和通信网络四个主要部分组成。

1. 监控计算机

监控计算机担负着整个建筑或建筑群的能量控制、环境控制与管理等关键任务，是系统的技术核心，起着类似人脑的重要指挥作用，因此称为工作站、操作站或中央机。因为其关系到整个系统，所以应连续24h不间断工作，除要求完善的软件功能外，硬件必须可靠。为保证实时性，通常采用两台计算机互为热备份。

2. 现场控制器

直接数字控制器（简称DDC），一般安装在被控设备的附近，通常用作集散控制系统中的现场控制器。通过通信总线与监控计算机连接，将现场监测到的数据进行收集处理，再输到接口。

3. 仪表

建筑设备自动化系统中常用的仪表分为检测仪表和执行仪表两大类。检测仪表主要指传感器，其主要功能是将被检测的参数稳定准确可靠的转换成现场控制器可接受的电信号；执行仪表主要指执行器，其主要功能是接受现场控制器的信号，对系统参数进行自动或远程调节。

常用的传感器有温度传感器、湿度传感器、压力传感器、流量传感器、风量传感器等。

4. 通信网络

建筑设备自动化系统宜采用分布式系统和多层次的网络结构。大型系统宜采用由管理、控制、现场设备三个网络层次构成的三层网络结构。中型系统宜采用两层或三层的网络结构，其中两层网络结构宜由管理层和现场设备层构成。小型系统宜采用以现场设备为骨干构成的单层网络结构或两层网络结构。

二、建筑设备自动化监控子系统

1. 空调监控子系统

空调系统的基本任务是创造良好的空气环境，以满足人们生产和生活中对空气参数的特殊要求。从目前工程实践看，对该系统的监控主要反映在以下几方面。

（1）空调机组的监控。控制中心对空调机组工作状态的监测内容主要包括：过滤器阻力，冷、热水阀门开度，加湿器阀门开度，送风机与回风机的启、停，新风、回风与排风风阀开启度，新风、回风以及送风的温度和湿度等。

根据设定的空调机组工作参数与上述检测的状态参数情况，监控中心控制送、回风机的启停，新风与回风的比例调节，换热器盘管的冷热水流量，加湿器的加湿量等，以保证空调区域空气的温度与湿度既能在设定的范围内并满足舒适要求，又能使空调机组以最低的能耗方式运行。

（2）新风机组的监控。新风机组是一种没有回风装置的空调机组，其检测、控制与空调机组基本相同。

2. 给排水监控子系统

高层建筑生活给水系统一般采用加压给水，而排污则需用污水泵。其给排水系统主要通过 DDC 对水位开关送入信号进行判断后，发出指令控制各种泵的启动、运行和停止。

（1）给水系统的监控。在智能建筑中，生活给水常采用变频调节恒压供水的方式，主要监控内容包括水泵启停控制、运行状态显示、水箱液位显示、水流状态显示、水泵的过载保护等。

（2）排水系统的监控。对于生活污水的排放，通常是把污水集中于地下室的污水坑内，然后通过排污泵进行排水，主要监控内容包括水泵启停控制、运行状态显示、水泵故障报警等。

3. 供配电监控子系统

很多智能建筑是按一级负荷对待的，除设两路独立电源互为备用外，还应有应急电源，故配电系统的监控是 BAS 中的重要组成部分。

该系统监控主要有：检测系统运行参数，为计量管理或事故分析提供原始数据；监视系统内电气设备的运行状态；应急电源监控；设备检修与保养等。

低压供配电监控系统由各类传感器及直接数字控制器组成。控制器通过温度传感器、电压变送器、电流变送器、功率因数变送器自动检测变压器线圈温度、电压、电流和功率因素等参数，并将各参数转换成电量值，经由数字量输入通道送入计算机，显示相应的电压、电流数值和故障位置，并可检测电压、电流、累计用电量等。

4. 照明监控子系统

照明系统监控的任务可以分为两个方面：一是为了保证建筑物内各区域的照度及视觉环境而对灯光进行的控制，即环境照度控制；二是以节能为目的对照明设备进行的控制，以期实现最大限度的节能，即照明节能控制。

照明监控的主要内容包括：室内照明控制、公共照明控制、应急与障碍照明控制、装饰照明控制及室外庭院照明控制等。

室外自然光传感器等检测元件将各部位检测的相关值送到 DDC 的模拟输入点（AI），各照明开关的状态送到 DDC 的数字输入点（DI），而 DDC 的输出信号（DO）则控制照明开关。

5. 消防联动报警子系统

这是一个相对较独立的子系统，主要注意联动问题。

三、建筑设备自动化系统检测与验收

建筑设备监控系统的检测应以系统功能和性能检测为主，同时对现场安装质量、设备性能及工程实施过程中的质量记录进行抽查或复核。建筑设备监控系统的检测应在系统试运行连续投运时间不少于 1 个月后进行。

1. 建筑设备自动化系统的功能检测

（1）空调与通风系统功能检测。建筑设备监控系统应对空调系统进行温湿度及新风量自动控制、预定时间表自动启停、节能优化控制等控制功能进行检测。应着重检测系统测控点（温度、相对湿度、压差和压力等）与被控设备（风机、风阀、加湿器及电动阀门等）的控制稳定性、响应时间和控制效果，并检测设备连锁控制和故障报警的正确性。

检测数量为抽检每类机组总数的 20%，且不得少于 5 台，每类机组不足 5 台时全部检测，被检测机组全部符合设计要求为检测合格。

（2）给排水系统功能检测。建筑设备监控系统应对给水系统、排水系统和中水系统进行液位、压力等参数检测及水泵运行状态的监控和报警进行验证。

检测时应通过工作站参数设置或人为改变现场测控点状态，监视设备的运行状态，包括自动调节水泵转速、投运水泵切换及故障状态报警和保护等项。

检测方式为抽检，抽检数量按每类系统的 50%，且不得少于 5 套，总数少于 5 套时全部检测。被检系统合格率 100% 时为检测合格。

（3）变配电系统功能检测。变配电系统检测应对测量电压、电流、有功（无功）功率、功率因数、用电量等各项参数的测量和记录的准确性、真实性进行检查，并对报警信号进行验证。

检测方法为抽检，抽检数量为每类参数的 20%，且数量不得少于 20 点，数量少于 20 点时全部检测，被检参数合格率 100% 时为检测合格。对高低压配电柜的运行状态、电力变压器的温度，应急发电机组的工作状态、储油罐的液位、蓄电池组及充电设备的工作状态、不间断电源的工作状态等参数进行检测时，应全部检测，合格率 100% 时为检测合格。

(4) 公共照明系统功能检测。对公共照明设备（公共区域、过道、园区和景观）进行监控，应以光照度、时间表等为控制依据，设置程序控制灯组的开关，检测时应检查控制动作的正确性；并检查其手动开关功能。

检测方式为抽检照明回路总数的 20%，数量不得少于 10 路，总数少于 10 路时应全部检测，抽检数量合格率 100% 时为检测合格。

(5) 热源和热交换系统功能检测。建筑设备监控系统应对热源和热交换系统进行系统负荷调节、预定时间表自动启停和节能优化控制。检测时应通过工作站或现场控制器对热源和热交换系统的设备运行状态、故障等的监视、记录与报警进行检测，并检测对设备的控制功能，核实热源和热交换系统能耗计量与统计资料。

检测方式为全部检测，被检系统合格率 100% 时为检测合格。

(6) 冷冻和冷却水系统功能检测。建筑设备监控系统应对冷水机组、冷冻冷却水系统进行系统负荷调节、预定时间表自动启停和节能优化控制。检测时应通过工作站对冷水机组、冷冻冷却水系统设备控制和运行参数、状态、故障等的监视、记录与报警情况进行检查，并检查设备运行的联动情况，核实冷冻水系统能耗计量与统计资料。

检测方式为全部检测，满足设计要求时为检测合格。

(7) 建筑设备监控系统与子系统（设备）间的数据通信接口功能检测。建筑设备监控系统与带有通信接口的各子系统以数据通信的方式相连时，应在工作站监测子系统的运行参数（含工作状态参数和报警信息），并和实际状态核实，确保准确性和响应时间符合设计要求；对可控的子系统，应检测系统对控制命令的响应情况。

应对数据通信接口进行全部检测，检测合格率 100% 时为检测合格。

(8) 系统实时性、可靠性检测。采样速度、系统响应时间应满足合同技术文件与设备工艺性能指标的要求；抽检 10% 且不少于 10 台，少于 10 台时全部检测，合格率 90% 及以上时为检测合格。

报警信号响应速度应满足合同技术文件与设备工艺性能指标的要求；抽检 20% 且不少于 10 台，少于 10 台时全部检测，合格率 100% 时为检测合格。

系统运行时，启动或停止现场设备，不应出现数据错误或产生干扰，影响系统正常工作。检测时采用远动或现场手动启、停现场设备，观察中央站数据显示和系统工作情况，工作正常的为合格，否则为不合格；切断系统电网电源，转为 UPS 供电时，系统运行不得中断。电源转换时系统工作正常的为合格，否则为不合格；中央站冗余主机自动投入时，系统运行不得中断；切换时系统工作正常的为合格，否则为不合格。

2. 现场设备安装质量检查

现场设备安装质量应符合《建筑电气工程施工质量验收规范》（GB 50303—2011）相关规定、设计文件和产品技术文件的要求，检查合格率达到 100% 时为合格。

(1) 传感器：每种类型传感器抽检 10% 且不少于 10 台，传感器少于 10 台时全部检查。

(2) 执行器：每种类型执行器抽检 10% 且不少于 10 台，执行器少于 10 台时全部检查。

(3) 控制箱（柜）：各类控制箱（柜）抽检 20% 且不少于 10 台，少于 10 台时全部检查。

3. 现场项目评测

根据现场配置和运行情况对以下项目做出评测：

（1）控制网络和数据库的标准化、开放性；系统的冗余配置，主要指控制网络、工作站、服务器、数据库和电源等。

（2）系统可扩展性，控制器 I/O 口的备用量应符合合同技术文件要求，但不应低于 I/O 口实际使用数的 10%；机柜至少应留有 10% 的卡件安装空间和 10% 的备用接线端子。

（3）节能措施评测，包括空调设备的优化控制、冷热源自动调节、照明设备自动控制、风机变频调速、VAV 变风量控制等。根据合同技术文件的要求，通过对系统数据库记录分析、现场控制效果测试和数据计算后做出是否满足设计要求的评测。

结论为符合设计要求或不符合设计要求。

4. 竣工验收

（1）竣工验收应在系统正常连续投运 3 个月后进行。

（2）竣工验收文件资料应包括以下内容：

①工程合同技术文件。

②竣工图纸：包括设计说明、系统结构图、各子系统控制原理图、设备布置及管线平面图、控制系统配电箱电气原理图、相关监控设备电气接线图、中央控制室设备布置图、设备清单、监控点（I/O）表等。

③系统设备产品说明书。

④系统技术、操作和维护手册。

⑤设备及系统测试记录：设备测试记录、系统功能检查及测试记录、系统联动功能测试记录等。

⑥其他文件：工程实施及质量控制记录、相关工程质量事故报告表等。

（3）必要时各子系统可分别进行验收，验收时应做好验收记录，签署验收意见。

复 习 思 考 题

1. 智能建筑安全防范系统主要由哪些子系统构成？
2. 对扬声器的布置有什么要求？
3. 计算机网络系统由哪些硬件设备组成？
4. 简述入侵报警系统中探测器的种类。
5. 车场管理系统的主要功能是什么？
6. 视频监控系统中，对摄像机的安装位置有哪些要求？
7. 简述出入口控制系统的组成及其功能。
8. 简述访客对讲系统的分类及其特点。
9. 简述 BAS 对给排水系统的监控内容。

任 务 实 训

为创造一个舒适、便捷的生活环境，根据智能化建筑的特点，结合各种不同子系统的功能和设置要求等相关知识，进行住宅小区的智能化功能设计，并说明每个子系统的控制原理和作用以及如何实现。

项目八　建筑消防系统安装

⏰【引例】

1. 因各类建筑物与构筑物的功能不同，其中存储的可燃物质和设备的可燃性也各异，火灾可划分为以下五种类型：

A 类火灾，指固体物质火灾，如木材、棉、毛、麻、纸张及其制品等燃烧的火灾；

B 类火灾，指液体火灾或可熔化固体物质火灾，如汽油、煤油、柴油、原油、甲醇、乙醇、沥青、石蜡等燃烧的火灾；

C 类火灾，指气体火灾，如煤气、天然气、甲烷、乙烷、丙烷、氢气等燃烧的火灾；

D 类火灾，指金属火灾，如钾、钠、镁、钛、锆、锂、铝镁合金等燃烧的火灾；

E 类火灾，指带电物体的火灾，如发电机房、变压器室、配电间、仪器仪表间和电子计算机房等在燃烧时不能及时或不宜断电的电气设备带电燃烧的火灾。

根据不同类型的火灾，需要选择不同的灭火方式和灭火设施，建筑内部的消防设施有哪些？我们应该如何选择呢？

2. 建筑消防系统是以水作为主要灭火剂，用于扑救建筑物一般性火灾的最经济最有效的手段。据相关资料表明，建筑内的一般性初期火灾，主要是由建筑内部的消防设备设施来控制和扑灭的。但是，高层建筑与低层建筑的消防系统不同，其两者划分是根据消防队的登高消防器材和常用消防车的供水能力。我国将十层以上的住宅建筑及建筑高度大于 24m 的其他民用建筑或工业建筑的室内消防系统，确定为高层建筑室内消防系统，而且这种系统必须立足于自救为主，因此其室内消防系统应具有扑灭建筑物大火的能力。为此，应按有关规范配备消防设备，以减少火灾损失、保障人民生命财产安全，那么高层建筑应该如何设置消防系统？我们应该如何通过消防联动报警系统自动控制水泵、风机和其他消防设备的启闭来扑救建筑内部的火灾呢？

👤【工作任务】

1. 室内消火栓系统与自动喷水灭火系统的安装；

2. 消防联动报警系统设备的安装与线路敷设；

3. 建筑消防系统的联合运行与调试及质量检验；

4. 填写《建筑消防系统安装工程检验批质量验收记录》。

👔【学习参考资料】

《建筑给排水设计规范（2009 版）》（GB 50015—2003）

《建筑设计防火规范》（GB 50016—2006）

《自动喷水灭火系统设计规范（2005 版）》（GB 50084—2001）

《火灾自动报警系统设计规范》（GB 50116—1998）

《建筑给水排水及采暖工程施工质量验收规范》（GB 50242—2002）

《自动喷水灭火系统施工及验收规范》（GB 50261—2005）

《建筑电气工程施工质量验收规范》（GB 50303—2002）

《火灾自动报警系统施工及验收规范》（GB 50166—2007）

任务一 室内消火栓系统安装

一、消火栓系统认知

消火栓系统具有使用方便、灭火效果好、能控制和扑灭大火、价格便宜、器材简单等优点，因此，从目前我国经济、技术条件来考虑，消火栓系统是建筑最基本的灭火设备。设有消防给水的建筑物，其各层（无可燃物的设备层除外）均应设置消火栓；高层建筑必须设置消火栓系统。消火栓系统可分为室内消火栓系统和室外消火栓系统，在此主要介绍室内消火栓系统。

1. 室内消火栓系统的组成

室内消火栓系统通常由消防水源、消防供水设备、消防给水管网、室内设备组成，如图8-1所示。

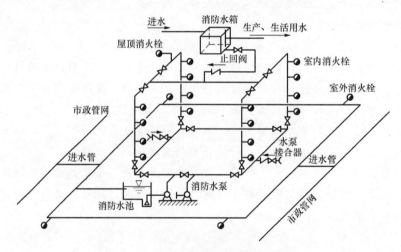

图8-1 室内消火栓给水系统的组成

（1）消防供水水源，可由市政给水管网、天然水源或消防水池等供给。

（2）消防供水设备，包括消防水箱、消防水泵和水泵接合器等。

（3）消防给水管网，由引入管、干管、立管和短支管组成，其作用是将水供给消火栓，并且必须满足消火栓在消防灭火时所需水压和水量要求。

（4）消火栓设备，由水枪、水带和消火栓组成，均安装在消火栓箱内。

2. 室内消火栓系统的给水方式

（1）无加压泵和水箱的给水方式。常用在建筑物高度不大，室外给水管网的水压和水量任何时候都能满足室内最不利点消火栓的设计水压和水量时，其特点是常高压，消火栓打开即可用。

（2）单设水箱的给水方式。适用于水压在一天内变化较大，但能满足室内消防、生活和生产用水量要求的城市和居住区。

（3）设消防泵和水箱的给水方式。适用于室外给水管网的水压不能满足室内消火栓给水系统所需水压时。此时，生活、生产和消防的给水水泵宜分开设置。

（4）设消防泵、水箱及增压设施的给水方式。适用于室外给水管网的水压不能满足室内消火栓给水系统所需水压，且一类建筑（住宅除外）的消防水箱，不能满足最不利点消火栓静水压 0.07MPa（建筑高度超过 100m 的高层建筑，静水压不低于 0.15MPa）时。

3. 室内消火栓系统的主要设备

（1）消火栓，是带有内扣式的角阀，其进口向下与消防管道相连，出口与水龙带相接，有单阀和双阀之分。单阀消火栓又分单出口和双出口，双阀消火栓为双出口，如图 8-2 所示。一般情况下推荐使用单阀单出口消火栓。消火栓的栓口直径有 DN 50 和 DN 65 两种。

(a)　　　　　　　　(b)　　　　　　　　(c)

图 8-2　消火栓

(a) 直角单阀单出口型；(b) 单角单阀双出口型；(c) 单角双阀双出口型

（2）水带，是输送消防水的软管，一端通过快速内扣式接口与消火栓相连，另一端连接水枪。常用的有麻质水带、帆布水带和衬胶水带，其口径有 DN 50 和 DN 65 两种，长度有 10m、15m、20m、25m 四种。水龙带在消火栓箱中的安置方式有挂置式、盘卷式、卷置式和托架式四种。

（3）水枪，是灭火的主要工具，多采用直流式。水枪喷嘴口径有 13mm、16mm、19mm 三种，其中喷嘴口径 13mm 的水枪配 DN 50 水带，16mm 水枪可配 DN 50 和 DN 65 水带，19mm 水枪配 DN 65 水带。

（4）消防卷盘。

消防卷盘又称水喉，是在启用室内消火栓之前供建筑物内一般人员自救初期火灾的消防设施。它由 DN 25 的小口径消火栓；内径 19mm 的水带和口径不小于 6mm 的消防卷盘喷嘴组成。

（5）消火栓箱，是将室内消火栓、水龙带、消防水枪及电气设备集装于一体的装置，如图 8-3 所示。

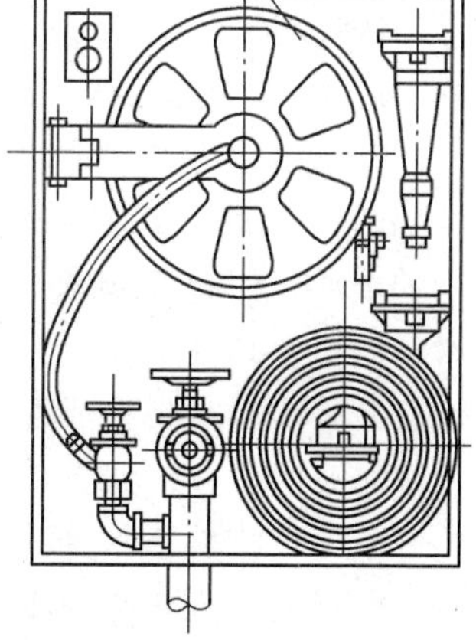

（6）水泵接合器，是用以连接消防车水泵向建筑内的消防管网输水的设备，其接口直径有 DN 65 和 DN 80 两种，主要有地上式、地下式和墙壁式三种类型，如图 8-4 所示。

（7）消防水泵，是消火栓系统的增压设备，一般需要设置性能相同的备用泵，且应有两个独立电源。为了使水泵在

图 8-3　带消防水喉的消火栓箱

图 8-4　消防水泵接合器
(a) 地上式；(b) 地下式；(c) 壁龛式

起火后能够快速提供所需水压和水量，必须设置按钮、水流指示器等远距离启泵装置。

4. 室内消火栓系统的布置

室内消火栓应布置在建筑物内各层明显、易于取用和经常有人出入的地方，如楼梯间、走廊、大厅、车间的出入口、消防电梯前室等处。在设有室内消火栓的平屋顶上，应设置试验和检查用消火栓；高层建筑和水箱不能满足最不利点消火栓水压要求的其他建筑，应在每个室内消火栓处设置启泵按钮，并应有保护措施。室内消火栓的布置，应保证有两支水枪的充实水柱能同时到达室内任何部位，但建筑高度不超过 24m，且体积不超过 5000m³ 的库房可采用 1 支水枪的充实水柱到达室内任何部位。

水泵接合器应设在室外便于消防车接近、使用、不妨碍交通的地点。除墙壁式水泵接合器外，距建筑物外墙应有一定距离，一般不宜小于 5m；距水泵接合器 15～40m 内，应设置室外消火栓或消防水池。

消防水箱应储存 10min 的消防用水量，当水箱生活、生产和消防合用时，应有保证消防用水不做它用的技术措施，水箱的安装高度应满足室内管网最不利点消火栓水压和水量的要求。

二、室内消火栓系统的安装

为满足消防系统的压力要求和耐温要求，消火栓给水管道一般采用镀锌钢管，安装时，可采用螺纹连接、法兰连接、焊接连接等方式。在一般建筑物内，消防给水管道采用统一规格的管道明装。施工时，按自下而上顺序安装，并及时固定好管道支架。

1. 消火栓箱的安装

如图 8-5 所示，消火栓箱有明装、半暗装和暗装三种安装方式。消火栓箱应设在不会冻结的地方，如有可能冻结，应采取相应的防冻、防寒措施。消火栓箱主要由钢板、铝合金等材料制成，其常用规格为 800mm×650mm×200mm。

(1) 暗装或半暗装消火栓箱的安装。可在土建砌墙时，预留好消火栓箱洞。安装前，检查预留箱洞的位置、标高、尺寸等参数，确保无误。安装前，必须取下箱内的消防水龙带和水枪等部件。镶入箱体时，不允许用钢钎撬、锤子敲的办法将箱体硬塞入预留孔内。箱体镶入后，应根据高度及位置找平找正，使箱边沿与抹灰墙面保持水平，再使用水泥砂浆塞满箱体四周空隙，将箱体固定。箱体周围不应出现空鼓现象，管道穿过箱体处的空隙应用水泥砂

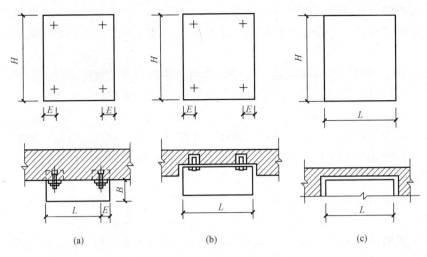

图 8-5 消火栓箱的安装
(a) 明装；(b) 半暗装；(c) 暗装

浆或密封膏封严。

(2) 明装消火栓箱的安装。先在墙上栽好螺栓，按螺栓的位置，在消火栓箱背部钻孔，将箱子就位、加垫，拧紧螺帽固定。消火栓箱安装在轻质隔墙上时，应有加固措施。

等消火栓安装完毕后，应消除箱内的杂物，箱体内外漆层有损坏的要补刷，箱门上应标出"消火栓"三个红色大字。

2. 室内消火栓的安装

消火栓的安装，应平整牢固，各零件齐全可靠。消火栓栓口应朝外并与墙面垂直安装，且不能安装在门轴侧，栓口中心安装高度为 1.1m。

消防水带、消防水枪等消防配件的安装应在交工前进行。消防水带与水枪、快速接头连接时，采用 14 号钢丝缠 2 道，每道不少于 2 圈；使用卡箍连接时，在里侧加一道钢丝。然后，应根据箱内构造将水龙带挂放在箱内的挂钉、托盘或支架上。若设置电控按钮，注意与电气专业配合施工。

3. 消火栓系统试验

(1) 管道试压。消防管道试压可分层、分段进行，上水时最高点要有排气装置，高、低点各装 1 块压力表，上满水后检查管路有无渗漏；如有法兰、阀门等部位渗漏，应在加压前紧固，升压后再出现渗漏时做好标记，卸压后处理。必要时泄水处理。试压环境温度不得低于 5℃，当低于 5℃时，水压试验应采取防冻措施。

①强度试验。当系统设计工作压力等于或小于 1.0MPa 时，水压强度试验压力应为设计工作压力的 1.5 倍，并不低于 1.4MPa；当系统设计工作压力大于 1.0MPa 时，水压强度试验压力应为该工作压力加 0.4MPa。

水压强度试验的测试点应设在系统管网最低点。对管网注水时，应将管网内的空气排净，并应缓慢升压，达到试验压力后，稳压 30min，目测管网应无泄漏和无变形，且压力降不大于 0.05MPa 为合格。

②严密性试验。试验压力应为设计工作压力，稳压 24h，应无泄漏。

（2）管道冲洗。消防管道在试压完毕后可连续做冲洗工作。冲洗前先将系统中的流量减压孔板、过滤装置拆除，冲洗水质合格后重新装好。冲洗出的水要有排放去向，不得损坏其他成品。

（3）系统通水调试。消防系统通水调试应达到消防部门测试规定条件。消防水泵应接通电源并已试运转，最不利点的消火栓的压力和流量经测试能满足设计要求。

4. 消防水泵接合器的安装

消防水泵接合器组装时，应按接口、本体、连接管、止回阀、安全阀、放空管、控制阀的顺序进行。止回阀的安装应注意方向性，安全阀需按系统工作压力定压，防止消防车加压过高破坏室内管网和部件。

（1）墙壁式消防水泵接合器，应安装在建筑物外墙上，且不应安装在玻璃幕墙下方。墙壁式水泵接合器应设明显标志，使其与地上式消火栓有明显区别。

（2）地上式消防水泵接合器，一部分安装在阀门井中，另一部分安装在地面上。为防止阀门井内部件锈蚀，对积水坑内积水应定期排除，对阀门井内活动部件进行防腐处理。在接合器入口处注意设置与消火栓区别的固定标志。

（3）地下式消防水泵接合器，设在建筑物附件的专用井室内，采用铸有"消防水泵接合器"标志的铸铁井盖，并在附近设置指示其位置的固定标志，以便识别。安装时，注意使地下消防水泵接合器进水口与井盖底面的距离大于井盖的半径且小于0.4m。

三、室内消火栓给水系统的质量检验

（1）消火栓水龙带与水枪和快速接头绑扎好后，应根据箱内构造将水龙带挂放在箱内的挂钉、托盘或支架上。

检验方法：观察检查。

（2）箱式消火栓的安装应符合下列规定：栓口应朝外，并不应安装在门轴侧；栓口中心距地面为1.1m，允许偏差为±20mm；阀门中心距箱侧面为140mm，距箱后内表面为100mm，允许偏差为±5mm；消火栓箱体安装的垂直度允许偏差为3mm。

检验方法：观察和尺量检查。

（3）室内消火栓系统安装完成后应取屋顶层（或水箱间内）试验消火栓和首层取两处消火栓做试射试验，达到设计要求为合格。

检验方法：实地试射检查。

（4）消防水泵接合器应安装在便于消防车接近的人行道或非机动车行驶地段，距室外消火栓或消防水池的距离宜为15～40m。地下消防水泵接合器应采用铸有"消防水泵接合器"标志的铸铁井盖，并在附近设置指示其位置的永久性固定标志。

检查方法：采用观察法全数检查。

（5）墙壁式消防水泵接合器的安装应符合设计要求。设计无要求时，其安装高度距地面宜为0.7m；与墙面上的门、窗、孔、洞的净距离不应小于2.0m，且不应安装在玻璃幕墙下方。

检查方法：观察检查和尺量检查。

（6）地下式消防水泵接合器的安装，应使进水口与井盖底面的距离不大于0.4m，且不小于井盖半径。

检查方法：尺量检查。

任务二　自动喷水灭火系统安装

一、自动喷水灭火系统认知

在发生火灾时，能自动喷水并发出火警信号的控火、灭火系统称为自动喷水灭火系统。经实践证明，该系统具有安全可靠、控火灭火成功率高、经济实用、适用范围广、使用期长等优点。

1. 自动喷水灭火系统的分类与组成

目前我国使用的自动喷水灭火系统可分为开式系统和闭式系统两大类。其中，开式系统主要有湿式自动喷水灭火系统、干式自动喷水灭火系统、干湿兼用式自动喷水灭火系统和预作用式自动喷水灭火系统四种类型；闭式系统常见的有水幕系统、雨淋系统和水喷雾系统三种类型。

（1）湿式自动喷水灭火系统，由闭式喷头、湿式报警阀、报警装置、管网及供水设施等组成，如图8-6所示。其报警阀前后管道内始终充满着压力水。适合安装在常年室温不低于4℃且不高于70℃能用水灭火的建筑物、构筑物内。

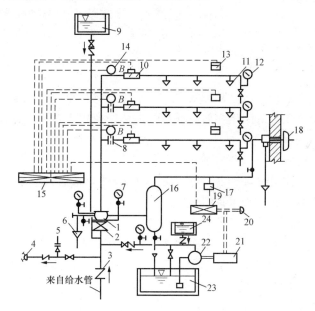

图8-6　湿式自动喷水灭火系统

1—湿式报警阀；2—闸阀；3—止回阀；4—水泵接合器；5—安全阀；6—排水漏斗；7—压力表；8—节流孔板；9—高位水箱；10—水流指示器；11—闭式喷头；12—压力表；13—感烟探测器；14—火灾报警装置；15—火灾收信机；16—延迟器；17—压力继电器；18—水力警铃；19—电气自控箱；20—按钮；21—电动机；22—水泵；23—蓄水池；24—泵灌水箱

（2）干式自动喷水灭火系统，与湿式喷水灭火系统类似，但在报警阀后的管道中无水，而是充以有压气体，火灾时，需先排气。该系统适用于温度低于4℃或温度高于70℃以上场所。

（3）干湿兼用式自动喷水灭火系统，适用于年采暖期少于240天的不采暖房间。冬季闭式喷水管网中充满有压气体，而在温暖季节则改为充水，其喷头应向上安装。

（4）预作用式自动喷水灭火系统，该种系统综合运用了火灾自动探测控制技术和自动喷水灭火技术，兼容了湿式和干式系统的特点。适用于冬季结冰和不能采暖的建筑物内，或凡不允许有误喷而造成水渍损失的建筑物和构筑物内。

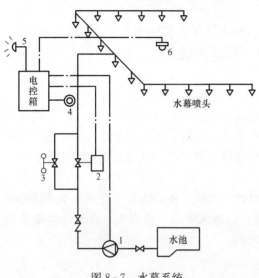

图 8-7　水幕系统
1—水泵；2—电动阀；3—手动阀；4—电钮；
5—警铃；6—火灾探测器

（5）水幕系统，由水幕喷头、控制阀（雨淋阀或干式报警阀等）、探测系统、报警系统和管道等组成的阻火、隔火系统，如图 8-7 所示。水幕系统中使用的开式喷头，将水喷洒成水帘幕状。因此，它不能直接用来扑灭火灾，而是与防火卷帘、防火幕配合使用，对它们进行冷却和提高其耐火性，阻止火势扩大蔓延；也可单独用来保护建筑物的门窗、洞口或分隔大空间。

（6）雨淋系统，由火灾探测系统、开式喷头、雨淋阀、报警装置、管道系统和供水装置组成。发生火灾时，火灾报警装置自动开启雨淋阀，开式喷头便自动喷水，其灭火均匀，效果显著。此系统适用于需要大面积喷水灭火并需快速制止火灾蔓延的危险场所，如剧院舞台，及火灾危险性较大的工业车间、库房等。

（7）水喷雾系统，是利用水喷雾喷头在一定水压下将水流分解成细小水雾滴进行灭火或防护冷却的一种灭火系统。适用于存放易燃液体的场所及用于扑灭电器设备的火灾。

2. 自动喷水灭火系统的主要组件

（1）喷头。

①闭式喷头，是闭式自动喷水灭火系统的关键组件，系通过热敏释放机构的动作而喷水，由喷水口、温感释放器和溅水盘组成。

根据感温元件的类型可分为易熔合金喷头和玻璃球喷头两种，如图 8-8 所示。

②开式喷头，主要有水幕喷头、雨淋喷头、水喷雾喷头等，如图 8-9 所示。

（2）报警阀组。报警阀组指自动喷水灭火系统中能接通或切断电源，并启用报警器的装置，由报警阀和附件（如延时器、水力警铃、压力表等）组成。报警阀根据系统不同可分为湿式报警阀、干式报警阀和雨淋阀等，如图 8-10 所示。

（3）水流报警装置。水流报警装置是指在系统中起监测、控制、报警作用，并能发出声、光信号的装置，有水流指示器和压力开关两种。水流指示器能及时报告发生火灾的部位，因此每个防火分区和每个楼层均要求设置。雨淋系统和水幕系统宜采用压力开关。

（4）末端试水装置。末端试水装置指安装在

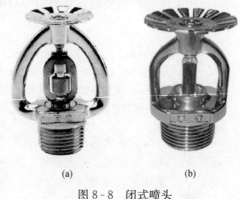

（a）　　　　　　（b）

图 8-8　闭式喷头
（a）易熔合金喷头；（b）玻璃球喷头

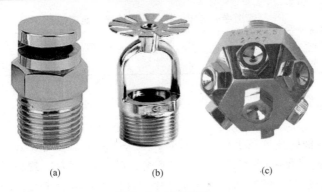

图 8-9 开式喷头

（a）水幕喷头；（b）雨林喷头；（c）水喷雾喷头

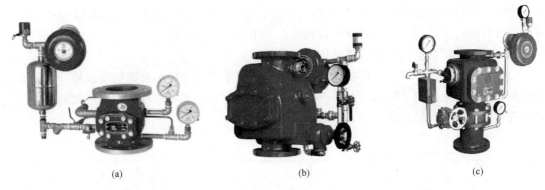

图 8-10 报警阀

（a）湿式；（b）干式；（c）雨淋

系统管网或分区管网的末端，检验系统供水压力、流量、报警或联动功能的装置。

二、自动喷水灭火系统的安装

1. 施工前的准备

自动喷水灭火系统施工前应对采用的系统组件、管件及其他设备、材料进行现场检查，主要包括：

（1）喷头、报警阀组、压力开关、水流指示器、消防水泵、水泵接合器等系统主要组件，应经国家消防产品质量监督检验中心检测合格；应有清晰的铭牌、安全操作指示标志及说明书。

（2）管材、管件应进行现场外观检查，表面应无裂纹、缩孔、夹渣、折叠和重皮；螺纹密封面应完整、无损伤、无毛刺；法兰密封面应完整光洁。

2. 管道系统的安装

自动喷水灭火系统的管材应采用镀锌钢管，$DN \leqslant 100$mm 时用螺纹连接，当管子与设备、法兰阀门连接时应采用法兰连接；$DN > 100$mm 时可采用法兰连接或专用的沟槽管件连接，管子与法兰的焊接处应进行防腐处理。

（1）管道安装前应彻底清除管内异物及污物。

（2）管道安装应符合设计要求，管道中心与梁、柱、顶棚的最小距离应符合表 8-1 的规定。

公称直径	25	32	40	50	65	80	100	125	150	200
距离	40	40	50	60	70	80	100	125	150	200

表 8-1 管道中心与梁、柱、顶棚的最小距离　　mm

（3）水平敷设的管道应有 0.002～0.005 的坡度，坡向泄水点。

3. 喷头的安装

（1）喷头在安装前应在现场进行外观检验。喷头的商标、型号、公称动作温度、响应时间指数（RTI）、制造厂及生产日期等标志应齐全；喷头的型号、规格等应符合设计要求；喷头外观应无加工缺陷和机械损伤；喷头螺纹密封面应无伤痕、毛刺、缺丝或断丝现象。

闭式喷头应进行密封性能试验，以无渗漏、无损伤为合格。试验数量宜从每批中抽查1%，但不得少于 5 只，试验压力为 3.0MPa；保压时间不得少于 3min。当两只及两只以上不合格时，不得使用该批喷头。当仅有一只不合格时，应再抽查 2%，但不得少于 10 只，并重新进行密封性能试验；当仍有不合格时，亦不得使用该批喷头。

（2）喷头的安装应在系统管道试压、冲洗合格后进行。

（3）根据溅水盘的不同，将喷头分为直立型、下垂型、边墙型和通用型四种。不同型式的喷头，它的向上、向下喷水量是不一样的，不同的建筑场所要求使用相应形式的喷头，安装时注意核对。喷头的安装如图 8-11 所示。

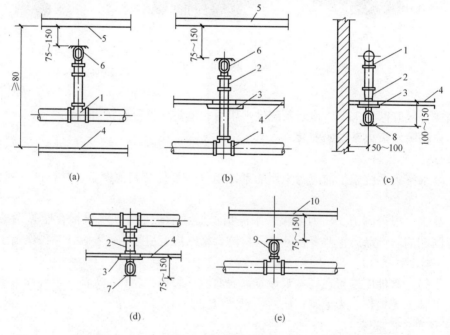

图 8-11　喷头的安装
（a）直立型暗装；（b）直立型明装；（c）边墙性；（d）下垂型；（e）通用型
1—三通；2—异径管接头；3—装饰板；4—吊顶；5—楼面或屋面板；6—直立型喷头；
7—下垂型喷头；8—边墙型喷头；9—通用型喷头；10—集热罩

（4）喷头安装时，应注意：喷头溅水盘与楼板或屋面板的距离不宜大于 300mm；边墙型喷头在其两侧 1m 范围内和墙面垂直方向 2m 内，均不得有障碍物；安装喷头时，不得对喷头进行拆装、改动，并严禁给喷头附加任何装饰性涂层；在施工安装中，用塑料薄膜包裹喷头，以防止涂料覆盖玻璃球，影响喷头的感温动作性能，系统通水调试前，再将塑料薄膜取下；安装在易受机械损伤处的喷头，应加设喷头防护罩。

（5）喷头安装应使用专用扳手，严禁利用喷头的框架施拧；喷头的框架、溅水盘产生变形或释放元件受损时，应采用规格、型号相同的喷头更换。

4. 报警阀组的安装

（1）安装前应对报警阀进行检验：阀门的商标、型号、规格等标志应齐全，阀门的型号、规格应符合设计要求；阀门及其附件应配备齐全，不得有加工缺陷和机械损伤；报警阀应有水流方向的永久性标志；报警阀和控制阀的阀瓣及操作机构应动作灵活、无卡涩现象，阀体内应清洁、无异物堵塞。

（2）报警阀安装前应进行渗漏试验。试验压力应为额定工作压力的 2 倍，保压时间不应小于 5min。阀瓣处应无渗漏。

（3）报警阀组应安装在便于操作的明显位置，距室内地面高度为 1.2m，两侧与墙的距离不应小于 0.5m；正面与墙的距离不应小于 1.2m。

（4）下面以应用较广的湿式报警阀组为例，说明报警阀组的安装。

如图 8-12 所示，湿式报警阀组在进水方向安装水源控制阀，其安装位置应便于操作，并设置明显开闭标志和可靠的锁定设施；然后安装湿式报警阀；再连接延迟器、压力表等各种配件。过滤器应安装在延迟器前；排水管和试验阀安装在便于操作的位置。

5. 其他组件的安装

（1）水力警铃的安装。如图 8-13 所示，水力警铃主要由水轮机、传动轴和铃身三部分组成。水力警铃和报警阀的连接采用镀锌钢管。当镀锌钢管的公称直径为 15mm 时，其长度不大于 6m；当镀锌钢管的公称直径为 20mm 时，其长度不应大于 20m。安装后的水力警铃启动压力不应小于 0.05MPa。

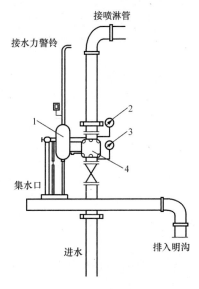

图 8-12　湿式报警阀组安装

1—延迟器；2、3—压力表；4—报警阀检查口

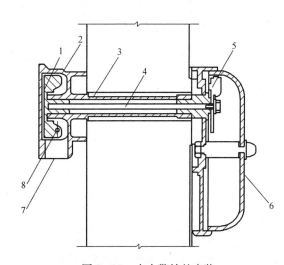

图 8-13　水力警铃的安装

1—传动轮；2—水马达外壳；3—支持管；4—传动杆；
5—警报臂；6—铃身；7—排水口；8—进水口

安装时应按照以下顺序进行：首先，确定墙面开孔位置，按规定孔径在墙上开孔；然后，安装水轮机进水和排水管道，安装时，注意区分水轮机进水口和排水口，排水口正对水轮机轴，进水口则在切线方向；其后，连接支持管及传动杆；最后，安装铃身。

（2）水流指示器安装。水流指示器的安装在管道试压和冲洗合格后进行。安装时，先开孔，再安装其余部件，安装时需注意：水流指示器一般竖直安装在水平管道上方，安装位置应以有检修空间的水平干管为宜；吊顶内的水流指示器处应设检修孔；水流指示器安装方向应正确；安装后的水流指示器浆片、膜片应动作灵活，不得与管壁发生碰擦；水力警铃的铃锤应转动灵活、无阻滞现象；传动轴密封性能好，不得有渗漏水现象。

三、自动喷水灭火系统质量检验

（1）热镀锌钢管安装应采用螺纹、沟槽式管件或法兰连接。管道连接后不应减小过水横断面面积。

检查方法：抽查 20%，且不得少于 5 处。

（2）配水干管（立管）与配水管（水平管）连接，应采用沟槽式管件，不应采用机械三通。

检查方法：抽查 20%，且不得少于 5 处，观察检查。

（3）埋地的沟槽式管件的螺栓、螺帽应作防腐处理。水泵房内的埋地管道连接应采用挠性接头。

检查方法：全数观察检查或局部解剖检查。

（4）当管道变径时，宜采用异径接头；在管道弯头处不宜采用补芯，当需要采用补芯时，三通上可用 1 个，四通上不应超过 2 个；公称直径大于 50mm 的管道不宜采用活接头。

检查方法：全数观察检查。

（5）管道支架、吊架的安装位置不应妨碍喷头的喷水效果；管道支架、吊架与喷头之间的距离不宜小于 300mm；与末端喷头之间的距离不宜大于 750mm。

检查方法：抽查 20%，且不得少于 5 处，尺量检查。

（6）配水干管、配水管应做红色或红色环圈标志。红色环圈标志，宽度不应小于 20mm，间隔不宜大于 4m，在一个独立的单元内环圈不宜少于 2 处。

检查方法：抽查 20%，且不得少于 5 处，采用观察检查和尺量检查。

（7）喷头安装时，溅水盘与吊顶、门、窗、洞口或障碍物的距离应符合设计要求。

检查方法：抽查 20%，且不得少于 5 处，对照图纸，尺量检查。

（8）当喷头溅水盘高于附近梁底或高于宽度小于 1.2m 的通风管道、排管、桥架腹面时，喷头溅水盘高于梁底、通风管道、排管、桥架腹面的最大垂直距离应符合设计要求。

检查方法：尺量检查。

任务三　其他灭火系统

对于有些场所的火灾和某些类型的火灾是不能用水扑救的，因此仅使用水作为消防手段不能完全达到救火目的，故根据各种可燃物质的物理化学性质，需采用不同的方法和手段。本任务将对其他灭火系统作简单介绍。

一、泡沫灭火系统

泡沫灭火是利用泡沫灭火剂与水混溶后可漂浮且粘附在可燃、易燃液体或固体表面，或者充满某一着火物质的空间的原理，以达到隔绝、冷却燃烧物质的灭火方法。

泡沫灭火系统可分为低倍数泡沫灭火系统、中倍数泡沫灭火系统和高倍数泡沫灭火系统三种。

泡沫灭火系统适宜扑救普通可燃物如木材、纸张、布类等火灾，对油类、化学物品等火灾也有效，但不能与水同用，因为水可使泡沫失去覆盖作用。

二、干粉灭火系统

以干粉作为灭火剂的灭火系统，称为干粉灭火系统。干粉灭火剂是一种干燥且易于流动的细微粉末。当干粉灭火剂用于扑救燃烧物时，会形成粉雾而抑制燃烧物表面火灾。干粉灭火主要是对燃烧物质起到化学抑制作用，其适宜扑救液体和可熔固体及气体火灾，如有机溶剂和电气设备的初期火灾。

干粉灭火具有灭火历时短、效率高、绝缘好、灭火后损失小、不怕冻、不用水、可长期储存等优点。

干粉灭火系统按其安装方式的不同，可分为固定式、半固定式；按其控制启动方法不同，又有自动控制、手动控制之分；按其喷射干粉的方式不同，还有全淹没系统和局部应用系统之分。

干粉灭火系统中，干粉灭火剂的储存装置应靠近其防护区，但不能使干粉储存器有着火危险，干粉还应避免潮湿和高温；输送干粉的管道宜短而直、光滑，无焊瘤、缝隙，管内应清洁，无残留液体和固体杂物，以便喷射干粉时提高效率。

三、卤代烷灭火系统

1. 卤代烷灭火系统的特点

卤代烷灭火剂具有灭火效率高、灭火速度快、灭火后不留痕迹、电绝缘性好、腐蚀性极小、便于储存且久储不变质等优点，是一种性能优良的灭火剂，目前已成为一些特定的重要场所的首选灭火剂之一，适宜扑救贵重物资仓库、配电室、计算机房等处的火灾。但卤代烷灭火剂也有显著的缺点，一是有毒性；二是灭火剂价格高，使其应用受到限制。

2. 卤代烷灭火系统的分类

（1）按灭火方式，卤代烷灭火系统可分为全淹没系统和局部应用系统。全淹没系统是一种用固定喷嘴，通过一套储存装置，在规定的时间内向保护区喷射一定浓度的灭火剂，并使其均匀地充满整个保护区的空间，让燃烧物淹没在灭火剂中灭火的系统；局部应用系统是用固定的喷嘴或移动的喷枪，采用直接、集中地向被保护对象或局部危险区域喷射灭火剂的方式进行灭火的系统。

（2）按结构形式，卤代烷灭火系统可分为管网式和无管网式两种。灭火系统可以用管网形式做远距离灭火，或将装置以悬挂方式就地灭火，也可以对面积不等的多个保护区用一套装置同时保护。

（3）按加压方式，卤代烷灭火系统还可分为临时加压系统和预先加压系统。临时加压系统具有独立的增压动力气体储罐，动力气体和灭火剂是分开储存的。预先加压系统是在卤代烷灭火剂储存容器中，预先加入一定容积和压力的增压气体，增压气体与灭火剂同在一个储存容器内共存。

3. 卤代烷灭火系统的组成

卤代烷全淹没系统一般由火灾探测监控设备和灭火喷射设备组成，组件一般有储罐、阀件、喷射设备及管道。

灭火系统应设延时装置，以便管理人员判断是否需要喷射灭火剂。若不需要喷射，可手动停止。同时在延时时间内，可以关闭房间开口部位、停止通风设备运转和疏散人员等。备用灭火系统则不应有延时装置，以便及时启动喷射灭火剂。

四、二氧化碳灭火系统

二氧化碳灭火系统是气体消防的一种，主要靠窒息作用和一定的冷却降温作用灭火。该系统是一种物理的、无化学变化的气体灭火系统，具有不污损保护物、灭火快、空间淹没效果好等优点，适宜扑救贵重设备、档案材料、仪器仪表、600V以下电器设备及油类等初起火灾，一般可以使用卤代烷灭火系统的场合均可以采用二氧化碳灭火系统。

按系统应用场合，二氧化碳灭火系统通常可分为全充满灭火系统、局部灭火系统及移动式灭火系统。

（1）全充满灭火系统，也称全淹没系统，是由固定在某一特定地点的二氧化碳钢瓶、容器阀、管道、喷嘴、控制系统及辅助装置等组成。此系统在火灾发生后的规定时间内，使被保护封闭空间的二氧化碳浓度达到灭火浓度，并使其均匀充满整个被保护区的空间，将燃烧物体完全淹没在二氧化碳中。全充满系统在设计、安装与使用上都比较成熟，因此是一种应用较为广泛的二氧化碳灭火系统。

（2）局部灭火系统，也是由固定的二氧化碳喷嘴、管路及固定的二氧化碳组成，可直接、集中地向被保护对象或局部危险区域喷射二氧化碳灭火。

（3）移动式灭火系统，是由二氧化碳钢瓶、集合管、软管卷轴、软管以及喷筒等组成。

任务四　建筑防排烟系统

一、防排烟系统的分类

火灾是一种多发性灾难，它导致巨大的经济损失和人员伤亡。建筑物一旦发生火灾，就有大量的烟气产生，这是造成人员伤亡的主要原因。为了达到防烟目的，一般有如下方式：

1. 自然排烟

这种方式是以自然排烟竖井（排烟塔）或开口部分（包括阳台、门窗等）向上或向室外排烟。竖井是利用火灾时热压差产生的抽力来排烟的，它具有很大的排除烟热的能力。此种方式经济简便，当通过开口部分向外排烟时，若风向不利可能得不到应有的效果。自然排烟的方式如图8-14所示。

2. 机械排烟

这种方式是在各排烟区段内设置机械排烟装置，起火后关闭各区相应的开口部分，并开动排烟风机，将四处蔓延的烟气通过排烟系统排向建筑物外。当疏散楼梯间、楼梯前室等部位以此法排烟时，其墙、门等构件应有密封措施，以防因负压而使烟气通过缝隙进入。实践证明，当仅机械排烟而无自然进风或机械送风时，仍难有效地把烟气排出室外。因此，从下部送风上部排烟，可以获得较好的效果。

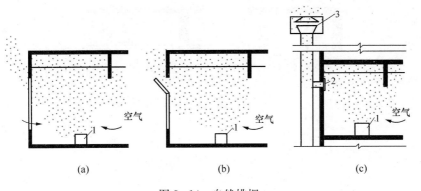

图 8-14　自然排烟

(a) 利用可开启外窗排烟；(b) 利用专设排烟门排烟；(c) 利用竖井排烟

1—火源；2—排烟风口；3—避风风帽

3. 机械加压防烟

这种方式是采用机械送风系统向需要保护的地点（如疏散楼梯间及其封闭前室、消防电梯前室、走道或非火灾层等）输送大量新鲜空气，如有烟气和回风系统时则应关闭掉，从而形成正压区域，使烟气不能侵入其间．并在非正压区内将烟气排出。

4. 利用空调系统排烟

为了充分发挥空调系统的作用，应该考虑将其在火灾时转为排烟系统。当空调系统作此改变时，一般可将房间上部的送风口作为排烟口。为了使烟气不经过空调器，应设置排烟用旁通风道，以免火势通过空调系统蔓延和高温烟气损坏设备。同时各转换气流调节装置应尽可能采用遥控方式，当烟气温度超过 280℃时排烟口（原送风口）能自动关闭。此外还应增加钢板风道的厚度，且风管保温材料必须采用不燃材料，以及选用耐高温的风机等。

二、防排烟的原理

烟气控制的主要目的是在建筑物内创造无烟或烟气含量极低的疏散通道或安全区。烟气控制的实质是控制烟气合理流动，也就是使烟气不流向疏散通道、安全区和非着火区，而向室外流动，其主要方法有隔断或阻挡、疏导排烟和加压防烟三种。

1. 隔断或阻挡

墙、楼板、门等都具有隔断烟气传播的作用。为了防止火势蔓延和烟气传播，《建筑设计防火规范》（GB 50016—2006）中对建筑内部间隔作了明文规定，规定了建筑中必须划分防火分区和防烟分区。所谓防火分区是指用防火墙、防火楼板、防火门或防火卷帘等分隔区域，以实现将火灾限制在某一区域内（在一定时间内），不使火势蔓延。当然防火分区的隔断同样也对烟气起了隔断作用。所谓防烟分区是指在设置排烟措施的过道、房间中，用隔墙或其他措施（可以阻断和限制烟气的流动）分隔的区域。防烟分区分隔的方法除隔墙外，还有顶棚下凸不小于 500mm 的梁、挡烟垂壁和吹吸式空气幕等。

图 8-15 为用梁或挡烟垂壁阻挡烟气流动。挡烟垂壁可以是固定的，也可以是活动的。固定的挡烟垂壁比较简单，但影响房间高度；活动的挡烟垂壁在火灾发生时可自动下落，通常与烟感器联动。顶棚采用非燃烧材料时，顶棚内空间可不隔断；否则顶棚内空间也应隔断。

吹吸式空气幕是一种柔性隔断，它既能有效的阻挡烟气的流动，而又允许人员自由通

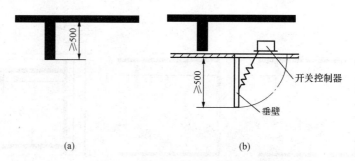

图 8 - 15　用梁和挡烟垂壁阻挡烟气流动

(a) 下凸≥500 的梁；(b) 可活动的挡烟垂壁

过。吹吸式空气幕的隔断效果是各种形式中最好的，但因这种隔断方式复杂，费用高而在国内建筑中少有应用。

2. 疏导排烟

利用自然或机械作用力，将烟气排到室外的方式，称之为疏导排烟。利用自然作用力的排烟称为自然排烟；利用机械（风机）作用力的排烟称为机械排烟。排烟的部位有两类：着火区和疏散通道。着火区排烟的目的是将火灾发生的烟气（包括空气受热膨胀的体积）排到室外，降低着火区的压力，不使烟气流向非着火区，以利于着火区的人员疏散及救火人员的扑救。对于疏散通道的排烟是为了排除可能侵入的烟气，以保证疏散通道无烟或少烟，以利于人员安全疏散及救火人员通行。

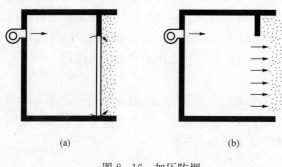

图 8 - 16　加压防烟

(a) 门关闭时；(b) 门开启时

3. 加压防烟

加压防烟是用风机把一定量的室外空气送入房间或通道内，使室内保持一定压力或门洞处有一定流速，以避免烟气侵入的排烟方式。图 8 - 16 是加压防烟两种情况，其中（a）是当门关闭时，房间内保持一定正压值，空气从门缝或其他缝隙处流出，以防止烟气侵入；图（b）是当门开启的时候，送入加压区的空气以一定风速从门洞流出，阻止烟气流入。

三、防排烟装置

1. 排烟风机

排烟风机应具有耐热性，可在 280℃高温下连续运行 30min。电机外置的离心式或轴流式风机都可做排烟风机，如图 8 - 17 所示。但电机处于气流中的风机，如外转子电机的离心式风机、一般的轴流风机、一般的斜流风机等不能用于排烟系统。目前也有专用于排烟系统的电机内置的轴流风机、斜流风机或屋顶风机，它们的电机被包裹，并有冷却措施。

排烟风机宜设在顶层或屋顶层。除屋顶风机可安装于屋顶上外，一般应有专用的排烟风机房。机房需用不燃材料作围护结构，但风机的排出管段不宜太长。

2. 风道

排烟风道的材料应采用有一定耐火绝热性能的不燃烧材料。竖风道经常采用混凝土或砖砌的土建风道，这类风道有较高的耐火性和一定的绝热性能，但表面粗糙，漏风量大。在顶棚内的水平风道，宜采用耐火板制作。耐火板的主要成分是硅酸钙，耐火极限可达 2～4h。也可以用钢板风道，但应该用不燃烧材料保温。

3. 防火阀

防火阀是防火阀、防火调节阀、防烟防火阀及防火风口的总称。防

图 8-17 排烟风机
(a) 离心式；(b) 轴流式

火阀与防火调节阀的区别在于叶片的开度能否调节，其安装在通风、空调系统的送、回风管路上，平时呈开启状态，火灾时当管道内气体温度达到 70℃ 时自动关闭，在一定时间内能满足耐火稳定性和耐火完整性要求，起到隔烟阻火的作用。

防火阀的控制方式有热敏元件控制、感烟感温器控制及复合控制等；其关闭驱动方式有重力式、弹簧力驱动式、电机驱动式及气动驱动式等。

4. 排烟阀

安装在排烟系统中，平时呈关闭状态，发生火灾时，通过控制中心信号进行控制，实现阀门在弹簧力或电动机转矩作用下的开启。设有温感器装置的排烟阀，阀门开启后，在火灾温度达到动作温度时动作，阀门在弹簧力作用下关闭，阻止火灾沿排风管道蔓延。

排烟阀按控制方式可分为电磁式和电动式两种；按结构形式可分为装饰型排烟阀、翻板型排烟阀和排烟防火阀；按外形可分为矩形和圆形两种。

图 8-18 排烟防火阀

5. 排烟防火阀

如图 8-18 所示，排烟防火阀是指安装在排烟系统管道上，平时呈开启状态，火灾时当管道内气体温度达到 280℃ 时自动关闭，在一定时间内能满足耐火稳定性和耐火完整性要求，起隔烟阻火作用的阀门。

当烟气温度超过 280℃ 时，在排烟机房的入口处和排烟支管上应设置能自动关闭的排烟防火阀，并且排烟机应保证在 280℃ 时能连续工作。

任务五　火灾自动报警与消防联动系统

一、火灾自动报警与消防联动系统的主要设备

1. 火灾探测器

火灾探测器也称探头，是火灾自动报警系统中，对现场进行探查，发现火灾的设备。在火灾初起阶段，火灾探测器将探测到的烟雾、高温、火光及可燃气体等参数转换为电信号，传输到火灾报警控制器进行早期报警。按照探测火灾参数的不同，火灾探测器分为感烟探测器、感温探测器、感光探测器、可燃气体探测器及复合探测器等。

（1）感烟探测器，又称早期火灾探测器，它对警戒范围内火灾烟雾浓度的变化作出响

应，是实现早期报警的主要手段，主要用于探测初期火灾和阴燃阶段的烟雾，如图 8 - 19 （a）所示。

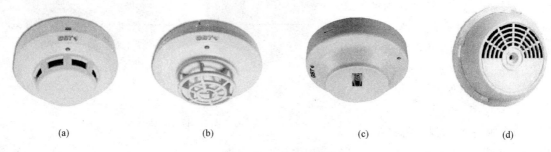

（a）　　　　　　　　（b）　　　　　　　　（c）　　　　　　　　（d）

图 8 - 19　火灾探测器

（a）感烟探测器；（b）感温探测器；（c）感光探测器；（d）可燃气体探测器

（2）感温探测器，能够对警戒范围内的异常高温或升温速率作出响应。适用于火灾时产生的烟雾较小而热量增加很快的部位，较好地弥补了感烟探测器的缺陷，常用于存在大量粉尘、烟雾和水蒸气滞留的场所，如图 8 - 19 （b）所示。

（3）感光探测器，又称为火焰探测器，它是一种能对物质燃烧火焰中特定波段中的电磁辐射（红外、可见和紫外频段）敏感响应的火灾探测器。常用的感光探测器有红外火焰型和紫外火焰型两种，如图 8 - 19 （c）所示。

（4）可燃气体探测器，是对探测区域内某一点周围的特殊气体参数敏感响应的探测器，其探测的主要气体种类有天然气、液化气、酒精、一氧化碳等。可燃气体探测器除具有预报火灾、防火防爆功能外，还可以起到监测环境污染的作用，如图 8 - 19 （d）所示。

（5）复合探测器，指响应两种及两种以上火灾参数的火灾探测器，主要有感温感烟火灾探测器、感光感烟火灾探测器、感光感温火灾探测器等。

2. 火灾报警控制器

（1）火灾报警控制器的功能。火灾报警控制器是建筑消防系统的核心部分，具有以下功能：

①火灾报警功能，指接收探测器发出的火灾信号，确认火灾发生后，立即发出声光报警信号，并显示火警部位、时间等；经过适当的延时，通过联动装置启动消防联动设备。

②故障报警功能，指对火灾探测器及系统的中央线路和器件的工作状态进行自动监测，出现故障时，控制器能及时发出故障报警的声光报警信号，并显示故障部位。

③火灾报警记忆功能，当火灾控制器接收到火灾报警和故障报警信号时，能记忆报警地址和时间，为日后分析火灾事故原因提供准确资料。

④为火灾探测器提供稳定的工作电源的功能。

（2）火灾报警控制器的类型。

①区域火灾报警控制器。用于火灾探测器的监测、巡检、供电，接受监测区域内火灾探测器的报警信号，并转换为声光报警输出，显示火灾部位等。

②集中式火灾报警控制器。用于接受区域控制器发送的火灾信号，显示火灾部位和记录火灾信息，协调联动控制盒构成终端显示灯。常见的有壁挂式、台式和柜式三种，如图 8 - 20所示。

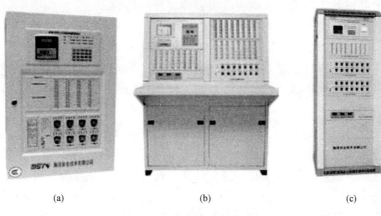

(a)　　　　　　　　　(b)　　　　　　　　　(c)

图 8 - 20　火灾报警控制器

（a）壁挂式；（b）台式；（c）柜式

③通用火灾报警控制器。兼有区域和集中控制器功能，小型的可作为区域控制器使用，大型的可以构成中心处理系统，其形式多样，功能完备，可按其特点构成各种类型的火灾自动报警系统。

3. 手动报警按钮

如图 8 - 21 所示，手动报警按钮安装在公共场所，当人工确认火灾发生后按下按钮，可向控制器发出火灾报警信号，控制器接收到报警信号后，显示出报警按钮的编号或位置并发出警报。

4. 消火栓报警按钮

消火栓报警按钮一般安装在消火栓箱内，当发生火灾时按下报警按钮，消防警铃就会发出火警信号，提醒人们迅速逃生。同时，启动消火栓水泵。

消火栓报警按钮外观类似于手动火灾报警按钮，它上面的指示灯有两个，红色指示灯为火警指示，当按钮按下时点亮；绿色指示灯为动作指示灯，当现场设备动作后点亮。

5. 声光讯响器

如图 8 - 22 所示，当现场发生火灾并被确认后，安装在现场的声光讯响器可由消防控制中心的火灾报警控制器启动，或由现场手动启动，启动后发出强烈的声光信号，以达到提醒人员注意的目的。

图 8 - 21　手动报警按钮　　　　　图 8 - 22　声光讯响器

6. 控制模块

（1）单输入模块，如图 8 - 23 所示，可以与水流指示器、压力开关、防火阀等连接，用来接收现场装置的信号，实现信号向火灾报警控制器的传输。

（2）单输入、输出模块，一般同送风阀、排烟阀、防火阀等设备连接，用来控制一次动作设备，并返回设备是否动作的信号，其外观与单输入模块相同。

（3）双输入、输出模块，是一种总线制控制接口，可用于对二步降防火卷帘门、水泵、排烟风机等双动作设备的控制。其外观与单输入模块相同。

7. 总线隔离器

如图 8-24 所示，总线隔离器用在传输总线上，对各分支线作短路时的隔离作用。它能自动使短路部分两端呈高阻态或开路状态，使之不损坏控制器，也不影响总线上其他部件的正常工作，当这部分短路故障消除时，能自动恢复这部分回路的正常工作。

8. 火灾显示盘

火灾显示盘又名区域显示器或层显，是安装在楼层或独立防火区内的火灾报警显示装置，如图 8-25 所示。它通过总线与火灾报警控制器相连，处理并显示控制器传送过来的数据。

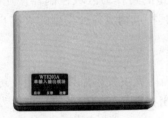

图 8-23　单输入模块　　　　图 8-24　总线隔离器　　　　图 8-25　火灾显示盘

当建筑物内发生火灾后，消防控制中心的火灾报警控制器发出警报，同时把报警信号传输到失火区域的火灾显示盘上，火灾显示盘将产生报警的探测器编号及相关信息显示出来同时发出声光报警信号，以通知失火区域的人员。当用一台报警控制器同时监控数个楼层或防火分区时，可在每个楼层或防火分区设置火灾显示盘以取代区域报警控制器。

9. 报警门灯及诱导灯

报警门灯，其外形如图 8-26（a）所示，一般安装在巡视观察方便的地方，如会议室、餐厅、房间等门上方，当探测器报警时，门灯上的指示灯闪亮，在不进入室内的情况下就可知道室内的探测器已触发报警。

诱导灯，又称引导灯，其外形如图 8-26（b）和（c）所示，其安装在各疏散通道上，均与消防控制中心控制器相接。当火灾发生时，可通过消防中心手动操作打开引导灯，指示人员疏散。

10. 消防电话

消防电话是一种消防专用的通信设备，通过消防电话系统可迅速实现对火灾的人工确认，并可及时掌握火灾现场情况及进行其他必要的联络，以便于指挥灭火及恢复工作。消防电话系统分为总线制和多线制两种方式，组成设备略有不同，但实现功能完全相同。

在电梯机房、水泵房等重要设备值班室内应安装固定式消防电话；在各楼层走廊、楼梯口等位置应安装消防电话插孔，同时在监控室安装一台消防电话主机并配备两部以上消防电话分机。

(a)　　　　　　　　　　(b)　　　　　　　　　　(c)

图 8-26　门灯及诱导灯

(a) 报警门灯；(b) 地面疏散标志；(c) 空中疏散标志

11. 火灾应急广播

火灾应急广播主要用来通知人员疏散及发布灭火指令，在民用建筑内，扬声器应设置在走道和大厅等公共场所，可与其他扬声系统共用，但应该具有最高优先级。

二、火灾自动报警与消防联动系统的安装

1. 探测器的安装

探测器的安装如图 8-27 所示。探测器一般安装在室内顶棚上，探测器周围 0.5m 内不应有遮挡物，至墙壁、梁的水平距离不应小于 0.5m，至空调送风口的水平距离不应小于 1.5m。在宽度小于 3m 的走道顶棚上设置探测器时宜居中布置。感温探测器的安装间距不应超过 10m，感烟探测器的安装间距不应超过 15m，探测器至端墙的距离不应大于探测器安装间距的一半。

探测器底座上有 4 个导体片，片上带接线端子，底座上不设定位卡，便于调整探测器报警指示灯的方向。预埋管内的探测器总线分别接在任意对角的两个接线端子上（不分极性），另一对导体片用来辅助固定探测器。待底座安装牢固后，将探测器底部对正底座顺时针旋转，即可将探测器安装在底座上。探测器底座外形如图 8-28 所示。

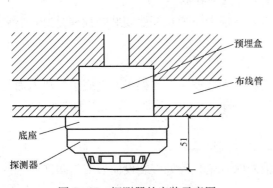

图 8-27　探测器的安装示意图

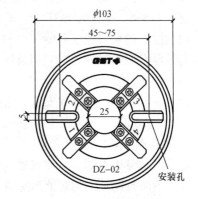

图 8-28　探测器通用底座外形

2. 火灾报警控制器的安装

(1) 控制器在墙上安装时，其底边距地（楼）面高度不应小于 1.3～1.5m，其靠近门轴的侧面距墙不应小于 0.5m，正面操作距离不应小于 1.2m。

（2）控制器在墙上安装时应牢固可靠，不得松动；安装在轻质墙上时，应采取加固措施。

（3）控制器采用柜式落地安装时，为防潮，其底宜高出地坪 0.1～0.2m；安装应牢固平稳，不得倾斜。

（4）引入控制器的电缆或导线应整齐、清晰、美观，避免交叉，并应固定牢靠，端子板不应承受外界机械压力；电缆芯线和所配导线的端部，均应标明其编号，并与图纸一致，字迹清晰不易退色；端子板的每个接线端上，接线不得超过 2 根；电缆芯和导线应留有不小于 200mm 的余量；导线应绑扎成束；导线引入线穿线完毕后，应将进线管处封堵，防止灰尘进入。

（5）控制器的主电源引入线，应直接与消防电源连接，严禁使用电源插头；主电源应有明显标志。

（6）控制器的接地应牢固，并有明显标志。

3. 手动报警按钮的安装

（1）报警区域内的每个防火分区，至少设置一个手动报警按钮。

（2）手动报警按钮应安装牢固，不得倾斜，宜安装在大厅、过厅、主要公共活动场所的出入口，餐厅、多功能厅等处的主要出入口，主要通道等经常有人通过的地方，各楼层的电梯间、电梯前室等。

（3）应满足在一个防火分区内的任何位置到最邻近的一个手动火灾报警按钮的距离，不大于 25m。

（4）手动报警按钮在墙上的安装高度为 1.3～1.5m。按钮盒应具有明显的标志和防止误动作的保护措施。

（5）外接导线应留有不小于 100mm 的余量，端部应有明显标志。

4. 接口模块的安装

（1）接口模块含输入，输入、输出，切换及各种控制动作模块及总线隔离器。

（2）为了便于维修，应将接口模块安装于设备控制柜内和吊顶外。吊顶外应安装在墙上距地高 1.5m 处。若装于吊顶内，需在吊顶上开维修孔洞。

（3）接口模块有明装和暗装两种安装方式。前者将模块底盒安装在预埋盒上，后者将模块底盒预埋在墙内或安装在专用装饰盒上。

5. 火灾显示盘的安装

火灾显示盘采用壁挂式安装，直接安装在墙上或安装在支架上。其底边距离地面的高度宜为 1.3～1.5m，靠近其门轴的侧面距墙不应小于 0.5m，正面操作距离不应小于 1.2m。

6. 消防专用电话的安装

（1）消防专用电话，应建成独立的消防通信网络系统。

（2）消防控制室、消防值班室或工厂消防队（站）等处应装设向公安消防部门直接报警的外线电话。

（3）消防控制室应设置消防专用电话主机。消防专用电话分机应设在消防水泵房、备用发电机房、配变电室、主要通风和空调机房、排烟机房、消防电梯机房及其他与消防联动控制有关的且经常有人值班的机房，灭火控制系统操作装置处或控制室，企业消防站、消防值班室、总调度室等处。

（4）设有手动火灾报警按钮、消火栓按钮等处宜设置电话插孔。电话插孔在墙上安装时，其底边距地面高度宜为 1.3～1.5m。

（5）特级保护对象的各避难所应每隔 20m 设置一个消防专用电话分机或电话插孔。

7. 火灾应急广播扬声器的安装

（1）在民用建筑内，扬声器应设置在走道和大厅等公共场所。每个扬声器的额定功率不应小于 3W，其数量应能保证从一个防火分区内的任何部位到最近一个扬声器的距离不大于 25m。走道内最后一个扬声器至走道末端的距离不应大于 12.5m。

（2）在环境噪声大于 60dB 的场所设置的扬声器，在其播放范围内最远点的播放声压级应高于背景噪声 15dB。

（3）客房设置的专用扬声器的额定功率不宜小于 1W。

三、火灾自动报警与消防联动系统的质量检验

1. 系统质量检验的基本条件

系统检验前应提供的技术文件包括系统竣工图，施工记录（包括隐蔽工程验收记录、绝缘电阻和接地电阻测试记录），调试记录和调试报告，管理、维护人员登记表，系统检验报告（包括产品检验报告、合格证书及相关材料）等。

2. 系统质量的检验内容

（1）按《建筑电气工程施工质量验收规范》（GB 50303—2002）的相关规定，对系统的布线进行检测。

（2）检测消防用电设备主、备电源的自动转换装置。

检测方法：应进行 3 次转换试验，每次试验均应正常。

（3）火灾报警控制器（含可燃气体报警控制器）和消防联动控制设备（含电气控制箱）按实际安装数量全部进行功能检测。火灾报警控制器、消防联动控制设备和火灾显示盘的功能应符合相应国家规范标准的有关要求，装置的安装位置、型号、数量、类别及安装质量应符合设计要求。

检测方法：火灾显示盘实际安装数量在 5 台以下者，全部检测；实际安装数量在 6～10 台者，抽检 5 台；实际安装数量超过 10 台者，按实际安装数量 30%～50% 抽检，但不少于 5 台。检测时每个功能应重复 1～2 次。

（4）火灾探测器（含可燃气体探测器）和手动火灾报警按钮，应按要求进行模拟火灾响应（可燃气体报警）和故障信号的检测。检测应符合相应国家标准规范的要求；被抽检火灾探测器的功能均应正常；火灾探测器的类别、型号、适用场所、安装高度、保护半径、保护面积和火灾探测器的间距等均应符合设计要求。

检测方法：实际安装数量在 100 只以下者，抽检 20 只（每个回路都应抽检）；实际安装数量超过 100 只，每个回路按实际安装数量 10%～20% 的比例进行抽检，但抽检总数应不少于 20 只。

（5）室内消火栓应在出水压力符合国家建筑设计防火规范的条件下，抽检其控制功能，要求控制功能正常，信号应正确。

检测方法：在消防控制室内操作启、停泵 1～3 次；消火栓处操作启泵按钮，按 5%～10% 的比例抽验。

（6）自动喷水灭火系统、应在符合《自动喷水灭火系统设计规范》（GB 50084—2005）的条件下，抽检控制功能，要求控制功能、信号均应正常。

检测方法：室内操作启、停泵1～3次；水流指示器、信号阀等按实际安装数量的30%～50%的比例进行抽检；压力开关、电动阀、电磁阀等按实际安装数量全部进行检测。

（7）电动防火门、防火卷帘，5个以下的应全部检测，超过5个的应按实际安装数量的20%，但不小于5个抽检联动控制功能，要求其控制功能、信号均应正常。

（8）防烟排烟风机应全部检测，通风空调和防排烟设备的阀门，应按实际安装数量的10%～20%的比例抽检联动功能，要求控制功能、信号均应正常。

检测方法：报警联动启动、消防控制室直接启停、现场手动启动联动防烟排烟风机1～3次；报警联动停、消防控制室远程停通风空调送风1～3次；报警联动开启、消防控制室开启、现场手动开启防排烟阀门1～3次。

（9）消防电梯应进行1～2次手动控制和联动控制功能检测，非消防电梯应进行1～2次联动返回首层功能检测，其控制功能、信号均应正常。

（10）火灾应急广播设备，应按实际安装数量的10%～20%进行功能检测，包括：在消防控制室选区、选层广播；共用的扬声器强行切换试验；备用扩音机控制功能试验；广播内容自动录音功能试验。以上各项功能应正常，语音应清晰。

（11）公共广播与消防广播系统共用时，应检测在公共广播状态时，操作广播系统应能切换到消防广播状态，切换前后，语音洪亮清楚，无串音和混音。当发生火警时，应能配合消防系统自动地实现消防广播。

（12）消防专用电话的检测，应满足要求，功能应正常，语音应清晰。

检测方法：消防控制室与所设的对讲电话分机进行1～3次通话试验；电话插孔按实际安装数量的10%～20%的比例进行通话试验；消防控制室的外线电话与"119"进行1～3次通话试验；通话内容自动录音功能试验。

（13）消防应急照明控制装置应进行1～3次应急转换试验，消防应急照明均应适时转换并有效照明。

（14）检测可燃气体泄漏报警及联动控制系统的设置及功能，一氧化碳、甲烷等可燃气体泄漏报警及联动控制系统。检测显示气体浓度值的功能和记录报警及时间的功能；当可燃气体报警控制器仅为低限报警时，检查当探测浓度达到低限时，应能发出声光报警信号；当可燃气体报警控制器为低限、高限两段报警功能时，应能报出低限和高限二种明显不同情况的声光指示。

3．系统质量的检测设备

消防工程专用检测仪器装置及相关检测设备应能满足检测业务的需求并定期检定计量和校准。

4．系统质量的检测报告

检测报告应至少包括检测依据、检测设备、检测结果列表、检测综合意见。

5．不合格项的处理

检测中发现的不合格项，应通知建设方、施工方等相关单位并责成责任方在规定期限内整改，并于整改后重新进行检测，直至检测合格。

6. 检测机构

检测须由获得国家或行业认可的相关检测机构承担并对检测结果负责，检测完成后由检测机构按规定格式出具检测报告。

任务六　建筑消防系统调试与验收

一、建筑消防系统调试准备工作

1. 系统调试应具备的条件

建筑消防系统调试应具备下列条件：

（1）消防水池、消防水箱已储存设计要求的水量；

（2）系统供电正常；

（3）消防气压给水设备的水位、气压符合设计要求；

（4）湿式喷水灭火系统管网内已充满水；干式、预作用喷水灭火系统管网内的气压符合设计要求；阀门均无泄漏；

（5）与系统配套的火灾自动报警系统处于工作状态。

2. 调试人员的组织

建筑消防系统的调试由现场技术负责人统一协调，组织和安排空调、电气、给水排水、电梯安装、建筑等专业技术人员、调试人员，按照自己的专业分工，参加或配合调试，做到分工明确，责任清楚。建立可靠的联系网络，保证每一个调试、观察、检测点均应有专业人员值守。发现有异常现象应立即通过联系网络报告现场技术负责人。

3. 调试所需的仪器和工具（见表 8-2）

表 8-2　　　　　　　　　建筑消防系统调试所需的仪器仪表及工具

序号	设备名称	规格型号	用　途	数量
1	标准压力表	Y-500（0.5 级）	用于现场压力表校对	1
2	数字万用表	MDL430 型（1.5 级）	交直流电压、电流测量	2
3	钳形电流表	GB225 型（1.5 级）	电机启动运行电流测量	2
4	接地电阻测量仪	ZC-7 型（1.5 级）	检查接地电阻	1
5	绝缘摇表（MΩ 表）	ZRC-500 型（1.5 级）	电气系统绝缘电阻测量	1
6	铝合金人字梯	3m	检查现场设施	3
7	人工烟气产生物品	可以用香烟、香火	模拟火灾烟雾	适量
8	电热吹风器	家用电热吹风器	模拟火灾高温气流	2
9	对讲机	—	现场控制中心联络	4
10	转子风速仪	L170183	正压送风风速测量	2
11	热球风速仪	DF-3	排烟风速测量	2
12	手持编程仪	与报警控制系统配套	输入地址编码	2

4. 调试前的全面检查工作

（1）按设计图纸和有关规范的布线要求，检查系统的直流电源、信号、控制回路，对于错线、开路、虚焊和短路等情况必须及时进行处理，进行导通试验。注意检测各种导线的绝缘状况，特别注意线路绝缘必须达到 20 MΩ 以上，线路离强电或其他线路的水平和垂直距离必须大于 0.5m 以上，否则应采取屏蔽措施，防止电磁干扰。

（2）确认中继元件、感烟、感温探测器按照图纸的要求安装到底座上，开通电源后，将统一的地址编码逐个输入所有的中继元件、探测器、信号蝶阀等信号发生元件。

（3）检查所有手动报警按钮、消火栓按钮、警铃和喇叭的安装接线是否符合要求，有无损坏和丢失。

（4）检查消防电源的连接是否符合要求，供电情况是否稳定，电压是否达到要求，双电源中主电源和备用电源是否能够自动切换。

（5）检查所有水流指示器的安装是否符合设计图纸及规范要求，水流方向是否正确，并检查测量和信号转换部件的工作情况。

（6）检查每个回路的短路隔离器是否已全部装上，其电导值是否在允许偏差之内，电压是否正常。

（7）检查输入、输出模块等中继元件的电源、信号的线路安装接线情况是否与产品说明书及图纸相符。

二、建筑消防系统的调试

建筑消防系统调试应包括：水源测试、消防水泵调试、稳压泵调试、报警阀调试、排水设施调试和联动试验等。其调试程序如图 8-29 所示。

1. 水源测试

（1）按设计要求核实消防水箱、消防水池的容积，消防水箱设置高度应符合设计要求；消防储水应有不作他用的技术措施。

检查方法：对照图纸全数观察和尺量检查。

（2）按设计要求核实消防水泵接合器的数量和供水能力，并通过移动式消防水泵做供水试验进行验证。

检查方法：全数观察检查和进行通水试验。

2. 消防水泵调试

（1）以自动或手动方式启动消防水泵时，消防水泵应在 30s 内投入正常运行。

检查方法：用秒表计时检查。

（2）以备用电源切换方式或备用泵切换启动消防水泵时，消防水泵应在 30s 内投入正常运行。

检查方法：用秒表计时检查。

3. 稳压泵的调试

应按设计要求进行稳压泵调试。当达到设计启动条件时，稳压泵应立即启动；当达到系统设计压力时，稳压泵应自动停止运行；当消防主泵启动时，稳压泵应停止运行。

检查方法：全数观察检查。

4. 报警阀调试

（1）湿式报警阀调试时，在试水装置处放水，当湿式报警阀进口水压大于 0.14MPa，

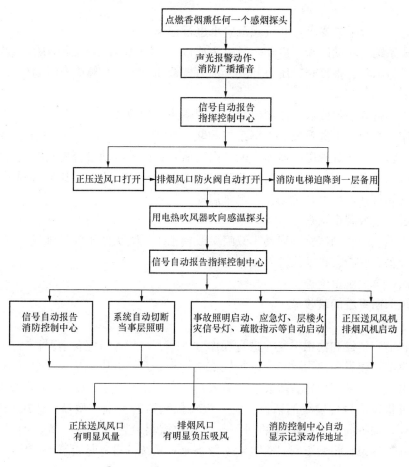

图 8 - 29　建筑消防系统调试程序

放水流量大于 1L/s 时，报警阀应及时启动；带延迟器的水力警铃应在 5～90s 内发出报警铃声，不带延迟器的水力警铃应在 15s 内发出报警铃声；压力开关应及时动作，并反馈信号。

检查方法：使用压力表、流量计、秒表和观察检查。

（2）干式报警阀调试时，开启系统试验阀，报警阀的启动时间、启动点压力、水流到试验装置出口所需时间，均应符合设计要求。

检查方法：使用压力表、流量计、秒表、声强计和观察检查。

（3）雨淋阀调试宜利用检测、试验管道进行。自动和手动方式启动的雨淋阀，应在 15s 之内启动；公称直径大于 200mm 的雨淋阀调试时，应在 60s 之内启动。雨淋阀调试时，当报警水压为 0.05MPa 时，水力警铃应发出报警铃声。

检查方法：使用压力表、流量计、秒表、声强计和观察检查。

5.排水设施调试

调试过程中，系统排出的水应通过排水设施全部排走。

检查方法：全数观察检查。

6. 联动试验

联动试验应符合下列要求，并按规范要求进行记录。

（1）湿式系统的联动试验，启动一只喷头或以 0.94～1.5L/s 的流量从末端试水装置处放水时，水流指示器、报警阀、压力开关、水力警铃和消防水泵等应及时动作并发出相应的信号。

检查方法：打开阀门放水，使用流量计和观察法全数检查。

（2）预作用系统、雨淋系统、水幕系统的联动试验，可采用专用测试仪表或其他方式，对火灾自动报警系统的各种探测器输入模拟火灾信号，火灾自动报警控制器应发出声光报警信号并启动自动喷水灭火系统；采用传动管启动的雨淋系统、水幕系统联动试验时，启动 1 只喷头，雨淋阀打开，压力开关动作，水泵启动。

检查方法：全数观察检查。

（3）干式系统的联动试验，启动 1 只喷头或模拟 1 只喷头的排气量排气，报警阀应及时启动，压力开关、水力警铃动作并发出相应信号。

检查方法：全数观察检查。

三、建筑消防系统的验收

1. 验收条件

（1）验收前，建设和使用单位应进行操作、管理、维护人员配备情况检查。

（2）验收前，建设和使用单位应进行施工质量复查。复查应包括火灾自动报警系统的主电源、备用电源、自动切换装置等安装位置及施工质量；消防用电设备的动力线、控制线、接地线及火灾报警信号传输线的敷设方式；火灾探测器的类别、型号、适用场所、安装高度、保护半径、保护面积和探测器的间距等；各种控制装置的安装位置、型号、数量、类别、功能及安装质量；报验资料是否真实有效齐全；系统的设置是否符合相应国家标准规范的规定。

2. 验收时应提供的资料

系统验收时，施工单位应提供竣工验收申请报告、设计变更通知书、竣工图；工程质量事故处理报告；施工现场质量管理检查记录；自动喷水灭火系统施工过程质量管理检查记录；自动喷水灭火系统质量控制检查资料。

3. 验收程序

（1）提交消防验收申请。建筑工程竣工后，建设单位应向公安消防机构提出工程竣工消防验收申请，经验收合格后才能投入使用。

（2）案件受理。公安消防机构受理案件后，验收具体经办人应查验资料是否符合要求，不合要求的应及时告知申办单位补齐，并在验收前 1～2 日通知建设单位做好验收前相关准备。

（3）现场验收。按消防工程验收程序的规定由不少于二人的消防监督员到现场进行验收，参加验收的消防监督员应着制式警服，佩带《公安消防监督检查证》。

验收时，首先由参加验收的各单位介绍情况；然后分组现场检查验收，应边检查，边测试，并如实填写消防验收记录表；最后汇总验收情况，按子项、单项、综合的程序进行评定、评定结论在验收记录表中如实记载，并将初步意见向建设、施工、设计等参加验收单位提出，对不符合规范要求的要及时向建设单位提出整改意见。

（4）现场答疑。参加验收的建设、施工及设计单位发表意见或提出问题时，消防机构验收参加人员应给予答复，不能当场答复的应给予解释。

（5）出具验收结论。消防工程验收或复查合格后，各单位参加验收人员和消防机构参加验收人员在验收申报表上签名；工程验收承办人应及时填写验收意见书，并整理验收档案送领导审批。

验收和复查不合格时，建设单位应组织各有关单位按《建筑工程消防验收意见书》提出的问题进行整改，整改完毕后重新向公案消防机构申请复验，复验程序与申请验收程序相同。

4. 验收的主要内容

（1）总平面布局和平面布置中涉及消防安全的防火间距、消防车道、消防水源等；

（2）建筑的火灾危险性类别和耐火等级，建筑内部装修情况；

（3）建筑防火防烟分区和建筑构造，安全疏散通道和消防电梯；

（4）消防给水和自动灭火系统，防烟、排烟和通风、空调系统；

（5）消防电源及其配电，火灾应急照明、应急广播和疏散指示标志；

（6）火灾自动报警系统和消防控制室；

（7）建筑灭火器配置；

（8）国家工程建设标准中有关消防安全的其他内容；

（9）查验消防产品有效文件和供货证明。

此外，还应重点检查竣工图纸、资料和《建筑工程消防验收申报表》的内容及与消防机构审核意见是否与工程一致；《建筑工程消防设计审核意见书》中提出的问题，在复验中是否予以整改；检查各类消防设施、设备的施工安装质量及性能；抽查测试消防设施功能及联动情况。

复 习 思 考 题

1. 设置室内消防给水系统的作用是什么？

2. 常用的室内消防给水方式有哪些？各种给水方式有哪些适用的条件？

3. 室内消火栓灭火系统由哪些部分组成？常用消火栓、水带和水枪的规格以及连接方法有哪些？对消火栓安装有什么要求？

4. 消防给水系统设置水泵接合器的目的是什么？有哪些设置方式？水泵接合器的接口有哪几种规格？

5. 什么是闭式自动喷水灭火系统和开式自动喷水灭火系统？

6. 高层建筑防排烟装置有哪些？其作用是什么？

7. 火灾探测器有哪些类型？各适用于什么场合？

8. 区域火灾控制器、集中火灾控制器和通用火灾控制器有何区别？各适用于什么场所？

9. 简述消防设备的基本要求。

10. 如何进行消防系统的调试？

11. 简述建筑消防系统的验收程序。

任 务 实 训

实地考察当地某高层建筑的消防系统，结合消防验收程序，分角色模拟进行消防工程验收和测试。需注意：验收前提交《建筑工程消防验收申报表》；由公安消防机构出具审核意见书及《建筑工程施工图设计文件审查通过证书》，对于内部装修工程，应提供内部装修工程消防审核意见书；验收完毕，填写《建筑消防设施检测报告》及相关验收表格，出具验收意见。

项目九　建筑设备施工图的识读

【引例】

施工图，是表示工程项目总体布局，建筑物的外部形状、内部布置、结构构造、内外装修、材料做法以及设备、施工等要求的图样。施工图具有图纸齐全、表达准确、要求具体的特点。一套完整的施工图一般包括建筑施工图、结构施工图、给排水施工图、采暖通风施工图及电气施工图等专业图纸，也可将给排水、采暖通风和电气施工图合在一起统称建筑设备施工图。识读建筑设备施工图是安装工程施工的重要环节，也是建筑施工的重要组成部分。无论将来从事现场管理还是工程计量计价工作，对于图纸的识读都是非常重要的。

图纸的主要作用是表现设计意图，指导工程施工。但是在设计过程中可能会出现各种问题和错误，所以，必须在工程开工前进行图纸会审，以协商解决图纸中出现的问题，保证施工过程的顺利进行。熟读各专业施工图是进行图纸会审的基础，在读图过程中还应该结合现行的国家规范和行业标准。那么，我们应该如何识读建筑设备施工图呢？图纸会审又有哪些规定，应该如何开展呢？

【工作任务】

1. 识读建筑水暖施工图；
2. 识读通风与空调施工图；
3. 识读建筑电气施工图；
4. 填写图纸会审与设计变更（洽商）记录。

【学习参考资料】

《房屋建筑制图统一标准》（GB/T 50001—2010）

《给水排水制图标准》（GB/T 50106—2010）

《暖通空调制图标准》（GB/T 50114—2010）

《建筑电气制图标准》（GB/T 50786—2012）

任务一　建筑设备施工图的一般规定

建筑设备施工图可分为给排水施工图、供暖施工图、通风与空调施工图和电气施工图。这些图纸与建筑设计图互相呼应，起到沟通设计意图与密切配合施工的目的。

一、图纸的相关规定

1. 图纸的幅面

图纸是用标明尺寸的图形和文字来说明工程建筑、机械、设备等的结构、形状、尺寸及其他要求的一种技术文件。图纸的幅面按国际标准分为五种，具体尺寸见表 9-1。

表 9 - 1		基　本　幅　面　尺　寸				mm
幅面代号		A0	A1	A2	A3	A4
宽×长（*B*×*L*）		841×1189	594×841	420×591	297×420	210×297
留装订边时的边宽（*c*）		10			5	
不留装订边时的边宽（*e*）		20			10	
装订侧边宽（*a*）		25				

2. 图线与字体

绘制施工图所用的各种线条统称为图线。为了在施工图上表示出图中的不同内容，并且能够分清主次，绘图时必须选用不同的线型和不同线宽的图线。根据《房屋建筑制图统一标准》、《给排水制图标准》、《暖通空调制图标准》和《建筑电气制图标准》中对图线和线型的规定，图线的宽度 b 宜为 0.7mm 或 1.0mm。常见图线的线型及含义见表 9 - 2。

建筑设备施工图中所用的汉字应采用长仿宋体，字母或数字可以采用正体或斜体。

表 9 - 2			建筑设备施工图线型及其含义		
名称		线型	线宽	用　　途		
				给排水施工图	暖通空调施工图	电气施工图
实线	粗	——————	*b*	新设计的各种排水和其他重力流管线	单线表示的管道	本专业设备之间电气通路连接线、本专业设备可见轮廓线、图形符号轮廓线
	中粗	——————	0.75 *b*	新设计的各种给水和其他压力流管线；原有的各种排水和其他重力流管线	—	—
	中	——————	0.5 *b*	给水排水设备、零（附）件的可见轮廓线；总图中新建的建筑物和构筑物的可见轮廓线；原有的各种给水和其他压力流管线	本专业设备轮廓、双线表示的管道轮廓	本专业设备可见轮廓线、图形符号轮廓线；尺寸、标高、角度等标注线及引出线
	细	——————	0.25 *b*	建筑的可见轮廓线；总图中原有的建筑物和构筑物的可见轮廓线；制图中的各种标注线	建筑物轮廓；尺寸、标高、角度等标注线及引出线；非本专业设备轮廓	非本专业设备可见轮廓线、建筑物可见轮廓；尺寸、标高、角度等标注线及引出线

名称		线型	线宽	用　途		
				给排水施工图	暖通空调施工图	电气施工图
虚线	粗	-------	b	新设计的各种排水和其他重力流管线的不可见轮廓线	回水管线	本专业设备之间电气通路不可见连接线；线路改造中原有线路
	中粗	-------	$0.75\,b$	新设计的各种给水和其他压力流管线及原有的各种排水和其他重力流管线的不可见轮廓线	—	—
	中	-------	$0.5\,b$	给水排水设备、零（附）件的不可见轮廓线；总图中新建的建筑物和构筑物的不可见轮廓线；原有的各种给水和其他压力流管线的不可见轮廓线	本专业设备及管道被遮挡的轮廓	本专业设备不可见轮廓线、地下电缆沟、排管区、隧道、屏蔽线、连锁线
	细	-------	$0.25\,b$	建筑的不可见轮廓线；总图中原有的建筑物和构筑物的不可见轮廓线	地下管沟、改造前风管的轮廓线；示意性连线	非本专业设备不可见轮廓线及地下管沟、建筑物不可见轮廓线
波浪线	粗	～～～	b	—	—	本专业软线、软护套保护的电气通路连接线、蛇形敷设线缆
	中	～～～	$0.5\,b$	—	单线表示的软管	—
	细	～～～	$0.25\,b$	平面图中水面线；局部构造层次范围线；保温范围示意线等	断开界线	—
单点长画线		—— · ——	$0.25\,b$	中心线、定位轴线		定位轴线、中心线、对称线；结构、功能、单元相同围框线
双点长画线		—— ·· ——	$0.25\,b$	—	假想或工艺设备轮廓线	辅助围框线、假想或工艺设备轮廓线
折断线		—— ⌐∟ ——	$0.25\,b$	断开界线		

3. 比例

比例为图形大小与物体实际大小之比，施工图中的各个图形，都应分别注明其比例。当整张图纸的图形都采用同一比例绘制时，则可将比例统一注写在标题栏内。系统图的比例一般与平面图相同，特殊情况下可以不按比例绘制。给水排水施工图的比例应符合表9-3的规定，暖通空调施工图的比例应符合表9-4的规定，建筑电气施工图的比例应符合表9-5的规定。

表9-3　　　　　　　　　　给排水施工图的比例

名　　称	常　用　比　例	可　用　比　例
室内给水排水平面图	1：200、1：100	1：300、1：50
给排水系统图	1：200、1：100	1：50或不按比例
设备加工图	1：20、1：10、1：2、1：1	1：100、1：50
部件零件详图	1：20、1：10、1：2、1：1	1：50、1：5、2：1

表9-4　　　　　　　　　　暖通空调施工图比例

名　　称	常　用　比　例	可　用　比　例
剖面图	1：200、1：100、1：50	1：300、1：150
局部放大图、管沟断面图	1：100、1：50、1：20	1：30、1：40、1：50
索引图、详图	1：20、1：10、1：5、1：2、1：1	1：3、1：4、1：5

表9-5　　　　　　　　　　建筑电气施工图比例

名　　称	常　用　比　例	可　用　比　例
电气总平面图、规划图	1：500、1：1000、1：2000	1：300、1：5000
电气平面图	1：150、1：100、1：50	1：200
电气竖井、设备间、电信间、变配电室等平、剖面图	1：100、1：50、1：20	1：25、1：150
电气详图、电气大样图	1：20、1：10、1：5、1：2、1：1、2：1、5：1、10：1	25：1、4：1

二、建筑设备施工图的一般规定

（一）水暖通风施工图的一般规定

1. 标高

①标高应以 m 为单位，一般注写到小数点后第三位。

②管沟或管道应标注起讫点、转角点、连接点、变坡点和交叉点的标高；沟道宜标注沟内底标高；压力管道宜标注管中心标高；室外重力管道宜标注管内底标高；必要时，室内架空重力管道宜标注管中心标高，但图中应加以说明。矩形风管一般标注管底标高，圆形风管及水、汽管道一般标注管中心标高。

③管道标高在平面图、系统图中的标注如图9-1所示。

2. 管径

①管径尺寸应以 mm 为单位。

②水煤气输送钢管（镀锌或非镀锌）、铸铁管，管径以公称通径 DN 表示，如 $DN\ 15$，$DN\ 50$。混凝土管和陶土管等，管径以内径 d 表示，如 $d\ 380$。无缝钢管、焊接钢管、不锈钢管等，管径以外径 $D×$壁厚δ 表示，如 $D\ 108×4$，$D159×4.5$ 等。圆形风管的截面尺寸应以直径 ϕ 表示，如 $\phi100$，矩形风管的截面尺寸应以 $A×B$ 表示，如 $200×100$。

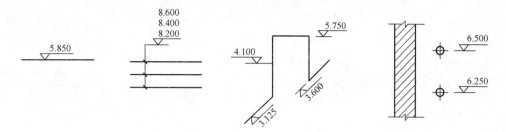

图 9-1 管道标高的标注方法

③管径的标注方法如图 9-2 所示。

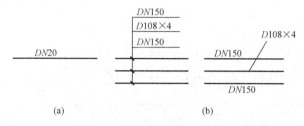

图 9-2 管径的标注方法

（a）单管管径表示法；（b）多管管径表示法

3. 坡度及坡向

管道的敷设坡度用符号 i 表示，坡向用箭头表示，如图 9-3 所示。

4. 编号

为了便于平面图与轴测图相对应，管道应按系统加以编号。

①进出口编号。给水系统以每一条引入管为一个系统，排水系统以每一条排出管或几条排出管汇集至室外检查井为一个

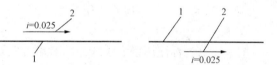

图 9-3 坡度及坡向的表示方法

1—管线；2—表示坡向的箭头

系统；室内供暖系统以每一组出入口为一个系统。当超过一个系统时，应进行编号。

②立管编号。立管在平面图上一般用小圆圈表示，建筑物内的立管，其数量超过 1 根时，应进行编号。

③系统编号、立管编号的表示方法如图 9-4 和图 9-5 所示。

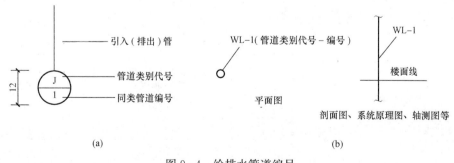

图 9-4 给排水管道编号

（a）进出口编号；（b）立管编号

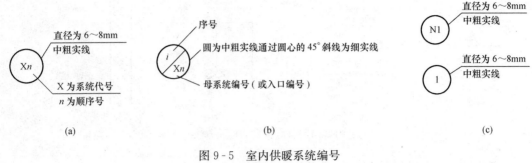

图 9-5 室内供暖系统编号

(a) 系统编号；(b) 分支系统的编号；(c) 立管编号

5. 管道转向、交叉的表示

管道的转向、交叉应按图 9-6 所示的方法表示。管道交叉时，前面的管线为实线，被遮挡的管线应断开，供暖系统中管道重叠、密集处可断开引出绘制。

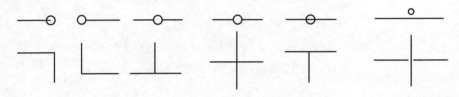

图 9-6 管道转向、交叉的表示方法

(二) 建筑电气施工图的文字符号

1. 配电线路的标注

配电线路的标注用以表示线路的敷设方式及敷设部位，采用英文字母表示，配电线路的标注格式为

$$ab\text{—}c(d \times e + f \times g)i\text{—}jh$$

式中：a 为线缆编号；b 为线缆型号；c 为线缆根数；d 为相线芯数；e 为相线线芯截面积（mm^2）；f 为 E、N 线芯数；g 为 PE、N 线芯截面积（mm^2）；i 为线路敷设方式，见表 9-6；j 为线路敷设部位，见表 9-7；h 为线路敷设安装高度（m）。

上述字母无内容时可省略该部分。例如：12-BLV($3 \times 70 + 1 \times 50$)SC 70-FC 表示系统中编号为 12 的线路，有三根 $70mm^2$ 和一根 $50mm^2$ 的聚氯乙烯绝缘铝芯导线，穿直径为 70mm 的焊接钢管沿地板暗敷设在地面内。

表 9-6　　　　　　　　导 线 敷 设 方 式

敷 设 方 式	代 号	敷 设 方 式	代 号
明敷	E	穿硬塑料管	PC
暗敷	C	塑料线槽	PR
铝皮线卡	AL	金属线槽	MR
穿水煤气管	RC	电缆桥架	CT
穿焊接钢管	SC	钢索	M
瓷夹板	PL	直埋	DB

表9-7　　　　　　　　　　　　　　　导 线 敷 设 部 位

敷 设 部 位	代　　号	敷 设 部 位	代　　号
沿或跨梁（屋架）	AB	顶板内	CC
沿或跨柱	AC	梁内	BC
沿吊顶或顶板面	CE	柱内	CLC
吊顶内	SCE	墙内	WC
沿墙	WS	地板或地面下	FC

2. 照明灯具的标注

照明灯具的标注是指在灯具旁按规定标注灯具的数量、型号、灯具的光源数量、容量、悬挂高度及安装方式。照明灯具的文字标注格式为

$$a - b\frac{c \times d \times L}{e}f$$

式中：a 为同一个平面内，同种型号灯具的数量；b 为灯具的型号，见表9-8；c 为每盏照明灯具中光源的数量；d 为每个光源的容量（W）；e 为安装高度，当吸顶或嵌入安装时用 "—" 表示；f 为灯具的安装方式，见表9-9；L 为光源种类（常省略不标）。

例如：12-PKY 501 $\frac{2 \times 36}{2.6}$ CS，表示共有12套 PKY501 型双管荧光灯，每套荧光灯有2根容量36W 的灯管组成，安装高度2.6m，采用链吊式安装。

表9-8　　　　　　　　　　　　　　　灯 具 的 型 号

灯 具 类 型	代　　号	灯 具 类 型	代　　号
花灯	H	隔爆灯	G
柱灯	Z	防水防尘灯	F
投光灯	T	水晶底罩灯	J
荧光灯	Y	卤钨探照灯	L

表9-9　　　　　　　　　　　　　　　灯 具 安 装 方 式

安 装 方 式	代　　号	安 装 方 式	代　　号
线吊式	SW	壁装式	W
链吊式	CS	吸顶式	C
管吊式	DS	嵌入式	R

三、常用图例

建筑设备施工图中的设备和附件常用图例表示，而不按比例绘制。常用图例符号见附录 A。

四、施工图纸会审、设计变更与洽商

1. 施工图纸会审

施工图纸会审是为了保证施工单位的施工管理人员和技术业务人员深入领会设计意图和

设计要求而进行的工作。通过图纸会审可以澄清疑点,消除设计缺陷,解决各专业设计的矛盾,尽可能使工程设计达到经济、合理、方便施工的效果。图纸会审是一项重要的施工准备工作,施工单位必须高度重视,并与建设单位、设计单位和监理单位密切配合,切实做好此项工作。

(1)图纸会审的依据。施工图纸会审以建设单位提供的全套工程设计图纸及配套的标准图集等为依据;图纸的设计应符合国家现行的设计规范、施工验收规范、质量评定标准以及其他有关规定;设计还应考虑现行施工技术及材料的可行性、施工单位的施工能力和施工经验。

(2)图纸会审程序。施工单位接到工程设计图纸以后,应组织各专业的技术人员认真通读设计图纸,尽可能最大深度地理解设计意图,同时将疑难问题及专业之间的矛盾问题记录下来,并填写在《图纸审查记录》表上;施工单位在预审图纸的基础上准备好会审意见,并通知建设单位;建设单位牵头组织设计单位、施工单位及监理单位参加图纸会审。

(3)图纸会审的要点。施工图纸的会审需要注意图纸是否完整,会签是否齐全,工程设计是否符合国家相关的设计和施工的方针、政策;施工图纸与其说明在内容上是否一致,各专业设计是否有错误,相互之间是否有矛盾的地方;各专业图纸在尺寸、坐标、标高和说明方面是否一致,技术要求是否明确;根据工程设计,现有施工技术,施工能力的可能性,施工现场的条件能否满足施工需要(尤其改扩建工程更应注意施工现场的条件);大型构件和设备安装能否满足施工安全;同时尽量推广应用新技术、新材料、新工艺。

(4)图纸会审要求。

①施工图纸会审是影响工程进度和质量经济效益的重要因素之一。所以,必须提高图纸会审的质量,在会审中要最大程度的发现图纸中存在的问题,以减少或消灭漏查项目,保证施工中不因图纸错误而造成损失。

②会审中要认真填写《图纸会审记录》。图纸会审记录填写要详细、准确、字迹工整,不得涂改,不要有未尽事宜,并填明会审时间、地点、主持人、参加人,要有建设单位、设计单位、施工单位和监理单位的负责人签字。

③《图纸会审记录》是施工文件的重要组成部分,与施工图具有同等效力,应贯彻到施工当中去。

2.设计变更与洽商

凡是由于施工过程中遇到的做法变更,材料代用或纠正施工图中的错误,均可通过设计变更与工程洽商予以解决。工程洽商是工程设计的完善和补充,与施工图具有同等的效力。

设计变更与工程洽商一般由专业的技术负责人办理,但洽商内容必须经过主任工程师审核,洽商内容若超出施工合同以外,还需经生产部门审核。工程洽商应在施工之前办理,无特殊情况不得后补,即应先洽后干,不得先干后洽。设计变更与洽商后应填写《设计变更(洽商)记录》,洽商内容应明确具体,语言应准确肯定,不要有未尽事宜,内容不得涂改,签字手续要齐全,并注明办理时间。所有图纸会审、洽商、设计变更的内容均应及时抄录到相应的施工图纸上,以便于实施。

任务二　建筑给排水施工图的识读

一、建筑给排水施工图识读的相关知识

1.建筑给排水施工图的作用

建筑给排水施工图是建筑给水排水工程施工的依据和必须遵守的文件。它主要用于解决给水及排水方式，所用材料及设备的型号、安装方式、安装要求，给排水设施在房屋中的位置及与建筑结构的关系，与建筑物中其他设施的关系，施工操作要求等一系列内容，是重要的施工技术文件。

2.建筑给排水施工图的内容

根据设计任务和要求，建筑给排水施工图一般由平面图、系统图、详图，以及设计施工说明和设备材料表组成。

（1）平面图，主要表示建筑物各层的给水排水管道及用水设备的平面位置。平面图一般应分层按直接正投影法绘制，常用比例为 1:100。对于某些民用与公共建筑，各层管道、设备的布置相同时，可只绘制首层和标准层平面图。平面图上管道一般用单线绘制，给水和排水管道可以绘制在一张图纸上，若图纸管线复杂，也可以分开绘制。图纸张数以能清楚表达设计意图而数量又最少为原则。建筑给排水平面图主要内容如下：

①表明建筑的平面形状、房间布置等情况，标注轴线及房间的主要尺寸。为了节省图面，可以只画出与给排水管道相关部分的建筑平面。

②用水设备、卫生器具的平面布置、类型和安装方式。

③建筑物各层给排水干管、立管、支管的位置。首层平面图需绘制出给水引入管、污水排出管的位置；标注主要管道的定位尺寸及管径等，并按规定对引入管、排出管和立管进行编号；对于安装于下层空间而为本层使用的管道，应绘制在本层平面图上。

④水表、阀门、水龙头、清扫口、地漏等管道附件的类型和位置。

（2）系统图，又称"轴测图"，是为反映某一给水排水系统或整个给水排水系统的空间关系而绘制的图纸，宜按 45°正面斜轴测法绘制。为方便施工安装和概预算，系统图均应按给水、排水、热水等各系统单独绘制，当系统图立管、支管在轴测方向重复交叉影响识图时，可断开移到图面空白处绘制。建筑给排水系统图的主要内容有：

①给水系统图中应标明给水设备、用水设备、各种控制阀门、配水龙头及附件等；排水系统图中则应标明通气帽、清扫口、检查口、存水弯和地漏等。

②标注所有管道的管径、标高及坡度；标注给水引入管、污水排出管和立管等的编号。其中，标高的±0.000 应与建筑图一致，各立管的编号，应与平面图一致。

（3）详图，当某些设备的构造或管道之间的连接情况在平面图或系统图上表示不清楚，而又无法用文字说明时，可以将其局部放大比例绘成详图。在实际工程中，很多标准设备的构造、管道节点的详细构造和常规安装方法，已经制成统一的标准图册，可供设计、施工选用。选用时，只需在图纸目录中给出相应的图集号和图名。

（4）设计施工说明，在设计图纸上有些用符号、图线无法表示清楚的问题，以及其他必须用文字解释的内容，需要用设计施工说明表达。设计说明可直接写在图样上，工程较大、内容较多时，则要另用专页进行编写。一般包括以下内容：

①工程概况。

②系统的形式及敷设方式。

③采用的管材及接口方式，用水设备和卫生器具的类型及安装方式。

④管道的防腐、防冻及防结露的做法。

⑤系统管道的水压试验、施工注意事项及施工验收应达到的质量要求。

⑥图例及其他要说明的问题等。

（5）设备及材料表，为了保证设备、材料达到设计要求，必要时也可以将主要设备、附件及仪表等单独绘制成表并逐项列出，以便做出预算及施工备料。设备及材料表中应写明系统编号、设备编号、名称、型号、规格、单位及数量等。

二、建筑给排水施工图的识读方法

阅读主要图纸之前，应首先对照图纸目录，核对整套图纸是否完整，各张图纸的图名是否与图纸目录所列的图名相吻合，在确认无误后方可开始识读。识读时必须分清系统，各系统不能混读。需将平面图与系统图对照起来识读，以便互相补充和说明，建立全面、完整、细致的工程形象，以全面掌握设计意图。对某些卫生器具或用水设备的安装尺寸、要求、连接方式等不了解时，还必须辅以相应的安装详图。

建筑给排水施工图的识读应以系统为单位。给水系统应按水流方向先找系统的入口，按引入管、干管、立管、支管、用水设备或卫生器具的进水口顺序识读；排水系统应按水流方向以卫生器具排水管、排水横支管、排水立管及排出管的顺序识读。

三、建筑给排水施工图实例

如图9-7～图9-9所示，为某三层办公楼给水排水施工图，我们将以此为例，学习识读建筑给排水施工图。

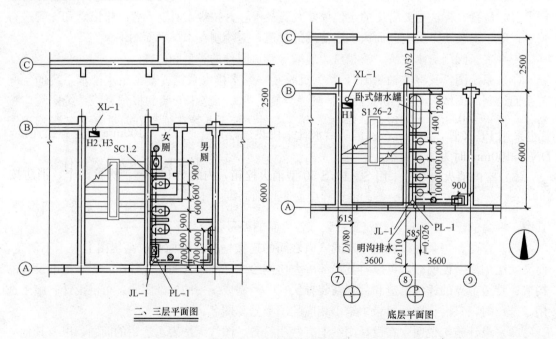

图9-7　给水排水平面图

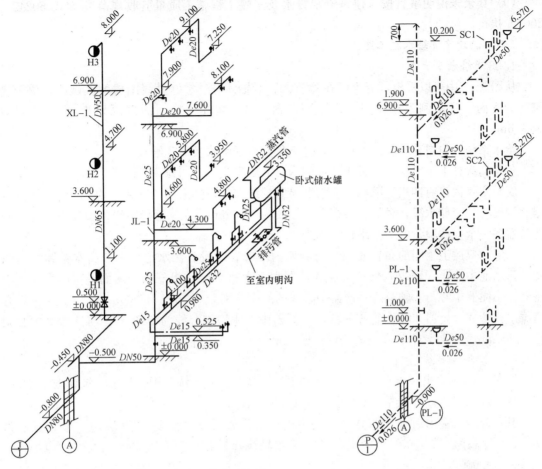

图 9-8　给水、消防、热水系统图　　　图 9-9　排水系统图

（一）阅读设计施工说明

（1）给水管道由市政管网接入。

（2）系统给水管采用 PP-R 管，热熔连接，埋地部分采用给水铸铁管，承插连接；热水管也采用 PP-R 管，热熔连接；消防给水管采用热镀锌钢管，$DN \leqslant 100$mm 时为螺纹连接，$DN > 100$mm 时为法兰连接。

（3）室内消火栓系统采用 SG 18/S 50 型消火栓箱，内配 SN 50 型消火栓一个、消防按钮一个、25m 衬胶水龙带一条；消火栓中心距地面高度为 1.10m。

（4）管道穿越楼板时应设套管。卫生间套管高出装饰地面 50mm，其他房间套管高出装饰地面 20mm。

（5）卫生器具的安装详见《S3 给排水标准图集》。

（6）给水、消防及热水系统的管道安装完毕后应做水压试验，试验压力为 0.6MPa。给水系统应做消毒冲洗，水质应符合卫生标准；消防系统安装完毕后做试射试验；排水系统做通球和灌水试验。

（7）热水采用蒸汽间接加热的方式，利用卧式储水罐加热。

（8）管道均明装，埋地部分管道刷石油热沥青两道（塑料管涂外）。

（9）其余未说明事宜按《建筑给水排水及采暖工程施工质量验收规范》（GB 50242—2002）执行。

（二）识读建筑给水施工图

1. 识读给水平面图

从图 9-7 中可以看出，卫生间在建筑Ⓐ、Ⓑ轴线和⑧、⑨轴线围成的区域内，位于建筑物的南面，其西侧为楼梯间，北侧为走廊，卫生间和楼梯间的进深均为 6m，开间均为 3.6m。

给水系统入口自建筑物南面引入，分别供给生活给水及消防给水。

各层消火栓上下对应，均设于楼梯间内，其编号为 H1、H2 和 H3。

底层浴室内设有四组淋浴器，淋浴器沿⑧轴线布置，淋浴器的间距为 1000mm，在淋浴器北侧设有一个储水罐，罐的中心线距Ⓑ轴线为 1200mm，在靠近Ⓐ轴线外墙处设有地漏和洗脸盆各一个，洗脸盆的中心距轴线⑨为 900mm。

二层和三层卫生间的布置相同，男厕所内沿⑧轴线设有污水池一个、高水箱蹲便器两套，污水池中心距Ⓐ轴线 700mm，距大便器中心为 900mm。沿⑨轴线墙面设有两个挂式小便器，小便器中心与Ⓐ轴及两小便器中心线的间距分别为 700mm 和 900mm。女厕所内设有高位水箱蹲式大便器和洗脸盆各一套，大便器中心距墙中心线为 600mm，与洗脸盆中心间距为 900mm。另外，男、女厕所均设地漏一个。

2. 识读给水系统图

从图 9-8 中看出该给水系统为生活和消防共用的给水系统。干管位于建筑物±0.000 以下，为下行上给式管道系统，系统编号为 J/1，引入管管径为 $DN\,80$，埋深为 -0.8m。

引入管进入室内后分成两路，一路由南向北沿轴线安装消防立管 XL-1，干管直径为 $DN\,80$，标高为 -0.450m；另一路由西向东沿轴线安装给水立管 JL-1，干管直径为 $DN\,50$，标高为 -0.500m。

给水立管 JL-1 设在Ⓐ轴线与⑧轴线的墙角处，自底层 -0.500m 至 7.900m。该立管在底层分为两路供水，一路由南向北沿⑧轴线墙面明装，管径为 $De32$，标高为 0.900m，经四组淋浴器后与储水罐底部的进水管相接；另一路由西向东沿Ⓐ轴线墙面明装向洗脸盆供水，管径为 $De15$，标高为 0.350m。JL-1 立管在二楼卫生间内也分为两路供水，一路由西向东，管径为 $De20$，标高为 4.300m，至⑨轴线上翻到标高 4.800m 转弯向北，为两个小便器供水；另一路由南向北沿墙面明装，标高为 4.600m，管径为 $De20$，接水龙头为污水池供水，然后上翻至标高 5.800m，为蹲便器高水箱供水，再下返至标高 3.950m，管径变为 $De15$，给洗脸盆供水。三楼给水管道的走向、管径、器具设置与二楼相同。

消防立管 XL-1 设于Ⓑ轴线与⑦轴线相交的墙角处，标高 4.700m 以下管径为 $DN\,65$，以上管径为 $DN\,50$。标高 1.000m 处设闸阀一个，并在每层距地面 1.100m 处设置消火栓，其编号分别为 H1、H2、H3。

3. 室内热水平面图和系统图的识读

由图 9-7、图 9-8 可以看出本工程的热水是通过储水罐间接加热的，储水罐上有五路管线与之连接，罐端部的上口是 $DN\,32$ 蒸汽管进口，下口是 $DN\,25$ 凝水管出口，罐底是 $DN\,32$ 冷水管进口及 $DN\,32$ 排污管至室内地面排水明沟，罐顶部是 $DN\,32$ 热水管出口。

热水管用点划线表示，从罐顶接出，至标高 3.350m 转弯向南，加设截止阀后转弯向下，至标高 1.100m 再水平自北向南，沿墙布置，为四组淋浴器供应热水，并继续向前至 Ⓐ 轴线内墙面下拐至标高 0.525m，然后转弯向东为洗脸盆供应热水。热水管的管径从罐顶出来至前两组淋浴器为 $De32$，后两组淋浴器热水干管管径为 $De25$，至洗脸盆的一段管径为 $De20$。

（三）建筑排水施工图的识读

由图 9-7、图 9-9 可以看出，本工程的排水管沿轴线引出建筑物，系统编号为 P/1，排水管的管径为 $De110$，标高 −0.900m，坡度 $i=0.026$，坡向室外。

三楼的排水横管有两路：一路是从女厕所的地漏开始，自北向南沿楼板下面敷设，排水管的起点标高为 6.570m，中间接纳由洗脸盆、大便器、污水池排出的污水，并排至立管 PL-1，在排水横管上设有一个清扫口，其编号为 SC 1，清扫口之前的管径为 $De50$，之后的管径为 $De110$，坡度为 0.026，坡向立管。另一路是两个小便器和地漏组成的排水横管，地漏之前的管径为 $De50$，之后的管径为 $De110$，坡度 $i=0.026$，坡向立管 PL-1。

二楼排水横管的布置、走向、管径、坡度与三楼完全相同。

底层由洗脸盆和地漏组成排水横管，属直埋敷设，地漏之前的管径为 $De50$，之后的管径为 $De110$，坡度为 0.026，坡向立管。

排水立管的编号为 PL-1，管径为 $De110$，在底层及三层距地面高度为 1.000m 处设有立管检查口各一个。立管上部伸出屋面的通气管伸出屋面高度为 700mm，管径 $De110$，出口采用通风帽。

任务三　建筑供暖施工图的识读

一、建筑供暖施工图识读的相关知识

建筑供暖施工图包括系统平面图、系统图和详图，此外还有设计说明、图纸目录和设备材料明细表等。

1. 供暖平面图

建筑供暖平面图主要表示供暖管道、附件及散热器在建筑平面图上的位置，以及它们之间的相互关系，是施工图中的重要图样。供暖平面图由楼层平面图、顶层平面图和底层平面图组成。中间层（标准层）平面图中，应标明散热设备的安装位置、规格、尺寸及安装方式，水平干管的位置、立管的位置及数量等；热水采暖系统中还应标明膨胀水箱、集气罐等设备的位置、规格及管道连接情况。底层平面图还应标明供热引入口的位置、管径、坡度及采用标准图号（或详图号）等。

2. 供暖系统图

供暖系统图通常用正面斜二轴测法绘制，是表明从供暖总管入口至回水总管道、散热设备、主要附件的空间位置和相互关系，其与平面图配合，反映了供暖系统的全貌。系统图上应标注各管段管径的大小，水平管的标高、坡度、散热器及支管的连接情况等。供暖系统图应绘制在一张图纸上，除非系统较大、较复杂，一般不允许断开绘制。

3. 详图

详图，又称大样图，是平面图和系统图表达不清楚时绘制的补充说明图，一般需要局部放大比例单独绘制。详图一般可采用标准图集或绘制节点详图。

4. 设计施工说明

采暖设计说明和施工说明是施工的重要依据，一般写在图纸的首页上，内容较多时也可单独使用一张图纸。主要内容有：热媒及其参数，建筑物总热负荷，热媒总流量，系统形式，管材和散热器的类型，管子标高是指管中心标高还是指管底标高，系统的试验压力，保温和防腐的规定以及施工中应注意的问题等。

5. 设备及主要材料表

在设计采暖施工图时，为方便做好工程开工前的准备，应把工程所需的散热器的规格和分组片数、阀门的规格型号、疏水器的规格型号以及设计数量等列在设备表中，把管材、管件、配件以及安装所需的辅助材料列在主要材料表中。

二、建筑供暖施工图的识读方法

识读采暖施工图的基本方法是将平面图与系统图对照，从系统入口（热力入口）开始，沿水流方向按供水干管、立管、支管到散热器，再由散热器开始，按回水支管、立管、干管到出口为止的顺序进行阅读。

1. 识读供暖平面图

首先查明供暖总干管和回水总干管的出入口位置，了解供暖水平干管与回水水平干管的分布位置及走向；查看立管编号，了解整个供暖系统立管的数量和安装位置；查看散热器的布置位置；了解系统中设备附件的位置与型号，如热水系统中要查明膨胀水箱、集气罐的位置、型号及连接方式，蒸汽系统中则要查明疏水器的位置和规格等；查看管道的管径、坡度及散热器片数等。

供暖系统的供水管一般用粗实线表示，回水管用粗虚线表示，供回水管通常沿墙布置。散热器一般布置在窗口处，其片数一般标注在图例旁边。

2. 识读供暖系统图

首先沿热媒流动的方向查看供暖总管的入口位置，与水平干管的连接及走向，立管的分布及散热器通过支管与立管的连接形式；再从每组散热器的末端起查看回水支管、立管、回水干管，直至回水总干管出口的整个回水管路，了解管路的连接、走向及管道上的设备附件、固定支点等情况；然后查看管径、坡度和散热器片数；最后查看地面标高，管道的安装标高，从而掌握管道的安装位置。

在热水采暖系统中，供水水平干管的坡度顺水流方向越走越高，回水水平干管的坡度顺水流方向越走越低。

3. 识读详图

建筑供暖详图一般包括热力入口、管沟断面、设备安装、分支管大样等。

三、建筑供暖施工图实例

参照图 9-10～图 9-14，以某小学教学楼室内供暖施工图为例，学习其识读方法。

1. 阅读设计施工说明

该建筑为四层，热负荷为 160kW，与供热外网直接连接，供暖热媒为热水，供回水设计温度为 95/70℃；管道材质为非镀锌钢管，$DN \leqslant 32mm$ 时采用螺纹连接，$DN > 32mm$ 时采用焊接；阀门均采用闸阀；散热器采用四柱 760 型铸铁散热器，并落地安装；管道与散热器均明装，并刷防锈漆两道，调和漆两道；敷设在地沟内的供回水干管均刷防锈漆两道，并做保温处理；系统试验压力为 0.3MPa；其他按现行施工验收规范执行。

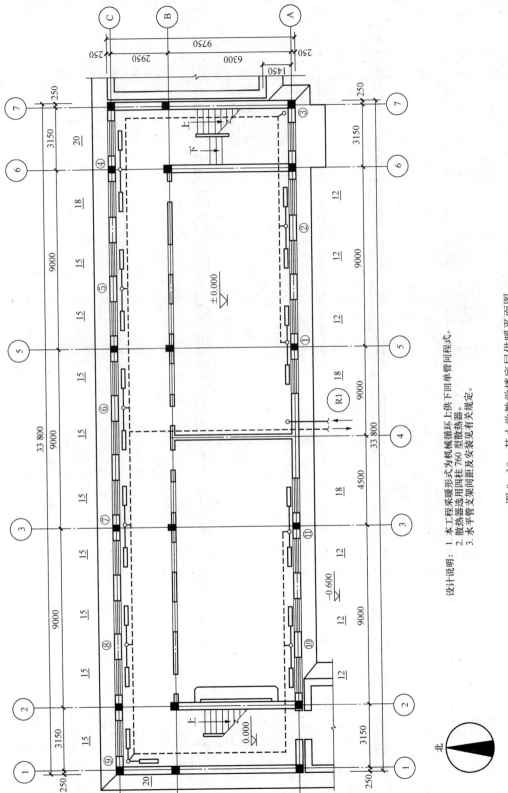

设计说明: 1. 本工程采暖形式为机械循环上供下回单管同程式。
2. 散热器选用四柱 760 型散热器。
3. 水平管支架间距及安装见有关规定。

图 9-10 某小学教学楼底层供暖平面图

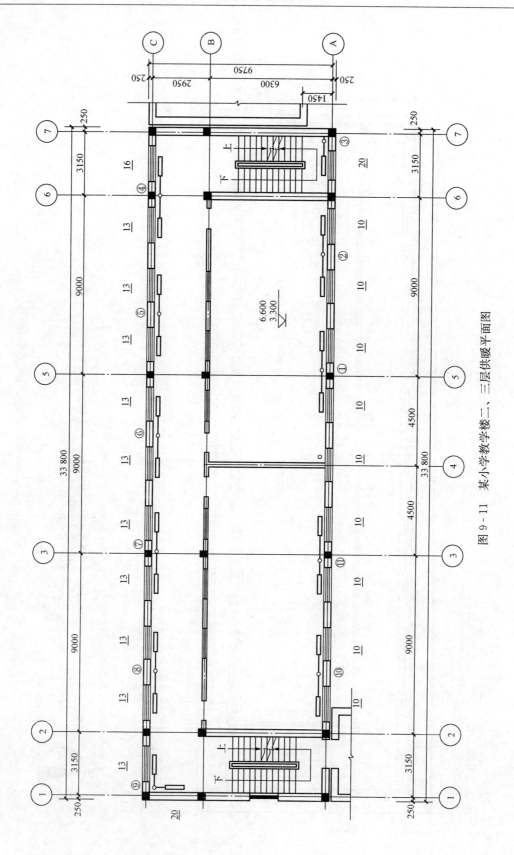

图 9 - 11 某小学教学楼二、三层供暖平面图

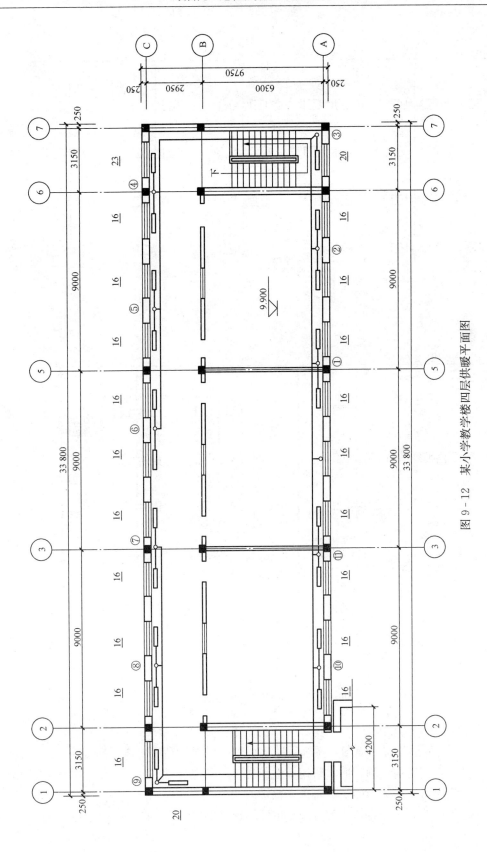

图 9 - 12　某小学教学楼四层供暖平面图

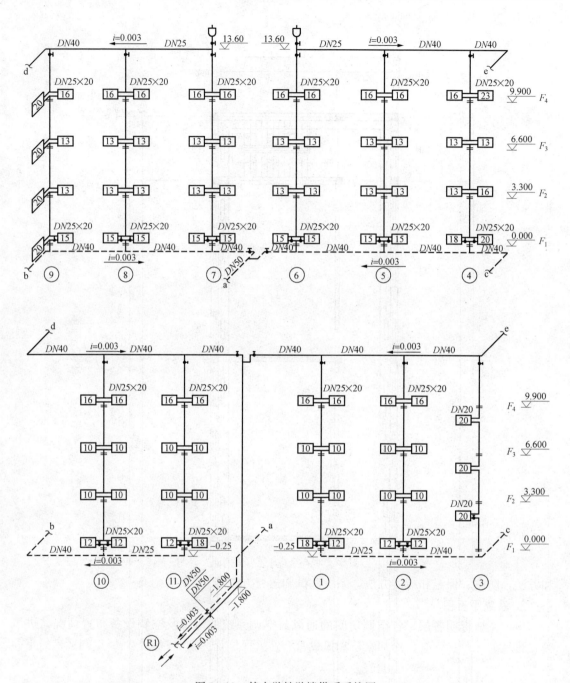

图 9-13 某小学教学楼供暖系统图

2. 识读室内供暖平面图

图 9-10 为底层供暖平面图。系统供回水总管设置在④轴线右侧，回水干管在室内地沟内敷设，供水管用实线绘制，回水管用虚线绘制。该系统中共 11 根供水立管，散热器位于外墙窗下，该层每个散热器的组数可由平面图查出。

图 9-11 为二、三层供暖平面图。由此可以看出供水立管的位置、立管的编号、散热器

的位置及标注的散热器数量等。

图 9-12 为四层供暖平面图。图上标注了供水立管的编号，可以看到各组散热器的位置及数量。

3. 识读室内供暖系统图

如图 9-13 所示，供暖热水自总供水管开始，按水流方向依次经供水干管在系统内形成分支，经供水立管、支管到散热器，再由支管、回水立管到回水干管流出室内并汇集到室外回水管网中。系统采用的是上供下回式单立管顺流式系统。由于各立管供回水循环环路长度基本相等，所以该系统还是同程式系统。

该系统供、回水总管标高均为 -1.800m，管径均为 DN 50，共有 11 根供水立管把热水供给 2～4 层的散热器，热水在散热器中散热后，经立管收集后进入下一层散热器，回水干管始末端的管径为 25～50mm，各分支汇集后从回水总管流至外网。

由系统图还可看出，供回水干管的坡度 $i=0.003$，坡向供暖系统入口处。供水立管支管的管径分别为 DN 25×20。图中还标注了各组散热器的数量。供水立管始端和一层散热器回水支管上设置阀门，以方便检修。为便于排气在 4 层供水干管的末端（6、7 号立管顶端）均安装放气阀。

任务四 通风与空调施工图的识读

一、通风与空调施工图识读的相关知识

通风空调施工图由图文和图纸两部分组成。图文部分包括图纸目录、设计施工说明和设备材料明细表；图纸部分包括通风空调系统平面图、剖面图、系统图（轴测图）、原理图和详图等。

1. 设计施工说明

设计施工说明主要包括通风空调系统的概况，系统采用的设计气象参数，房间的设计条件（冬季、夏季空调房间的空气温度、相对湿度、平均风速、新风量、噪声等级、含尘量等），系统的划分与组成（系统编号、服务区域、空调方式等），要求自控时的设计运行工况，风管系统和水管系统的一般规定、风管材料及加工方法、管材、支吊架及阀门安装要求和方法，防腐、保温和减震方法，系统调试和运行方法等。

2. 系统平面图

平面图应标明各层、各空调房间的通风与空调系统的风管及空调设备布置情况，进风管、排风管、冷冻水管、冷却水管和风机盘管的平面位置。它主要包括通风空调系统的平面图、空调机房平面图和制冷机房平面图等。具体内容包括：

（1）根据风管的尺寸大小，在房屋平面图上按比例绘出风管的平面位置，用图例符号绘出送风口、回风口及各种阀门的位置。

（2）标明各段风管的详细尺寸。

（3）标明风管的风量、风速等。

（4）标注平面图的定位轴线尺寸及轴线编号。

3. 系统剖面图

对于在平面图上难以表达清楚的风管和设备的位置等，应加绘剖面图。剖面图主要有系

统剖面图、机房剖面图、冷冻机房剖面图等，一般采用与平面图相同的比例绘制。剖面位置的选择要能反映该风管和设备的全貌，并给出设备、管道中心（或管底）标高和注出距该层地面的高度。

4．系统图

系统图是采用斜等轴测投影法绘出的立体图，它应标明通风空调系统的空间情况，应包括风管的上下楼层间的关系、风管的位置关系、管径和标高等。系统图可用单线绘制也可用双线绘制。

5．原理图

系统原理图是综合性的示意图，它将空气处理设备、通风管路、冷热源管路、自动调节及检测系统连接成一个整体。表达了系统的工作原理及各环节间的关系，常用于比较复杂的通风空调系统中。

6．详图

详图是表示通风与空调系统设备的具体构造和安装情况的图样，并应标明相应的尺寸。一般常需绘制制冷机房安装详图、新风机房安装详图等，也可采用国家标准图集。

二、通风与空调施工图的识读方法

通风空调系统施工图复杂性较大，识读过程中要切实掌握各图例的含义，把握风系统与水系统的独立性和完整性，识读时要弄清系统，摸清环路，分系统进行阅读。

1．认真阅读图纸目录

根据图纸目录了解该工程图纸的张数、图纸名称及编号等概况。

2．认真阅读领会设计施工说明

从设计施工说明中了解系统的形式、系统的划分及设备布置等工程概况。

3．仔细阅读有代表性的图纸

在了解工程概况的基础上，根据图纸目录找出反映通风空调系统布置、空调机房布置、冷冻机房布置的平面图，从总平面图开始阅读，然后阅读其他平面图。

4．辅助性图纸的阅读

平面图不能清楚全面地反映整个系统情况时，应结合平面图上提示的辅助图纸（如剖面图、详图）进行阅读。对整个系统情况，还可配合系统图阅读。

5．其他内容的阅读

在读懂整个系统的前提下，再回头阅读施工说明及设备材料明细表，了解系统的设备安装情况、零部件加工安装详图，从而把握图纸的全部内容。

总之，通风空调工程施工图的识读，只要在掌握各系统的基本原理、基本理论，掌握各系统施工图的投影的基本理论，掌握正确识图方法的基础上，再经过较长时间的识图实践锻炼，即可达到比较熟练的程度。

三、通风与空调施工图实例

1．识读某大厦多功能厅空调施工图

由图 9-14 可以看出该空调系统的空调箱设在机房内，空调机房ⓒ轴线外墙上有一带调节风阀的风管，即新风管，管径为 630mm×1000mm。空调系统的新风由室外经新风管补充到室内。在空调机房②轴线的内墙上，有一回风管消声器，室内大部分空气经此吸入，并回到空调机房。空调机房内设空调箱，空调箱侧下部有一接风管的进风口，新风与回风在空调机房内混合后，被空调箱由此吸入进风口，经冷热处理后，经空调箱顶部的出风口送至送风干管。

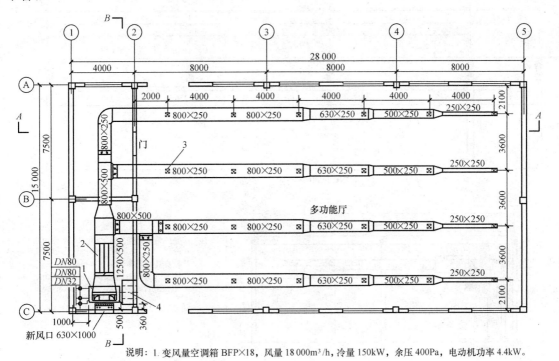

说明：1. 变风量空调箱 BFP×18，风量 18 000m³/h，冷量 150kW，余压 400Pa，电动机功率 4.4kW。

2. 微穿孔板消声器 1250mm×500mm。

3. 铝合金方形散流器 240mm×240mm，共 24 只。

4. 阻抗复合式消声器 1600mm×800mm，回风口。

图 9-14　多功能厅空调平面图

送风经过防火阀，然后经消声器，流入管径为 1250mm×500mm 的送风管，在这里分出一路管径为 800mm×500mm 的分支管；继续向前，经管径为 800mm×500mm 的管道，分支出管径为 800mm×250mm 的第二个分支管，再向前又分支出第三个管径为 800mm×250mm 的分支管。在每个分支管上有尺寸为 240mm×240mm 的送风口 6 只，整个系统共 4 路分支管，共 24 只送风口。送风口采用方形散流器，其间距可由图中查出。空气通过散流器将送风送入多功能厅，然后大部分回风经消声器回到空调机房，与新风混合被吸入空调箱的进风口，完成一次循环。另一小部分室内空气经门窗缝隙渗至室外。

由图 9-15 中 A—A 剖面图可以看出，房间高度为 6m，吊顶距地面高度为 3.5m，风管暗装在吊顶内，送风口直接嵌在吊顶面上，风管底标高为 4.250m，气流组织为上送下回式。

由图 9-15 中 B—B 剖面图可以看出，送风管通过软接头直接从空调箱上接出，沿气流方向高度不断减小，由 500mm 变为 250mm。从该剖面图上还可以看到三个送风支管在总风管上的接口位置，支管断面尺寸分别为 500mm×800mm、250mm×800mm 和 250mm×800mm。

图 9-16 所示系统图则清楚地表明了该空调系统的构成、管道的走向及设备位置等内容。

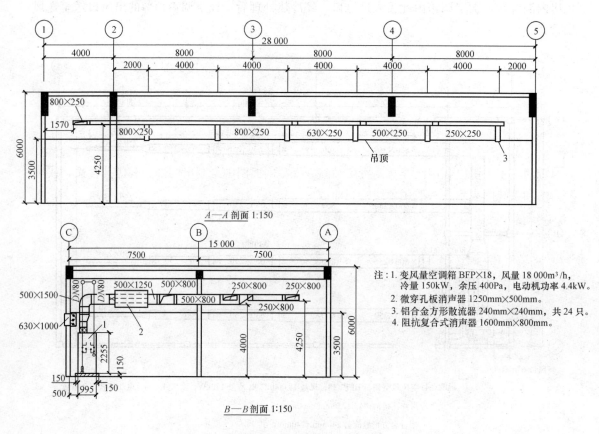

A—A 剖面 1:150

注：1. 变风量空调箱 BFP×18，风量 18 000m³/h，
　　　冷量 150kW，余压 400Pa，电动机功率 4.4kW。
　2. 微穿孔板消声器 1250mm×500mm。
　3. 铝合金方形散流器 240mm×240mm，共 24 只。
　4. 阻抗复合式消声器 1600mm×800mm。

B—B 剖面 1:150

图 9-15　多功能厅空调剖面图

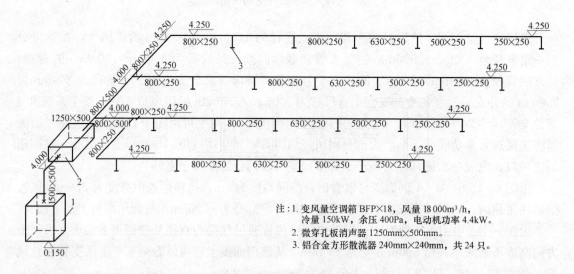

注：1. 变风量空调箱 BFP×18，风量 18 000m³/h，
　　　冷量 150kW，余压 400Pa，电动机功率 4.4kW。
　2. 微穿孔板消声器 1250mm×500mm。
　3. 铝合金方形散流器 240mm×240mm，共 24 只。

图 9-16　多功能厅空调系统图

　　将平面图、剖面图、系统图对应起来看，可以清楚地了解这个多功能厅空调系统的情况，首先是多功能厅的空气从地面附近通过消声器被吸入空调机房，同时新风也从室外被吸入到空调机房，新风与回风混合后从空调箱进风口被吸入到空调箱内，经过空调箱处理后经送风管送至多功能厅方形散流器，空气便送入多功能厅。这显然是一个一次回风（新风与室内回风在空调箱内混合一次）的全空气系统。

2. 识读冷、热媒管道施工图

对空调送风系统而言，处理空气的空调需供给冷冻水、热水或蒸汽。制造冷冻水就必须设置制冷系统。安装制冷设备的房间则称为制冷机房。制冷机房制造的冷冻水，通过管道送至机房内的空调箱中，使用过的冷水则需送回机房经处理后循环使用。

由此可见，制冷机房和空调机房内均有许多冷、热媒管道，分别与相应的设备相连接。在多数情况下，可以利用已在空调机房和制冷机房剖面图中绘制出的部分表达其含义，或用平面图和系统图表示。一般用单线绘制即可。

如图 9-17～图 9-19 所示，以某空调系统中冷、热媒管道施工图为例，说明其识读方法。

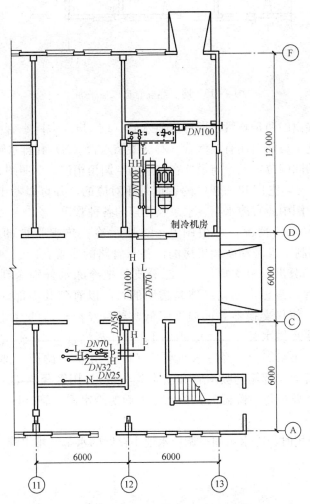

图 9-17　冷、热媒管道底层平面图

图 9-17 和图 9-18 所示为冷、热媒管道系统的一层平面图和二层平面图。由图 9-17 可

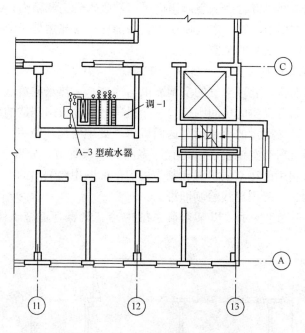

图 9-18　冷、热媒管道二层平面图

以看出从制冷机房接出的两条长管子即冷水供水管（L）与冷水回水管（H），水平转弯后，就垂直向上走。在这个房间内还有蒸汽管（Z）、凝结水管（N）和排水管（P），它们都吊装在该房间靠近顶棚相同的位置上，与设置在二层的空调箱相连。对照图 9-18 二层平面中调-1 空调机房的布置情况，它们和一层中的管道是相对应的，并可以看出各类管道的布置情况。在制冷机房平面图中还有冷水箱、水泵及相连的各种管道。

　　各管道在空间方向的情况，可由图 9-19 所示冷、热媒管道的系统图来表示。从图 9-19 中可以看到制冷机房和空调机房的设备与管路的布置，冷、热媒系统的工作运行情况。由调-1 空调箱分出三根支管，一、二分支管把冷冻水分别送到二排喷水管的喷嘴喷出。为标明喷水管，假想空调箱箱体是透明的，可以看到其内部的管道情况。第三分支管通往热交换器，使热交换器表面温度降低，导致经换热器的空气得到冷却降温。如需要加热，则关闭冷水供水管（L）上的阀门，打开蒸汽管（Z）上的阀门将蒸汽供给热交换器；从热交换器出来的冷水经冷水回水管（H），并与空调箱下部接出的两根回水管汇合（这两根回水管与空调箱的吸水管和溢水管相接），用管径为 $DN\,100$ 的管道接到冷水箱。冷水箱中的水要进行再降温时，由水箱下面的冷水回水管（H）接至水泵，送到制冷机组进行降温。

　　当空调系统不使用时，冷水箱和空调箱水池中存留的水都经排水管（P）排净。

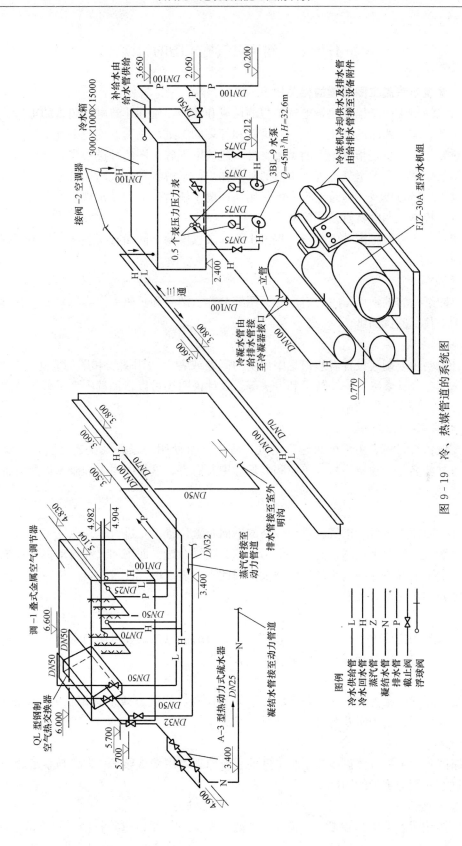

图 9 - 19　冷、热媒管道的系统图

任务五　建筑电气施工图的识读

一、建筑电气施工图识读的相关知识

建筑电气施工图是描述建筑电气工程的构成和功能，阐述建筑电气装置的工作原理，指导电气设备和电气线路的安装、运行、维护和管理的图纸；是编制建筑电气工程预算和施工方案的重要依据，也是指导施工的重要文件。建筑电气施工图的种类很多，阅读建筑电气施工图，不但要掌握有关电气工程施工图的基本知识，了解各种电气图形符号，了解电气图的构造、种类、特点以及在建筑工程中的作用，还要了解电气图的基本规定和常用术语，掌握建筑电气工程施工图的特点及阅读的方法。

建筑电气工程施工图的内容随工程大小及复杂程度的不同而有所差异，其主要有以下几部分组成：

1. 图纸目录

它是图纸内容的索引，主要有序号、图纸名称、图号和页码等内容，可便于有目的、有针对性的查找、阅读图纸。

2. 设计说明

设计说明主要阐述设计者应该集中说明的问题或者无法用图线和图例表达清楚的内容，如设计依据、设计参数、安装要求和方法等。设计说明还可以帮助读图者了解设计意图和工程施工要求，提高读图效率。

3. 主要设备与材料表

主要设备与材料表用于列出建筑电气工程设计所使用的设备及主要材料，主要包括序号、设备材料名称、规格型号、单位和数量等主要内容。这是编写工程概预算及设备、材料采购的依据。

4. 电气平面图

电气平面图表示各种电气设备与线路的平面布置位置，是进行建筑电气工程施工的重要依据。一般包括照明平面图、防雷平面图、综合布线系统平面图和火灾自动报警系统施工平面图等。由于电气平面图缩小的比例较大，因此不能表现电气设备的具体位置，只能反映电气设备之间的相对位置关系。

5. 电气系统图

电气系统图主要表示整个工程或其中某一项目的供电方式和电能输送之间的关系，也用来表示某一装置和主要组成部分的电气关系。

6. 设备布置图

设备布置图表示各种电气设备平面与空间的位置、安装方式及其相互关系，由平面图、立面图、断面图、剖面图及各种构件详图等组成。

7. 电路图

电路图表示某一具体设备或系统电气的工作原理，用来指导某一设备与系统的安装、接线、调试、使用与维护的图纸。

8. 安装接线图

安装接线图表示成套装置、设备或装置的连接关系，用以进行接线和检查的一种简图，在进行系统校线时配合电路图能很快查出元件接点位置及错误。

9. 大样图

大样图，又称详图，用于表示电气工程中某一设备、装置的具体安装方法，也可以选用国家标准图集。

二、建筑电气施工图的识读方法

阅读建筑电气施工图通常可先浏览全部图纸了解工程概况，对于重点内容可以反复阅读。可按照安装方法查看大样图，技术要求查看规范的原则进行。

读图时，应先看标题栏及图纸目录，以了解工程名称、项目内容、设计日期及图纸数量和内容等；然后阅读图纸说明，以了解工程总体概况及设计依据，了解图纸中未能表达清楚的各有关事项，如供电电源的来源、电压等级、线路敷设方法、设备安装高度及安装方式、补充使用的非国标图形符号、施工应注意的事项等。对于分项工程，也要先看其设计说明；再看系统图，以了解系统的基本组成、主要电气设备、元件等连接关系及它们的规格、型号、参数等，以掌握系统的组成概况。接下来阅读平面布置图，如照明平面图，防雷、接地平面图，火灾自动报警系统平面图，综合布线系统平面图等，以了解设备安装位置、线路敷设部位、敷设方法及所用导线型号、规格、数量等。最后，对于平面图和系统图表述不清楚的，需要配合大样图进行阅读。

建筑电气工程施工图一般按照进线→总配电箱→干线→支干线→分配电箱→用电设备的顺序进行阅读。

三、建筑强电施工图实例

建筑强电施工图包括 380V/220V 供配电系统、照明系统和防雷及接地系统施工图。

1. 识读供配电系统施工图

某综合楼总配电柜系统图如图 9-20 所示。该建筑物为三相四线电缆进户，配电柜 AA 采用 GZI 系列配电柜，其防护等级为 IP 55。主开关带有漏电保护，漏电动作电流 500mA。柜内设有电泳保护器，型号为 PRD40-4P。保护开关型号为 C665NC20 4P，主开关后设有电流互感器及电度表，型号分别为 LMZ-1-0.5 400/5 及 DT 862-5(10)A。配电柜共配出 9 路电源，其中门市二路，P 1 回路干线 YJV(4×25 + 1×16)-PC 50—WC，表示为 4 根截面积为 25mm² 和 1 根截面积为 16mm² 的交联聚氯乙烯绝缘聚氯乙烯护套电力电缆，穿 De50 的硬塑料管暗敷设在墙内；保护开关 NC 100 H-C 80 A-3 P，表示型号为 NC100H 的高分断小型断路器，动作电流 80A，三极，P2～P7 回路与 P 1 回路类似。

2. 识读照明平面图

图 9-21 为某办公实验楼一层照明平面图。由图可知，该楼进户点位于③轴线和ⓒ轴线交叉处，进户线采用 16mm² 铝芯聚氯乙烯绝缘导线穿钢管由室外引至室内照明配电箱。

接待室安装了三种灯具，花灯一盏，装有 7 个 60W 白炽灯泡，链吊式安装，安装高度 3.5m；3 管荧光灯 4 盏，灯管功率为 40W，采用吸顶安装；壁灯 4 盏，每盏装有 40W 白炽灯泡 3 个，安装高度 3m；单相带接地孔的插座 2 个，暗装。总计 9 盏灯由 11 个单极开关控制。

会议室装有双管荧光灯 2 盏，灯管功率为 40W，采用链吊安装，安装高度 2.5m，由 2 只单极开关控制；另外还装有吊扇 1 台，带接地插孔的单相插座 1 个。

两个研究室分别装有 3 管荧光灯 2 盏，灯管功率 40W，链吊式安装，安装高度 2.5m，

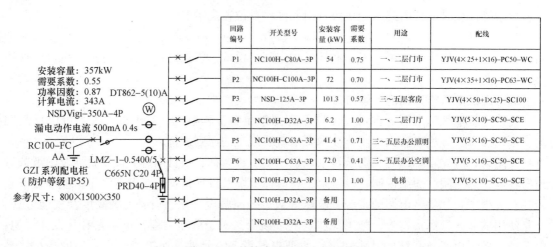

安装容量：357kW
需要系数：0.55
功率因数：0.87　　DT862-5(10)A
计算电流：343A　　Ⓦ
NSDVigi-350A-4P
漏电动作电流 500mA 0.4s
RC100-FC
AA
GZI 系列配电柜　　LMZ-1-0.5400/5
（防护等级 IP55）　C665N C20 4P
参考尺寸：800×1500×350　PRD40-4P

回路编号	开关型号	安装容量(kW)	需要系数	用途	配线
P1	NC100H-C80A-3P	54	0.75	一、二层门市	YJV(4×25+1×16)-PC50-WC
P2	NC100H-C100A-3P	72	0.70	一、二层门市	YJV(4×35+1×16)-PC63-WC
P3	NSD-125A-3P	101.3	0.57	三～五层客房	YJV(4×50+1×25)-SC100
P4	NC100H-D32A-3P	6.2	1.00	一、二层门厅	YJV(5×10)-SC50-SCE
P5	NC100H-C63A-3P	41.4	0.71	三～五层办公照明	YJV(5×16)-SC50-SCE
P6	NC100H-C63A-3P	72.0	0.41	三～五层办公空调	YJV(5×16)-SC50-SCE
P7	NC100H-D32A-3P	11.0	1.00	电梯	YJV(5×10)-SC50-SCE
	NC100H-D32A-3P	备用			
	NC100H-D32A-3P	备用			

图 9-20　某综合楼总配电柜系统图

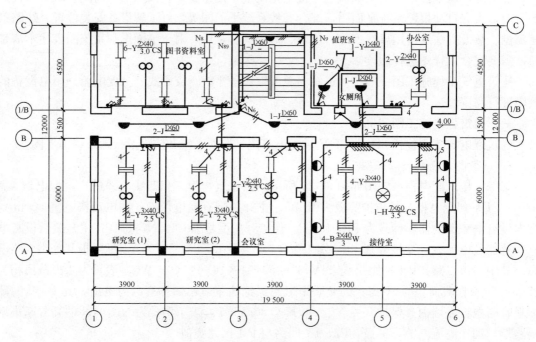

图 9-21　某办公实验楼一层照明平面图

均用 2 个单极开关控制；另有吊扇 1 台，单相带接地插孔插座 2 个，采用暗装。

图书资料室装有双管荧光灯 6 盏，灯管功率 40W，链吊式安装，安装高度 3m；吊扇 2 台；6 盏荧光灯由 6 个单极开关分别控制。

办公室装有双管荧光灯 2 盏，灯管功率 40W，吸顶安装，各用 1 个单极开关控制；还装有吊扇 1 台。值班室装有 1 盏单管 40W 荧光灯，吸顶安装；还装有 1 盏半圆球吸顶灯，内装 1 只 60W 白炽灯泡；2 盏灯各自用 1 个单极开关控制。

女厕所、走廊和楼梯均安装有半圆球吸顶灯，每盏 1 个 60W 的白炽灯泡，共 7 盏。在两楼层间的休息平台处设置楼梯灯 1 盏，采用吸顶安装，内设 1 个 60W 白炽灯泡，采用两只双控开关分别在二楼和一楼控制。

3. 识读防雷及接地工程施工图

（1）识读防雷工程施工图。图9-22为某办公楼屋面防雷平面图。防雷接闪器采用避雷带，避雷带的材料用直径为12mm的镀锌圆钢。避雷带沿女儿墙敷设，每隔1m设一支柱。当屋面为平屋面时避雷带沿混凝土支座敷设，支座距离为1m。屋面避雷网格在屋面顶板内50mm处敷设。

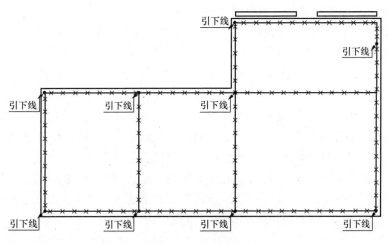

图9-22　某办公楼屋面防雷平面图

（2）识读接地工程施工图。图9-23为某住宅楼接地电气施工图的一部分，防雷引下线与建筑物防雷部分的引下线对应。在建筑物转角1.8m处设置断接卡子；在建筑物两端−0.8m处设置有接地端子板，用于外接人工接地体。在住宅卫生间的位置，设置LEB等电位接地端子板，用于对各卫生间的局部等电位可靠接地；在配电间距地0.3m处，设有

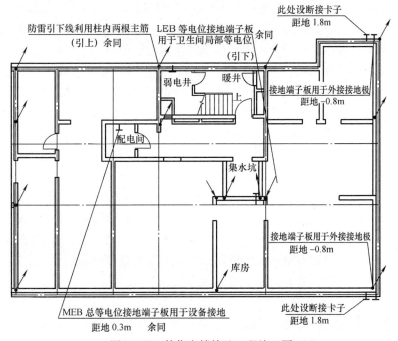

图9-23　某住宅楼接地工程施工图

MEB 总等电位接地端子板，用于设备接地。

四、建筑弱电施工图实例

建筑弱电系统涉及的知识范围较为广泛，掌握各部分弱电系统的基本知识对弱电系统识图具有非常重要的作用，因此应了解弱电系统中所涉及的各种设备的基本功能、特点、工作方式和技术参数等。只有对弱电系统有较好的理解才能对施工图有较为深入的领会和掌握。

（一）识读卫星数字电视及有线电视系统施工图

某住宅楼共 12 层，为民用智能住宅。电视接收天线和两副卫星电视接收天线设置在楼顶，有线电视前端设置在楼顶水箱间内。系统干线采用 SYWV-75-9 型同轴电缆，穿直径为 32mm 的镀锌钢管保护；分支线使用 SYWV-75-5 型同轴电缆，穿直径为 20mm 的镀锌钢管保护，沿地面和墙暗敷。

该住宅楼有线电视干线分配系统图如图 9-24 所示。来自前端的信号送至 12 层楼的分配箱并经干线放大器将信号放大 25dB 后，再由二分配器经 SYWV-75-9 型同轴电缆送至此住宅楼和其他住宅楼。该住宅楼的电视信号用三分配器分成 3 路分别向 3 个单元输送。各单元每层楼的墙上暗装有分支箱，箱顶边距离顶棚 0.3m。为使各层电平基本一致，将每 4 层楼分为一组，每层楼装有一个四分支器。分支器的主路输入端和主路输出端串联使用，由支路输出端经 SYWV-75-5 型同轴电缆将信号送至用户端。

图 9-25 为一个单元标准层的有线电视系统平面图，从图中可看出用户端的平面安装位置，电视出线口底边距地 0.3m。

（二）识读视频监控系统施工图

小型银行的监控应能实现门口人员进出状况、各类柜台来客情况、现金出纳台人员流动情况以及金库实时状态的监视和记录。除监控室进行实况监视和记录外，经理室也可选择所需要的监视图像。

通过图 9-26 某小型银行视频监控系统平面图可知，此系统用 5 台摄像机分别监视营业厅、柜台、金库、办公室兼监控室四个场所；门口人员进出状况监视用摄像机采用电动云台，其他部位摄像机采用固定云台，摄像机罩选择室内防护型；金库监视摄像机采用定焦距广角自动光圈镜头摄像机，为了便于隐蔽安装，防止盗贼发现，金库可采用针孔镜头摄像机；银行营业厅柜台有大量的现金交易，摄像监视的重点是柜台前顾客的脸部、职员本身、桌面现金、钞票色泽，每两位柜员设置一台摄像机，脸部在监视器上至少要 2cm 左右画面，采用半球型彩色摄像机（定焦带自动光圈镜头）；营业厅的出入口是摄像监视的重点之一，出入口大多直对室外，在室外阳光的照射下进入室内会产生强烈的逆光，所以采用"三调"（调焦距、调光圈、调整聚焦）自动光圈镜头，以保证摄像机所摄画面清晰。

通过图 9-27 某小型银行视频监控系统图可知，5 台摄像机输出的视频信号先进入继电器控制式视频切换器，控制信号由监控室或经理室的控制器分路输出，用以选择各自所需监视的图像；监控室和经理室分别采用一台专用黑白监视器进行监视，监控室用一台 VHS 录像机进行记录；摄像机到监控室间的传输部分应设置一台视频时间信号发生器，使摄像机输出的图像信号叠加上时间信号，供录像机记录之用。

（三）识读防盗报警系统施工图

图 9-28 为某大厦防盗报警系统图。该大厦是一幢现代化的 9 层涉外商务办公楼。根据大楼特点和安全要求，在首层各出入口各配置 1 个双鉴探头（被动红外/微波探测器），共配

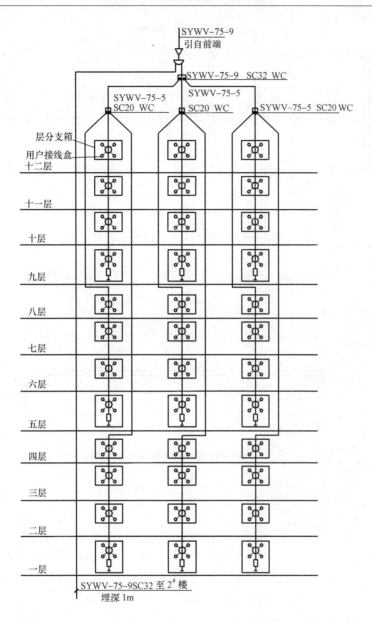

图 9-24　某住宅楼电视干线分配系统图

置 4 个双鉴探头，对所有出入口的内侧进行保护。二楼至九楼的每层走廊进出通道，各配置 2 个双鉴探头，共配置 16 个双鉴探头；同时每层各配置 4 个紧急按钮，共配置 32 个紧急按钮。紧急按钮安装位置视办公室具体情况而定。

保安中心设在二楼电梯厅旁，面积约 $10m^2$。管线利用原有弱电桥架为主线槽，用 SC 20 管引至报警探测点。防盗报警系统采用美国（ADEMCO）（安定宝）大型多功能主机 4140XMPT2。该主机有 9 个基本接线防区，采用总线式结构，扩充防区十分方便，最多可扩充 87 个防区，并具备多重密码、布防时间设定、自动拨号及"黑匣子"记录等功能。

4208 为总线式 8 区（提供 8 个地址）扩展器，可以连接 4 线探测器。6139 为 LCD 键盘。

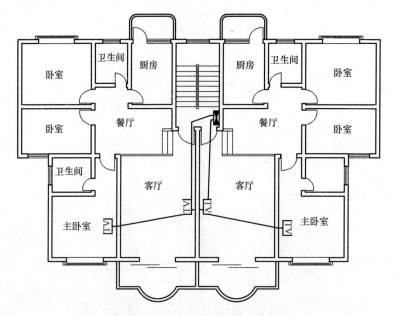

图 9-25 标准层有线电视系统平面图

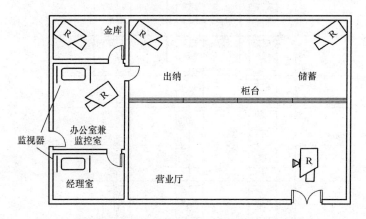

图 9-26 某小型银行视频监控系统平面图

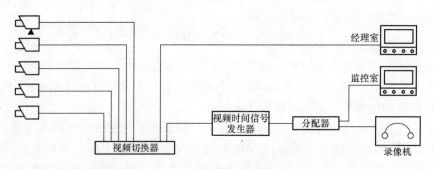

图 9-27 某小型银行视频监控系统图

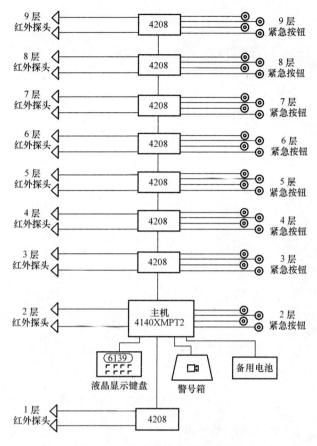

图 9-28 某大厦防盗报警系统图

（四）识读火灾自动报警与联动控制系统施工图

以某综合楼火灾自动报警与联动控制工程为例进行识读图练习。

1. 识读设计说明

某综合楼，建筑总面积 $7000m^2$，总高度 30m；地下 1 层、地上 8 层。本建筑火灾自动报警系统保护对象为二级；消防控制室与广播音响控制室合用，位于一层，并有直通室外的门；地下层的汽车库、泵房和顶楼冷冻机房选用感温探测器，其他场地选用感烟探测器；消防泵、喷淋泵和消防电梯为多线联动，其余设备为总线联动；火灾应急广播与背景音乐系统共用，火灾时强迫切换至消防广播状态，平面图中竖井内 1825 模块即为扬声器切换模块；消防控制室设有消防专用电话，消防泵房、配电室、电梯机房设固定消防对讲电话，手动报警按钮带电话塞孔；火灾报警控制器为柜式结构，火灾显示盘底边距地 1.5m 挂墙安装，探测器吸顶安装，消防电话和手动报警按钮中心距地 1.4m 安装，消火栓按钮设置在消火栓箱内，控制模块安装在被控设备控制柜内或与其上边平行的近旁；消防用电设备的供电线路采用阻燃电线电缆沿阻燃桥架敷设，火灾自动报警系统线路、联动控制线路、通信线路和应急照明线路为 BV 线穿钢管沿墙、地和楼板暗敷。

2. 识读系统图

图 9-29 为该工程系统图，图中 WDC——直接启动泵；FC1——联动控制总线 BV-2×

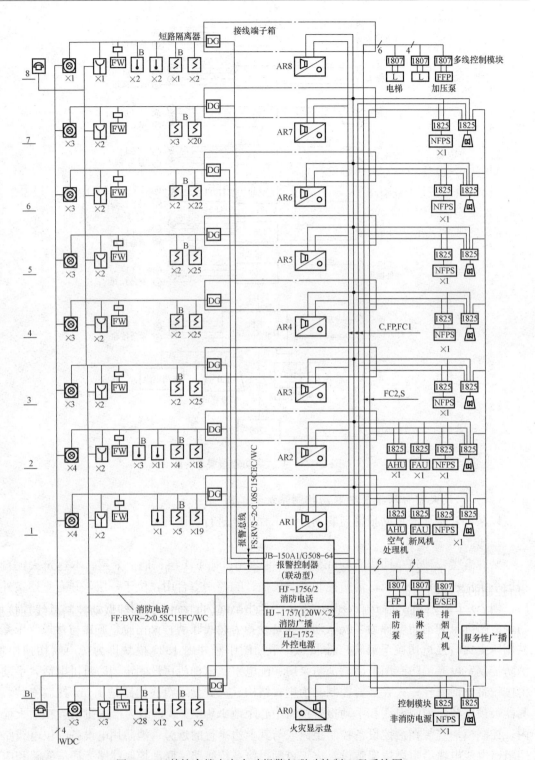

图 9-29　某综合楼火灾自动报警与联动控制工程系统图

1.0SC15WC/FC/CE；C-RS-485——通信总线 RVS-2×1.0SC15WC/FC/CEC；FC2——多线联动控制线 BV-2×1.5SC20WC/FC/CEC；FP-24VDC 主机电源总线 BV-2×4SC15WC/

FC/CEC；S——消防广播线 BV-2×1.5SC15WC/FC/CEC。

一层装设有报警控制器（联动型）JB-150A1/G508-64、消防电话 HJ-1756/2、消防广播 HJ-1757（120W×2）和外控电源 HJ-1725；每层安装一个接线端子箱，接线端子箱中装有短路隔离器 DG；每层安装一个火灾显示盘 AR。

报警控制器引出四条报警总线 FS。线路标注：RVS-2×1.0SC15CEC/WC 铜芯双绞塑料连接软线，每根线芯截面 1.0mm²，穿管径 15mm 钢管，沿顶棚、沿墙暗敷设。

第一条报警总线引至地下一层，有感烟探测器（母座）5 个、感烟探测器（子座）1 个、感温探测器（母座）12 个、感温探测器（子座）28 个、水流指示器、手动报警按钮 3 个、消火栓箱报警按钮 3 个。同时，手动报警按钮与消防电话线路相连接，消火栓箱报警按钮又引出 4 条连接线 WDC，以直接启动泵。图中的火灾探测器标有 B 的为子座，没有标 B 的为母座，母座和子座使用同一地址码，其他各层与此相同。

第二条报警总线引至一～三层。一层有感烟探测器（母座）19 个、感烟探测器（子座）5 个、感温探测器 1 个、水流指示器、手动报警按钮 2 个、消火栓箱报警按钮 4 个；二层有感烟探测器（母座）18 个、感烟探测器（子座）4 个、感温探测器（母座）11 个、感温探测器（子座）3 个、水流指示器、手动报警按钮 2 个、消火栓箱报警按钮 4 个；三层有感烟探测器（母座）25 个、感烟探测器（子座）2 个、水流指示器、手动报警按钮 2 个、消火栓箱报警按钮 3 个。

第三条报警总线引至四～六层。

第四条报警总线引至七、八层。

消防电话 FF 采用 BVR-2×0.5SC15FC/WC，表示消防电话线使用 2 根 0.5mm² 铜芯塑料软线，穿 DN 15 钢管，沿地面（板）、沿墙暗敷设，引至地下一层的火灾报警电话，还与各层手动报警按钮相连。

C——RS-485 通信总线 RVS-2×1.0SC15WC/FC/CEC，使用铜芯双绞塑料连接软线，沿墙、地面（板）、顶棚暗敷设，连接各层火灾显示盘 AR。

FP——24VDC 主机电源总线 BV-2×4SC15WC/FC/CEC，使用铜芯塑料绝缘导线，连接各层火灾显示盘 AR 和控制模块 1825 所控制的各联动设备。

FC1——联动控制总线 BV-2×1.0SC15WC/FC/CEC，联动控制总线连接控制模块 1825 所控制的各联动设备。

FC2——多线联动控制总线 BV-2×1.5SC20WC/FC/CEC，多线联动控制总线连接控制模块 1807 所控制的消防泵、喷淋泵、排烟风机和设置于八层的电梯、加压泵等。

S——消防广播线 BV-2×1.5SC15WC/CEC，连接各层警报发声器，广播还有服务广播，与消防广播的扬声器合用。

3. 识读平面图

图 9-30 为某综合楼火灾自动报警与联动控制工程地上 1 层平面图。因报警控制器装设于一层，所以，平面图从一层看起。报警控制器放置于消防及广播值班室内，共引出四条线路。

第一条线路引向②轴线，有 FS、FC1、FC2、FP、C、S 等 6 条线路，再引向地下一层。

第二条线路引向③轴线，再进入本层接线端子箱（火灾显示盘 AR1）。FS 引向②、③

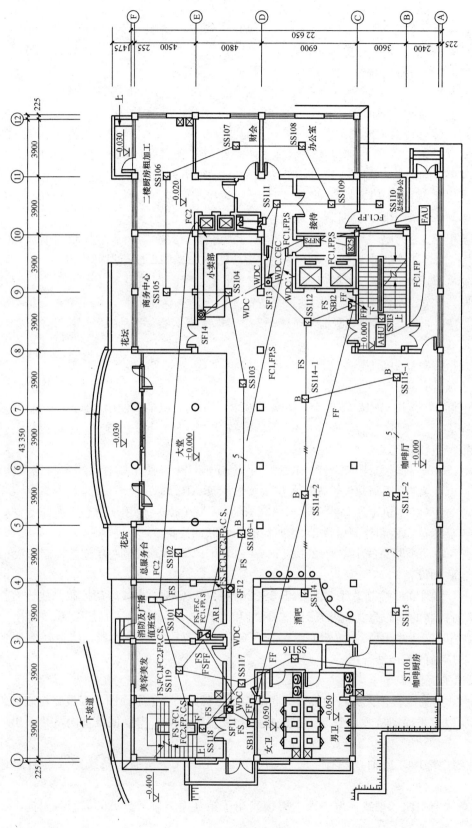

图 9 - 30　某综合楼火灾自动报警与联动控制工程底层平面图

轴线之间的感烟火灾探测器 SS119。FS 引向③、④轴线之间的感烟火灾探测器 SS101。①、②线路上有一层的 19 个感烟火灾探测器（母座）SS101~SS119；5 个感烟火灾探测器（子座）SS115-1、SS115-2、SS114-1、SS114-2、SS103-1；1 个感温火灾探测器 ST101，最后合成一个环线。其中 SS114、SS114-1、SS114-2 之间配 3 根线，SS115、SS115-1、SS115-2 之间配 5 根线。为减少配线路径，线路中也设有几条分支，如 SS110、SS113、SS118 等。图中 SS 为感烟探测器的文字符号标注，ST 为感温探测器的文字符号标注。

FF 引向②轴线与Ⓓ轴线相交处的手动报警按钮 SB11，并在此向上引线至 SB21；有引向⑨轴线和Ⓒ轴线相交处的 SB12，并在此分别向上至 SB22 和向下引线至⑧轴线处的 SB01。

引向⑩轴线处的 NFPS，有 FC1、FP、S 等线路。NFPS 接 FP 和 FC1，有连接到⑩轴线处的新风机 FAU 和⑧轴线处、楼梯间中的空气处理机 AHU；控制模块 1825 接 FC1、FP、S，又连接扬声器。一层的 4 个消火栓箱报警按钮 SF11 装设于②轴线与Ⓔ轴线相交处，并连接 SS118、SB11、WDC（向下引）、SF12；SF12 装设与④轴线与Ⓔ轴线相交处，连接 SS103-1 和报警控制器；SF13 装设于Ⓓ轴线与⑨轴线相交处，连接 SS111、SS112、WDC（向下引）、WDC 引至 SF14、WDC 引至电梯间墙再向上引；SF14 装设于⑧、⑨轴线之间的Ⓔ轴线处，连接 SS104。

第三条线路引向④轴线，再向上引线，有 FS、FC1、FC2、FP、C、S 等 6 条线路。

第四条线路引向⑩轴线，为 FC2，再向下引线。

复 习 思 考 题

1. 当整张图纸都采用同一比例绘制时，可以将比例统一注写在什么位置？

2. 标高的单位是什么？一般注写到小数点后几位？

3. 在给排水和暖通空调施工图中，设备器具与附件用什么方式表示？绘制时有无比例要求？

4. 管道的标注方式因管材的不同而有所区别，试举例说明不同管材的管径表示方法。

5. 建筑给排水施工图中的平面图主要表示哪些内容？

6. 多层建筑各层卫生器具的排水横管一般应设在哪层空间内？此管在平面图上应在哪一层表示？

7. 阅读供暖平面图首先要查明哪些管道的位置与走向？

8. 试举例说明不同类型散热器的标注方法。

9. 通风空调施工图中哪些图样的绘制是不按比例完成的？

10. 通风空调系统图是按什么投影法绘制的？它重点标示了哪些内容？

11. 简述常用建筑电气线路及设备的标注方法和要求。

12. 建筑电气施工图都包括哪些内容？

13. 简述识读电气平面图和系统图的方法和步骤。

14. 图 9 - 31 为某建筑一层设置的集中式空调系统平面图，试阅读图纸，回答下面的问题：（1）气流组织方式是什么类型？（2）风管的截面尺寸有变化吗？（3）指出回风口上的位置及型式。

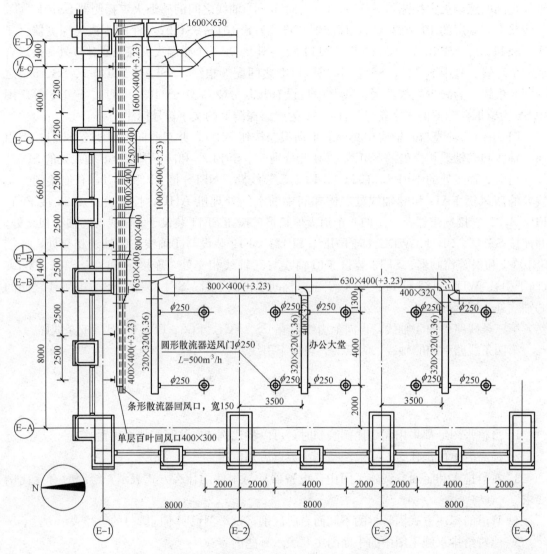

图 9-31 某建筑一层集中式空调系统平面图

任 务 实 训

以某建筑设备施工图为例，分角色模拟建设单位、施工单位、设计单位和监理单位进行图纸会审，并填写《图纸会审记录》和《设计变更（洽商）记录》。

附录 A 设备施工图图例

附表 A-1   给 排 水 施 工 图 图 例

序号	名 称	图 例	序号	名 称	图 例
1	生活给水管道	———— J ————	17	承插连接	
2	排水管道	- - - - P ————	18	活接头	
3	管道立管	XL-1 平面 / XL-1 系统	19	管堵	
4	三通连接		20	法兰堵盖	
5	四通连接		21	闸阀	
6	管道交叉		22	角阀	
7	保温管		23	三通阀	
8	多孔管		24	截止阀	$DN \geqslant 50$ $DN < 50$
9	防护套管		25	减压阀	
10	存水弯		26	旋塞阀	平面 系统
11	立管检查口		27	球阀	
12	清扫口	平面 系统	28	止回阀	
13	通气帽	成品 铅丝球	29	水龙头	
14	雨水斗	YD- 平面 / YD- 系统	30	洒水栓	
15	地漏		31	室内单口消火栓	平面 系统
16	法兰连接		32	室内双口消火栓	平面 系统

续表

序号	名　称	图　例	序号	名　称	图　例
33	水泵接合器	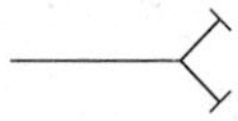	42	小便器	
34	开式喷头	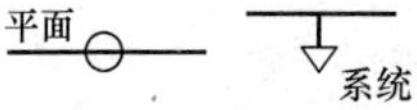 平面　　系统	43	蹲式大便器	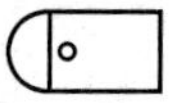
35	闭式喷头	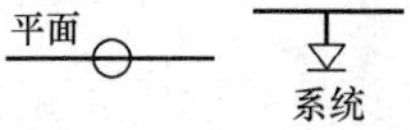 平面　　系统	44	坐式大便器	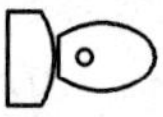
36	侧式喷头	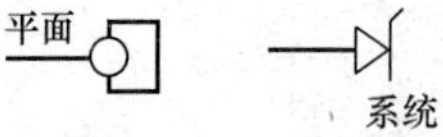 平面　　系统	45	小便槽	
37	洗脸盆	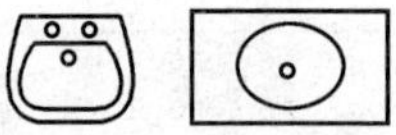	46	淋浴喷头	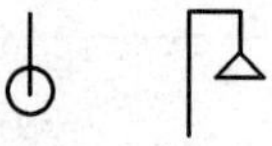
38	浴盆	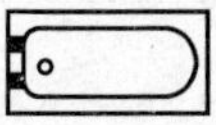	47	离心式水泵	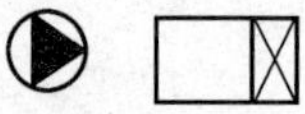
39	洗涤盆	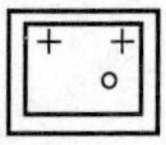	48	温度计	
40	盥洗槽	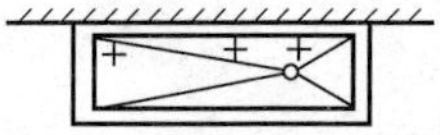	49	压力表	
41	污水池		50	水表井	

附表 A-2　　　　　　供暖工程施工图图例

序号	名　称	图　例	序号	名　称	图　例
1	采暖供水管 采暖回水管	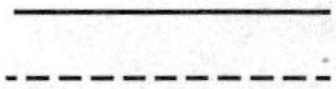	7	丝堵	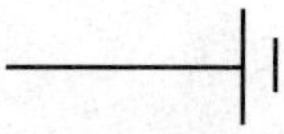
2	方形补偿器		8	滑动支架	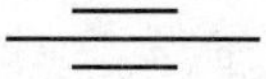
3	套管补偿器	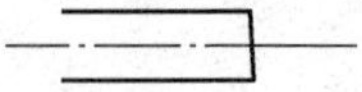	9	固定支架	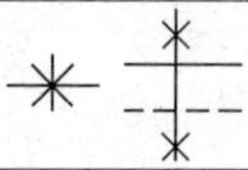
4	波形补偿器	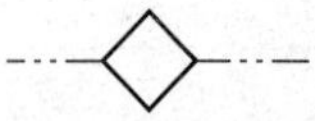	10	安全阀	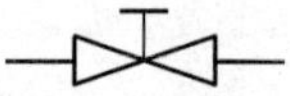
5	弧形补偿器		11	膨胀阀	
6	流向		12	手动排气阀	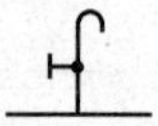

序号	名　称	图　例	序号	名　称	图　例
13	自动排气阀		17	集气罐	
14	疏水器		18	过滤器	
15	散热器		19	除污器	
16	带放风门的散热器		20	暖风机	

附表 A - 3　　　　通风空调工程施工图图例

序号	名　称	图　例	序号	名　称	图　例
1	送风系统	S ————	12	冷凝水管	——— n ———
2	排风系统	P ————	13	送风管、新（进）风管	
3	空调系统	K ————			
4	新风系统	X ————	14	回风管、排风管	
5	回风系统	H ————			
6	排烟系统	PY ————	15	混凝土或砖砌风道	
7	蒸汽管	—— Z ——	16	异径风管	
8	凝结水管	—— N ——	17	天圆地方	
9	膨胀水管	—— P ——	18	柔性风管	
10	空调供水管	—— L_1 ——	19	风管检查孔	
11	空调回水管	—— L_2 ——	20	风管测定孔	

序号	名　称	图　例	序号	名　称	图　例
21	矩形三通		38	轴流式通风机	
22	圆形三通		39	离心式水泵	
23	安全阀		40	制冷压缩机	
24	闸阀		41	水冷机组	
25	手动排气风阀		42	空气过滤器	
26	插板阀		43	空气加热器	
27	蝶阀		44	空气冷却器	
28	手动对开式多叶调节阀		45	空气加湿器	
29	止回阀		46	窗式空调器	
30	送风口		47	风机盘管	
31	回风口		48	消声器	
32	方形散流器		49	减震器	
33	圆形散流器		50	消声弯头	
34	伞形风帽		51	喷雾排管	
35	锥形风帽		52	挡水板	
36	筒形风帽		53	水过滤器	
37	离心式通风机		54	通风空调设备	

附表 A - 4   **建筑电气施工图图例**

序号	名 称	图 例	序号	名 称	图 例
1	屏、台、箱、柜一般符号		16	隔爆灯	
2	照明配电箱		17	投光灯	
3	动力或动力—照明配电箱		18	泛光灯	
4	事故照明配电箱		19	广照型灯	
5	各种灯具一般符号		20	深照型灯	
6	荧光灯		21	乳白玻璃球型灯	
7	双管荧光灯		22	防水防尘灯	
8	防爆荧光灯		23	应急灯	
9	三管荧光灯		24	局部照明灯	
10	五管荧光灯		25	安全灯	
11	壁灯		26	排风扇	
12	花灯		27	两根导线	
13	半圆球吸顶灯		28	三根导线	
14	聚光灯		29	四根导线	
15	防爆灯		30	n 根线	

续表

序号	名　称	图　例	序号	名　称	图　例
31	进户线		45	三极开关（暗装）	
32	单极开关		46	三极密闭开关	
33	单极开关（暗装）		47	三极防爆开关	
34	单极密闭开关（防水）		48	单相插座一般符号	
35	单极防爆开关		49	单相插座（暗装）	
36	单极拉线开关		50	单相插座（密闭）	
37	单极双控开关		51	单相插座（防爆）	
38	单极双控拉线开关		52	带保护接点插座一般符号	
39	单极延时开关		53	带保护接点插座（暗装）	
40	双极开关		54	带保护接点插座（防爆）	
41	双极开关（暗装）		55	带保护接点插座（密闭）	
42	双极密闭开关		56	插座箱	
43	双极防爆开关		57	不间断电源	
44	三极开关		58	吊式风扇	

附表 A-5 建筑电气与智能化工程图例

序号	名 称	图 例	序号	名 称	图 例
1	自动消防设备控制装置	AFE	17	火灾声、光警报器	
2	消防联动控制装置	IC	18	火灾警报扬声器	
3	缆式线型定温探测器	CT	19	水流指示器	F
4	感温探测器		20	压力开关	P
5	感温探测器（非地址码型）	N	21	带监视信号检修阀	
6	感烟探测器		22	报警阀	
7	感光火灾探测器		23	防火阀（需表示风管的平面图用）	
8	气体火灾探测器（点型）		24	防烟防火阀（280℃熔断开关）	ϕ_{280E}
9	复合式感烟感温探测器		25	排烟防火阀	
10	复合式感光感烟探测器		26	增压送风口	
11	点型复合式感光感温探测器		27	排烟口	SE
12	线型差定温火灾探测器		28	排风扇	∞
13	线型可燃气体探测器		29	手动火灾报警按钮	
14	火警电铃		30	消火栓起泵按钮	
15	警报发声器		31	火灾报警电话机（对讲电话机）	
16	火灾光警报器		32	火灾电话插孔（对讲电话插孔）	T

序号	名　称	图　例	序号	名　称	图　例
33	应急疏散 指示标志灯	EEL	48	电控门锁	EL
34	应急疏散照明灯	EL	49	电磁门锁	ML
35	配电箱（切断非 消防电源用）		50	门磁开关	
36	电控箱（电梯迫降）	LT	51	出门按钮	
37	煤气管道阀门 执行器	V	52	非接触式读卡机	
38	防盗探测器		53	保护巡逻打卡器	
39	防盗报警控制器		54	层接线箱	
40	超声波探测器	U	55	对讲电话分机	
41	微波探测器	M	56	可视对讲机	
42	振动探测器	V	57	可视对讲户外机	
43	压敏探测器	P	58	读卡机	
44	被动红外线探测器	IR	59	指纹读入机	
45	主动红外线探测器	Tx —IR— Rx	60	保安控制器	
46	遮挡式微波探测器	Tx —M— Rx	61	彩色电视接收机	
47	玻璃破碎探测器	B	62	对讲门口主机	

附录 B　建筑设备安装施工及验收相关表格

附录 B 中附表 B-7～附表 B-21 中的主控项目和一般项目的条文分别对应于建筑给水排水及采暖工程等施工质量验收规范条文。

附表 B-1

图纸会审记录

工程名称		会审日期		年　　月　　日
序号	图号	会审记录		
		问题		答复意见
施工单位（公章） 项目专业技术负责人： 参加人：	设计单位（公章） 设计项目负责人： 参加人：	建设单位（公章） 项目负责人： 参加人：		监理单位（公章） 总　监： 参加人：

附表 B-2

设计变更（洽商）记录

工程名称		变更（洽商）日期		年　　月　　日
记录内容：				
设计单位（公章） 单位（项目）负责人：	施工单位（公章） 项目专业技术负责人：	建设单位（公章） 单位（项目）负责人：		监理单位（公章） 总　监：

附表 B - 3 　　　　　安 装 施 工 日 志

	年　　月　　日　　天气：　　　　温度：　　℃　风力：　　级	
内容	施工部位：	
	施工人员：	
	施工情况：	
	检查情况：	
	存在问题：	
	处理意见：	
	其他：	

记录人：

附表 B - 4 　　　　＿＿＿＿＿＿管道隐蔽工程验收记录

工程名称		施工单位	
分项工程名称		监理（建设）单位	
环境温度	℃	验收日期	
图号和管线号		管　径	
数　量		材　质	接头形式
工作介质		防　腐	绝　热
隐蔽方法：	简图及说明：		
验收结论			
施 工 单 位			监理（建设）单位
专业工长：	专业质量检查员：	项目专业技术（质量）负责人： （公章）	监理工程师： （建设单位项目专业技术负责人） （公章）

附表 B-5 _____水、气压试验记录

工程名称					施工单位					
分项工程名称					监理（建设）单位					
环境温度			℃		验收日期					
试验范围	规格型号	试验介质	工作压力（MPa）	试验类别	试验压力（MPa）	试验起止时间	压力降（MPa）	检查结论
				强度				
				严密性				
				强度				
				严密性				
施工单位				监理（建设）单位				
试验人：	专业质量检查员：	项目专业技术（质量）负责人： （公章）		监理工程师： （建设单位项目专业技术负责人） （公章）				

附表 B-6 室内消火栓试射记录

工程名称					施工单位		
分项工程名称					监理（建设）单位		
环境温度			℃		试射日期		
试验要求							
试验部位	消火栓规格型号	水龙带规格长度	消火栓流量（L/s）	同时使用水枪数量	充实水柱长度（m）	最不利点受水情况
结 论						
施 工 单 位				监理（建设）单位		
试验人：	专业质量检查员：	项目专业技术（质量）负责人： （公章）		监理工程师： （建设单位项目专业技术负责人） （公章）		

附表 B - 7　　　　室内给水管道及配件安装工程检验批质量验收记录表

单位（子单位）工程名称					
分部（子分部）工程名称			验收部位		
施工单位			项目经理		
分包单位			分包项目经理		
施工执行标准名称及编号					

		施工质量验收规范规定		施工单位检查评定记录	监理（建设）单位验收记录
主控项目	1	给水管道水压试验	第 4.2.1 条		
	2	给水系统通水试验	第 4.2.2 条		
	3	生活给水系统管冲洗和消毒	第 4.2.3 条		
	4	直埋金属管道防腐	第 4.2.4 条		
一般项目	1	给排水管铺设的平行、垂直净距	第 4.2.5 条		
	2	金属给水管道及管件焊接	第 4.2.6 条		
	3	给水水平管道坡度坡向	第 4.2.7 条		
	4	管道支、吊架	第 4.2.9 条		
	5	水表安装	第 4.2.10 条		
	6	弯曲允许偏差 水平管道纵横方向 钢管	每米	1mm		
			全长 25m 以上	≤25mm		
		塑料管 复合管	每米	1.5mm		
			全长 25m 以上	≤25mm		
		铸铁管	每米	2mm		
			全长 25m 以上	≤25mm		
		允许偏差立管垂直度 钢管	每米	3mm		
			5m 以上	≤8mm		
		塑料管 复合管	每米	2mm		
			5m 以上	≤8mm		
		铸铁管	每米	3mm		
			5m 以上	≤10mm		
		成排管段和成排阀门	在同一平面上间距	3mm		
		允许偏差保温层 厚度		+0.1δ、-0.05δ		
		表面平整度 卷材		5mm		
		涂抹		10mm		

施工单位检查评定结果	专业工长（施工员）		施工班组长	
	项目专业质量检查员：			年　月　日
监理（建设）单位验收结论	监理工程师： （建设单位项目专业技术负责人）			年　月　日

附表 B-8　　　　　　　　**室内消火栓系统安装工程检验批质量验收记录表**

单位（子单位）工程名称								
分部（子分部）工程名称				验收部位				
施工单位				项目经理				
分包单位				分包项目经理				
施工执行标准名称及编号								
施工质量验收规范规定				施工单位检查评定记录				监理（建设）单位验收记录
主控项目	1	室内消火栓试射试验	第 4.3.1 条					
一般项目	1	室内消火栓水龙带在箱内安放	第 4.3.2 条					
	2	栓口朝外，并不应安装在门轴侧						
		栓口中心距地面 1.1m	允许偏差 ±20mm					
		阀门中心距箱侧面 140mm 距箱后内表面 100mm	允许偏差 ±5mm					
		消火栓箱体安装的垂直度	允许偏差 3mm					
施工单位检查评定结果		专业工长（施工员）			施工班组长			
		项目专业质量检查员：				年　月　日		
监理（建设）单位验收结论		专业监理工程师： （建设单位项目专业技术负责人）					年　月　日	

附表 B-9　　　　　　　　　　　　**卫生器具满水试验记录**

工程名称				施工单位			
分项工程名称				监理（建设）单位			
环境温度		℃		试验日期			
系统管线名称	试验部位	卫生器具名称	数量（个、套）	器具深度（mm）	注水深度（mm）	试验起止时间	检查结论

施　工　单　位				监理（建设）单位
试验人：	专业质量检查员：	项目专业技术（质量）负责人：		监理工程师： （建设单位项目专业技术负责人）
			（公章）	（公章）

附表 B-10　　　　　　　给水设备安装工程检验批质量验收记录表

		单位（子单位）工程名称				
		分部（子分部）工程名称			验收部位	
		施工单位			项目经理	
		分包单位			分包项目经理	
		施工执行标准名称及编号				
		施工质量验收规范规定			施工单位检查评定记录	监理（建设）单位验收记录
主控项目	1	水泵基础		第 4.4.1 条		
	2	水泵试运转的轴承温升		第 4.4.2 条		
	3	敞口水箱满水试验和密闭水箱（罐）的水压试验		第 4.4.3 条		
一般项目	1	水箱支架或底座安装		第 4.4.4 条		
	2	水箱溢流管和泄放管安装		第 4.4.5 条		
	3	立式水泵减振装置		第 4.4.6 条		
	4	安装允许偏差	静置设备	坐标	15mm	
				标高	±25mm	
				垂直度（每米）	5mm	
			离心式水泵	立式泵体垂直度（每米）	0.1mm	
				卧式泵体水平度（每米）	0.1mm	
			联轴器同心度	轴向倾斜（每米）	0.8mm	
				径向位移	0.1mm	
	5	允许偏差保温层	厚度（δ）		$+0.1\delta$ -0.05δ	
			表面平整度	卷材	5mm	
				涂抹	10mm	

施工单位检查评定结果	专业工长（施工员）		施工组长	
	项目专业质量检查员：　　　　　　　　　　　　　　年　　　月　　　日			
监理（建设）单位验收结论	监理工程师： （建设单位项目专业技术负责人）　　　　　　　　年　　　月　　　日			

附表 B-11 室内排水管道及配件安装工程检验批质量验收记录

单位（子单位）工程名称							
分部（子分部）工程名称					验收部位		
施工单位					项目经理		
分包单位					分包项目经理		
施工执行标准名称及编号							

		施工质量验收规范规定			施工单位检查评定记录	监理（建设）单位验收记录
主控项目	1	排水管道灌水试验		第5.2.1条		
	2	排水立管及水平干管通球试验		第5.2.5条		
	3	排水塑料管安装伸缩节（阻火圈或防火套管）安装		第5.2.4条		
	4	生活污水铸铁管，塑料管坡度		第5.2.2、5.2.3条		
一般项目	1	生活污水管道设置检查口和清扫口		第5.2.6、5.2.7条		
	2	管道支、吊架安装		第5.2.8、5.2.9条		
	3	排水通气管安装		第5.2.10条		
	4	医院污水和饮食业工艺排水		第5.2.11、5.2.12条		
	5	通向室外的排水管		第5.2.13、5.2.14条		
	6	室内排水管道连接		第5.2.15条		
	7	排水管道安装允许偏差	坐标		15mm		
			标高		±15mm		
		横管纵横方向弯曲	铸铁管	每米	≤1mm		
				全长（25m以上）	≤25mm		
			钢管	每米 管径≤100mm	1mm		
				管径＞100mm	1.5mm		
				全长（25m以上） 管径≤100mm	≤25mm		
				管径＞100mm	≤38mm		
			塑料管	每米	1.5mm		
				全长（25m以上）	≤38mm		
			钢筋混凝土管	每米	3mm		
				全长（25m以上）	≤75mm		
		立管垂直度	铸铁管	每米	3mm		
				全长（5m以上）	≤15mm		
			钢管	每米	3mm		
				全长（5m以上）	≤10mm		
			塑料管	每米	3mm		
				全长（5m以上）	≤15mm		

施工单位检查评定结果	专业工长（施工员）		施工班组长	
	项目专业质量检查员：		年 月 日	
监理（建设）单位验收结论	监理工程师：（建设单位项目专业技术负责人）		年 月 日	

附表 B-12　　室内采暖管道及配件安装工程检验批质量验收记录表

单位（子单位）工程名称						
分部（子分部）工程名称				验收部位		
施工单位				项目经理		
分包单位				分包项目经理		
施工执行标准名称及编号						

		施工质量验收规范规定		施工单位检查评定记录	监理（建设）单位验收记录
主控项目	1	采暖系统水压试验	第8.6.1条		
	2	采暖系统冲洗，试运行和调试	第8.6.2条 第8.6.3条		
	3	补偿器型号位置预拉伸及固定支架构造位置	第8.2.2条		
	4	方形补偿器制作、安装	第8.2.5条 第8.2.6条		
	5	平衡阀、调节阀	第8.2.3条		
	6	减压阀、安全阀	第8.2.4条		
	7	管道安装坡度	第8.2.1条		
一般项目	1	热量表、疏水器、除污器等安装	第8.2.7条		
	2	采暖入口及分户热计量装置安装	第8.2.9条		
	3	散热器支管	第8.2.10条		
	4	管道变径	第8.2.11条		
	5	管道上焊支管	第8.2.12条		
	6	膨胀管及循环管上不得安装阀门	第8.2.13条		
	7	高温水时，可拆卸件及垫料安装	第8.2.14条		
	8	管道弯曲	第8.2.15条		
	9	管道及支架涂漆	第8.2.16条		

施工单位检查评定结果	专业工长（施工员）		施工班组长	
	项目专业质量检查员：			年　月　日
监理（建设）单位验收结论	监理工程师： （建设单位项目专业技术负责人）			年　月　日

附表 B-13 风管强度监测记录

工程名称				施工单位			
分包单位				监理（建设）单位			
分项工程名称		℃		检测日期			
风管材质、规格	风管级别	工作压力（Pa）	试验压力（Pa）	持续时间（min）	规定要求		检查结果
					接缝处无开裂		

施工单位			监理（建设）单位
检测人：	专业质量检查员：	项目专业技术（质量）负责人： （公章）	监理工程师： （建设单位项目专业技术负责人） （公章）

附表 B-14 通风空调设备单机试运转及调试记录

单位工程名称		施工单位	
分包单位		监理（建设）单位	
设备名称		型号规格	
试运转时间	自　年　月　日　时　分至　年　月　日　时　分		

试运转过程及各参数记录：

试运转调试结论		

施工单位			监理（建设）单位
专业工长：	专业质量检查员：	项目专业技术（质量）负责人： （公章）	监理工程师： （建设单位项目专业技术负责人） （公章）

附表 B-15   **风管与配件制作检验批质量验收记录表**

（Ⅰ）金属风管

单位（子单位）工程名称							
分部（子分部）工程名称					验收部位		
施工单位					项目经理		
分包单位					分包项目经理		
施工执行标准名称及编号							

		施工质量验收规范的规定		施工单位检查评定记录				监理（建设）单位验收记录
主控项目	1	材质种类、性能及厚度	第4.2.1条					
	2	防火风管材料及密封垫材料	第4.2.3条					
	3	风管强度及严密性、工艺性检测	第4.2.5条					
	4	风管的连接	第4.2.6条					
	5	风管的加固	第4.2.10条					
	6	矩形弯管制作及导流片	第4.2.12条					
	7	净化空调风管	第4.2.13条					
一般项目	1	圆形弯管制作	第4.3.1-1条					
	2	风管外观质量和外形尺寸	第4.3.1-2.3条					
	3	焊接风管	第4.3.1-4条					
	4	法兰风管制作	第4.3.2条					
	5	铝板或不锈钢板风管	第4.3.2-4条					
	6	无法兰圆形风管制作	第4.3.3条					
	7	无法兰矩形风管制作	第4.3.3条					
	8	风管的加固	第4.3.4条					
	9	净化空调风管	第4.3.11条					
	10	风管及法兰允许偏差（mm）	外径或边长≤300mm	2mm				
			外径或外边长＞300mm	3mm				
			管口平面度	2mm				
			矩形风管对角线长度之差	≤3mm				
			圆形法兰正交直径之差	≤2mm				
			法兰平面度	2mm				

施工单位检查评定结果	专业工长（施工员）		施工班组长	
	项目专业质量检查员：			年 月 日
监理（建设）单位验收结论	监理工程师： （建设单位项目专业技术负责人）			年 月 日

附表 B - 16

通风与空调设备安装检验质量验收记录表

(Ⅱ) 空调设备

单位（子单位）工程名称				
分部（子分部）工程名称			验收部位	
施工单位			项目经理	
分包单位			分包项目经理	
施工执行标准名称及编号				

		施工质量验收规范的规定		施工单位检查评定记录	监理（建设）单位验收记录
主控项目	1	空调机组的安装	第7.2.3条		
	2	静电空气过滤器安装	第7.2.7条		
	3	电加热器安装	第7.2.8条		
	4	干蒸汽加湿器安装	第7.2.9条		
一般项目	1	组合式空调机组安装	第7.3.2条		
	2	现场组装的空气处理室安装	第7.3.3条		
	3	单元式空调机组安装	第7.3.4条		
	4	消声器安装	第7.3.13条		
	5	风机盘管机组安装	第7.3.15条		
	6	粗、中效空气过滤器安装	第7.3.14-2条		
	7	空气风幕机安装	第7.3.19条		
	8	转轮式换热器安装	第7.3.16条		
	9	转轮式去湿器安装	第7.3.17条		
	10	蒸汽加湿器安装	第7.3.18条		

	专业工长（施工员）		施工班组长	
施工单位检查评定结果	项目专业质量检查员：　　　　　　　　　　　　　　　　年　月　日			
监理（建设）单位验收结论	监理工程师： （建设单位项目专业技术负责人）　　　　　　　　　　年　月　日			

附表 B - 17   空调制冷系统安装检验批质量验收记录表

单位（子单位）工程名称					
分部（子分部）工程名称				验收部位	
施工单位				项目经理	
分包单位				分包项目经理	
施工执行标准名称及编号					

		施工质量验收规范的规定		施工单位检查评定记录	监理（建设）单位验收记录
主控项目	1	制冷设备与附属设备安装	第 8.2.1-1.3 条		
	2	设备混凝土基础验收	第 8.2.1-2 条		
	3	表冷器的安装	第 8.2.2 条		
	4	燃油、燃气系统设备安装	第 8.2.3 条		
	5	制冷设备严密性实验及运行	第 8.2.4 条		
	6	制冷管道及管配件安装	第 8.2.5 条		
	7	燃油管道系统接地	第 8.2.6 条		
	8	燃气系统安装	第 8.2.7 条		
	9	氨管道旱缝无损检测	第 8.2.8 条		
	10	乙二醇管道系统规定	第 8.2.9 条		
	11	制冷剂管道试验	第 8.2.10 条		
一般项目	1	制冷及附属设备安装	平面位移（mm）	10	
			标高（mm）	±10	
	2	模块式冷水机组安装	第 8.3.2 条		
	3	泵的安装	第 8.3.3 条		
	4	制冷剂管道安装	第 8.3.4-1.2.3.4 条		
	5	管道焊接	第 8.3.4-5.6 条		
	6	阀门安装	第 8.3.5-2-5 条		
	7	阀门试压	第 8.3.5-1 条		
	8	制冷系统吹扫	第 8.3.6 条		

施工单位检查评定结果	专业工长（施工员）		施工班组长	
	项目专业质量检查员：		年　月　日	

监理（建设）单位验收结论	监理工程师： （建设单位项目专业技术负责人）	年　月　日

附表 B-18　　　　　**电线、电缆穿管和线槽敷线检验批质量验收记录表**

单位（子单位）工程名称						
分部（子分部）工程名称					验收部位	
施工单位					项目经理	
分包单位					分包项目经理	
施工执行标准名称及编号						
施工质量验收规范规定				施工单位检查评定记录		监理（建设）单位验收记录
主控项目	1	交流单芯电缆不得单独穿于钢导管内	第15.1.1条			
	2	电线穿管	第15.1.2条			
	3	爆炸危险环境照明线路的电线、电缆选用和穿管	第15.1.3条			
一般项目	1	电线、电缆管内清扫和管口处理	第15.2.1条			
	2	同一建筑物、构筑物内电线绝缘层颜色的选择	第15.2.2条			
	3	线槽敷线	第15.2.3条			
施工单位检查评定结果	专业工长（施工员）				施工班组长	
	项目专业质量检查员：					年　月　日
监理（建设）单位验收结论	监理工程师： （建设单位项目专业技术负责人）					年　月　日

附表 B-19　　　　　**建筑物照明通电试运行检验批质量验收记录表**

单位（子单位）工程名称						
分部（子分部）工程名称					验收部位	
施工单位					项目经理	
分包单位					分包项目经理	
施工执行标准名称及编号						
施工质量验收规范规定				施工单位检查评定记录		监理（建设）单位验收记录
主控项目	1	灯具回路控制与照明箱及回路的标识一致，开关与灯具控制顺序相对应	第23.1.1条			
	2	照明系统全负荷通电连续试运行无故障	第23.1.2条			
施工单位检查评定结果	专业工长（施工员）				施工班组长	
	项目专业质量检查员：					年　月　日
监理（建设）单位验收结论	监理工程师： （建设单位项目专业技术负责人）					年　月　日

附表 B - 20　　　　　　　　　　**普通灯具安装检验批质量验收记录表**

单位（子单位）工程名称													
分部（子分部）工程名称				验收部位									
施工单位				项目经理									
分包单位				分包项目经理									
施工执行标准名称及编号													

施工质量验收规范规定				施工单位检查评定记录									监理（建设）单位验收记录
主控项目	1	灯具的固定	第19.1.1条										
	2	花灯吊钩选用、固定及悬吊装置的过载试验	第19.1.2条										
	3	钢管吊灯灯杆检查	第19.1.3条										
	4	灯具的绝缘材料耐火检查	第19.1.4条										
	5	灯具的安装高度和使用电压等级	第19.1.5条										
	6	距地高度小于2.4m的灯具金属外壳的接地或接零	第19.1.6条										
一般项目	1	引向每个灯具的电线线芯最小截面积	第19.2.1条										
	2	灯具的外形，灯头及其接线检查	第19.2.2条										
	3	变电所内灯具的安装位置	第19.2.3条										
	4	装有白炽灯泡的吸顶灯具隔热检查	第19.2.4条										
	5	在重要场所的大型灯具的玻璃罩安全措施	第19.2.5条										
	6	投光灯的固定检查	第19.2.6条										
	7	室外壁灯的防水检查	第19.2.7条										

施工单位检查评定结果	专业工长（施工员）		施工班组长	
	项目专业质量检查员：　　　　　　　　　　　　　　　年　月　日			

监理（建设）单位验收结论	监理工程师： （建设单位项目专业技术负责人）　　　　　　　　　年　月　日

附表 B-21　　　　开关、插座、风扇安装检验批质量验收记录表

单位（子单位）工程名称														
分部（子分部）工程名称					验收部位									
施工单位					项目经理									
分包单位					分包项目经理									
施工执行标准名称及编号														
施工质量验收规范规定				施工单位检查评定记录								监理（建设）单位验收记录		
主控项目	1	交流、直流或不同电压等级在同一场所的插座应有区别	第22.1.1条											
	2	插座的接线	第22.1.2条											
	3	特殊情况下的插座安装	第22.1.3条											
	4	照明开关的选用、开关的通断位置	第22.1.4条											
	5	吊扇的安装高度、挂钩选用和吊扇的组装及试运转	第22.1.5条											
	6	壁扇、防护罩的固定及试运转	第22.1.6条											
一般项目	1	插座安装和外观检查	第22.2.1条											
	2	照明开关的安装位置、控制顺序	第22.2.2条											
	3	吊扇的吊杆、开关和表面检查	第22.2.3条											
	4	壁扇的高度和表面检查	第22.2.4条											
施工单位检查评定结果		专业工长（施工员）					施工班组长							
		项目专业质量检查员：								年　月　日				
监理（建设）单位验收结论		监理工程师： （建设单位项目专业技术负责人）								年　月　日				

参 考 文 献

[1] 马铁椿. 建筑设备 [M]. 北京：高等教育出版社，2007.

[2] 汤万龙. 建筑设备 [M]. 北京：化学工业出版社，2010.

[3] 张建英. 建筑设备与识图 [M]. 北京：高等教育出版社，2005.

[4] 周业梅. 建筑设备识图与施工工艺 [M]. 北京：北京大学出版社，2011.

[5] 张正磊. 建筑给水排水工程 [M]. 北京：中国电力出版社，2007.

[6] 韩轩. 安装工程质量禁忌手册 [M]. 北京：机械工业出版社，2009.

[7] 编委会. 看图学给排水系统安装技术 [M]. 北京：机械工业出版社，2003.

[8] 管锡珺. 管道安装施工技术 [M]. 徐州：中国矿业大学出版社，2010.

[9] 孟繁晋. 管道工 [M]. 北京：中国环境科学出版社，2012.

[10] 高会芳. 水暖工程施工员培训教材 [M]. 北京：中国建材工业出版社，2011.

[11] 段长贵. 燃气输配 [M]. 北京：中国建筑工业出版社，2001.

[12] 高福烨. 燃气制造工艺学 [M]. 北京：中国建筑工业出版社，1995.

[13] 任亢建. 家用燃气具及其安装与维修 [M]. 北京：中国轻工业出版社，2011.

[14] 张鸿滨. 水暖与通风施工技术 [M]. 北京：中国建筑工业出版社，1989.

[15] 秦树和. 管道工程识图与施工工艺 [M]. 重庆：重庆大学出版社，2002.

[16] 杨其富. 建筑供配电系统安装 [M]. 北京：中国建筑工业出版社，2007.

[17] 郑发泰. 建筑供配电与照明系统施工 [M]. 北京：中国建筑工业出版社，2005.

[18] 阎伟，左恒. 图解电气照明维修技术 [M]. 北京：人民邮电出版社，2009.

[19] 史新，林思芳. 电气安装工程禁忌手册 [M]. 北京：机械工业出版社，2009.

[20] 梁华，梁晨. 智能建筑弱电工程设计与安装 [M]. 北京：中国建筑工业出版社，2011.

[21] 孙成明，张万江，马学文. 建筑电气施工图识读 [M]. 北京：化学工业出版社，2009.

[22] 张玉萍. 建筑弱电工程读图识图与安装 [M]. 北京：中国建材工业出版社，2009.

[23] 侯志伟. 建筑电气识图与工程实例 [M]. 北京：中国电力出版社，2007.